W0397209

STÉPHANE GÉRARD

Stéphane Gérard, professeur de français, habite dans les Vosges. Il est lauréat du prix François Jodin de la nouvelle littéraire 2007.
Son premier roman, *Thalamus*, a paru en 2012 chez Les Nouveaux Auteurs.

# THALAMUS

STÉPHANE GÉRARD

# THALAMUS

éditions Les Nouveaux Auteurs

MIXTE
Papier issu de
sources responsables
FSC® C003309

Pocket, une marque d'Univers Poche,
est un éditeur qui s'engage pour la préservation
de son environnement et qui utilise du papier fabriqué
à partir de bois provenant de forêts
gérées de manière responsable.


ISBN : 978-2-266-25856-2

*À Marthe, là-haut…*

*« On s'ignore dans le ventre de sa mère ;*
*c'est là pourtant que les idées devraient être*
*les plus pures car on est moins distrait. »*

VOLTAIRE, *Les Lettres philosophiques*

# Prologue

— Et merde ! Fait chier ! jura-t-elle.

Marie Gautier n'était pas coutumière de ce genre de débordement langagier scatologique, mais deux renversements successifs de café, à quelques minutes d'intervalle, ça met les nerfs à l'ouest !

Ajoutons-y une nuit d'insomnie passée en cogitations diverses : les courses à faire après le travail, la pile de repassage en retard, la tenue du lendemain, l'ex-petit ami qui ne cesse de téléphoner, le tout couronné par des règles douloureuses ce mois-ci. Bref, tout ce qui engendre les incessants retournements entre les draps humides et l'allumage compulsif de Camel Light toutes les trois minutes !

Tout cela expliquait l'humeur de Marie Gautier ce matin, et son humeur, c'est qu'elle était de mauvais poil, et être de mauvais poil, ça la rendait vulgaire !

Une journée « sans », quoi !

Elle en était là de ses réflexions quand la sonnerie du tableau d'allumage retentit, provoquant l'accident caféique : dans sa main distraite, le gobelet de plastique blanc tressaillit, vacilla, chancela et finit sa dangereuse danse en répandant copieusement son contenu brunâtre et fumant (elle ne buvait exclusivement que du café au lait double sucre, sa drogue bihoraire !) sur la blouse blanche immaculée de la jeune femme.

— Et merde ! Fait chier !

Elle s'éjecta plutôt qu'elle se leva de son siège, expédiant rageusement l'objet du délit dans la poubelle, se dirigea vers l'évier et s'acharna névrotiquement pendant quelques secondes sur la tache, avec pour seules armes une éponge antédiluvienne et du Paic à la cerise.

— Super ! Maintenant, je vais puer la cerise à dix kilomètres à la ronde ! ragea-t-elle non sans raffinement, tout en continuant à frotter.

Vaine tâche s'il en est : la tache avait maintenant doublé de surface, contaminant les fibres textiles sur dix centimètres de diamètre d'un brun surréaliste du plus bel effet.

À la limite de l'hystérie, prête à bouffer l'éponge de dépit et à s'envoyer tout le Paic cerise en intraveineuse, elle décida que vraiment les objets étaient les pires choses que l'homme ait inventées.

Elle en était là de ses jérémiades mentales quand lui revint à l'esprit l'origine de la catastrophe : elle darda aussitôt un regard acéré de tueuse sur le panneau d'allumage.

C'est le numéro 113 qui clignotait.

Elle retrouva aussitôt son calme.

Le panneau occupait la moitié du mur droit de l'infirmerie : son imposante taille, son gris métallique, ses numéros de chambre accompagnés d'ampoules rouges qui s'allumaient dès qu'un patient sonnait, dominaient toute la pièce.

Il était l'âme de l'infirmerie, en décidait les allées et venues, en régentait la vie même. Un jour, un aide-soignant avait lancé sur le ton de la boutade : « Au boulot, Alphonse nous appelle ! », et depuis ce surnom lui était resté : il n'était pas rare d'entendre dans les conversations du personnel infirmier « Alphonse a fait du zèle aujourd'hui ! » ou « Alphonse est bien calme ce matin ». Un vrai tyran !

D'ailleurs, quand elle y pensait, elle se le taperait bien cet aide-soignant ! Elle se promit d'y réfléchir.

À côté d'Alphonse était affichée la liste des patients avec leur répartition par chambre et les soins quotidiens à leur administrer. Le reste de la pièce se composait de tout le nécessaire d'une infirmerie qui se respecte : des étagères surchargées de médicaments divers ; des armoires remplies de matériel médical ; une table encombrée de magazines, stylos, canettes de Coca, mots-croisés, briquets, boîtes de Tampax… une kyrielle d'effets personnels ! ; un évier avec son éponge antédiluvienne et son Paic cerise ; et enfin, le coin détente typique : fauteuils, distributeur de boissons, plantes qui n'ont de vertes que le nom et l'incontournable panneau d'affichage où on pouvait lire petites annonces et slogans syndicaux hautement littéraires comme « L'État rend les infirmiers infirmes ! » ou « Infirmiers, cessez de vous infirmer ! ».

Le tout était dominé par l'affiche de *La Reine Margot*, qu'un cinéphile avait accrochée là, représentant une Isabelle Adjani sanglante qui, finalement, cadrait assez bien dans une infirmerie.

En résumé, l'infirmerie du service de psychiatrie adulte de l'hôpital de la Colombière, à Montpellier, était un lieu plus convivial que professionnel.

— Tiens, la 113 ! Bizarre ça !

Intriguée, Marie Gautier laissa là son épopée *caféesque* pour se diriger vers la porte donnant sur le couloir.

En chemin, elle n'oublia pas l'essentiel : remettre en place ses longues boucles rousses, lisser sa frange savamment asymétrique et réajuster sa blouse qu'elle avait sciemment choisie deux tailles au-dessous pour mieux mettre en valeur ses formes généreuses. Il faut dire qu'à vingt-neuf ans, l'infirmière avait ce qu'il fallait où il fallait : une poitrine à couper le souffle, une taille de guêpe anorexique, des hanches accueillantes et des fesses plantureuses en diable (résultats mérités d'une cure acharnée de Slim-Fast, yaourts zéro pour cent au bifidus actif et tisanes ventre plat). Tout cela engoncé et plus ou moins bien contenu dans une blouse professionnelle qu'elle parvenait à rendre très sexy. Elle avait conscience du fantasme masculin de l'infirmière caricaturale qui-ne-porte-rien-en-dessous et ce n'était pas pour lui déplaire, estimant qu'une femme se doit d'être désirable même dans un couloir d'hôpital.

Après un dernier coup d'œil à Alphonse, elle ouvrit la porte de l'infirmerie et pénétra dans le couloir de sa démarche studieusement chaloupée.

Pas de chance : le couloir était vide. Pas un seul œil mâle à l'horizon !

Déçue, elle abandonna toute velléité d'aguicher et prit professionnellement la direction de la chambre 113.

Dire que le couloir du service était déprimant est un euphémisme : en quatre ans de travail, Marie ne s'était toujours pas accoutumée aux murs vides, au linoléum caca d'oie, aux odeurs mélangées d'éther et de transpiration et surtout pas aux cris et aux soupirs des patients que l'on devinait derrière les portes des chambres.

Elle passa la 107 (Gaby, un suicidaire récidiviste de dix-sept ans), la 109 (Mme Destier, une phobique obsessionnelle qui ne supportait pas le jour), la 111 (M. Clavy, un névrosé traumatique dont elle ne supportait pas le regard lubrique), pour parvenir à la 113.

Elle frappa, par simple politesse, consciente que de toute façon elle n'aurait pas de réponse, et entra dans la chambre de Mme Dalgrand.

Un légume.

C'est par ce terme évocateur et peu amène que l'on qualifie les états végétatifs conscients ou inconscients et généralement incurables.

Mme Dalgrand avait tout du légume, ou presque : alitée, elle ne parlait plus, ne bougeait quasiment plus, ne se nourrissait plus, et seuls les clignements de ses paupières la différenciaient d'une morte.

Pourtant, aucun appareillage ni perfusion n'étaient visibles dans la pièce car, après maints examens, qu'ils soient psychiatriques ou neurologiques, aucune cause physiologique n'avait pu être mise au jour : pas d'accident, pas de maladie, aucun syndrome. Rien. Aussi étrange que cela pût paraître, l'état de Mme Dalgrand semblait résulter d'une volonté délibérée et chronique de ne plus parler, ne plus bouger, ne plus s'alimenter, ne plus vivre. Ce n'était pas dans un but suicidaire qu'elle avait fait ce choix, non, mais ce qui s'était passé trois mois plus tôt lui avait appris ce qui se cachait derrière le mot « vie », et elle refusait depuis lors de jouer cette comédie. Ne sachant pourtant si la mort valait mieux, elle avait choisi cet entre-deux hybride : une mort vivante.

Psychologues, psychiatres, thérapeutes, neurologues s'étaient relayés pour la sortir de cette léthargie et l'aider à surmonter ce traumatisme. Mais sans succès. Car, que faire contre la volonté ? Comment agir face à un tel choix ?

On la nourrissait, on la lavait, on la changeait… Ou plutôt : *Marie* la nourrissait, *Marie* la lavait, *Marie* la changeait, celle-ci refusant farouchement que quiconque d'autre qu'elle s'occupât de Mme Dalgrand.

Il s'était ainsi noué entre les deux femmes une relation ambiguë à sens unique, faite de silences, de regards, de non-dits. Marie aimait s'asseoir près d'elle et, tout en la peignant, lui parler de sa vie, de ses sorties de la veille, de son « salaud d'ex » qui l'avait larguée pour une « sale pétasse » (l'énervement aussi la rendait vulgaire !), avec pour seule réponse les yeux languides de sa patiente qui fixaient le mur, en face, semblant y chercher quelque chose. Car Marie disait *ma* patiente, elle se l'était appropriée et, depuis trois mois, veillait jalousement sur celle qu'elle considérait comme une confidente, presque une amie, acceptant le silence comme seul retour.

Elle s'avança vers le lit.

Sa patiente tenait le cordon de la sonnette entre les doigts, les yeux perdus dans le vague, dans son monde.

— Alors, madame Dalgrand ? (Elle ne pouvait se résoudre à l'appeler par son prénom, ne sachant pas bien pourquoi, car elles avaient toutes deux sensiblement le même âge.) Que se passe-t-il ? Ce n'est pas dans vos habitudes de sonner. Y a un problème ?

Regard vide en guise de réponse.
— Vous avez soif ?
Regard vide.
— Vous avez froid ?
Regard vide.
— Vous avez un besoin pressant ?
Regard vide.
Marie pensait naïvement que cette façon directe de parler avait le pouvoir de « bousculer » sa patiente et de la sortir de son apathie.
Peine perdue.
— Ben quoi alors ?
Là, enfin le regard s'anima : les yeux se baissèrent sur l'objet qu'elle avait dans les mains, se dirigèrent vers la table de chevet, revinrent à l'objet et repartirent vers la table.
Marie comprit.
— OK, vous m'avez fait venir pour ça !
Regard redevenu vide.
— Franchement, madame Dalgrand, là, vous exagérez ! Merde, quoi ! Vous pouvez pas le reposer toute seule votre livre ? Ça craint à la fin ! Et puis, c'est quoi cette manie de toujours relire le même bouquin ? Voilà trois mois que vous êtes ici et que vous le relisez intégralement chaque jour. C'est l'hallu ! C'est pourtant pas faute de vous en avoir proposé d'autres ! Mais non, Madame n'en démord pas ! Madame est têtue ! Madame a ses petites manies ! Vous devez le connaître par cœur à force, non ? Même plus la peine de le lire ! En même temps, faut reconnaître que c'est fortiche votre truc, moi, j'arrive même pas à lire deux pages d'affilée !
Regard toujours vide.

Marie parlait aux murs, au sens propre du terme !

— Mais quand même… Oui, je sais, vous allez me dire… enfin… c'est une façon de parler… Vous allez me dire que je ne peux pas comprendre, et gnagnagni et gnagnagna. OK, je suis pas à votre place, OK, j'ai pas vécu ce que vous avez vécu…

Lueur infime dans les yeux de la patiente, léger soubresaut des sourcils.

— Mais bon, faudra quand même qu'un jour vous arrêtiez de jouer au légume, même s'il faut reconnaître que vous le faites très bien !

Tout en continuant sa stérile harangue, elle prit le livre des mains de la jeune femme et le reposa sur la table de nuit. Elle tira un peu les rideaux pour laisser percer les précieux premiers rayons matinaux et éclairer la chambre qui avait tout du tombeau.

— Bon, moi faut que j'aille faire mon tour de garde. Besoin d'autre chose ?

Là, le regard se fit inquiet et vira sur la table de chevet comme un éclair.

— Ah oui, c'est vrai.

Elle allait oublier le rituel habituel : remettre à leur place exacte les trois seuls objets qui peuplaient la table de nuit et auxquels Mme Dalgrand semblait tenir plus qu'à elle-même : le fameux livre lu et relu, une alliance et un bracelet de naissance bleu.

Ceci fait, Marie tapota les coussins de la malade puis sortit, la laissant seule, naufragée, noyée au milieu de l'océan de draps blancs, les yeux vissés sur sa seule bouée de sauvetage : son livre, sur la couverture duquel on pouvait lire : *Métaphysique des tubes* – Amélie Nothomb.

# 1

La sonnerie aboya.

— Sortez vos agendas, enjoignit Hélène à sa classe, et notez pour mardi prochain, le 21 octobre : étude de *L'Albatros* de Baudelaire. Vous traiterez les deux questions suivantes : quelles sont les caractéristiques de l'oiseau ? Et en quoi le poème est-il allégorique ? Comme d'habitude, je ramasserai cinq préparations au hasard, avec note sur dix. Bon week-end à tous.

Les élèves de première scientifique du lycée Couffignal de Strasbourg notèrent vaguement consignes et questions et, dans une apocalypse de chaises et de tables bousculées, se ruèrent hors de la salle de classe. Moins de deux mois seulement après la rentrée scolaire, cette attitude était quelque peu inappropriée, quoique de moins en moins rare.

La jeune professeur de français n'en avait pour l'instant cure car elle n'en pouvait plus d'attendre : il fallait qu'elle sache.

Elle enfourna livres et cours dans sa sacoche, dégringola les escaliers, fit un détour par son casier dans la salle des professeurs au cas où un papier important ou une quelconque circulaire fût apparu, se rua à travers le préau, s'engouffra dans sa voiture, démarra, stoppa à la première pharmacie visible, s'acquitta de son achat, redémarra, se gara devant sa maisonnette de la Petite France et se précipita dans la salle de bains au premier.

Enfin, elle allait savoir.

Elle s'exécuta.

Il fallait attendre quelques minutes pour un résultat sûr et définitif.

Elle patienta tant bien que mal en se livrant à sa méthode anti-stress personnelle : le rognage d'ongles intempestif, les yeux rivés frénétiquement sur sa Swatch. Dieu que les secondes peuvent être longues, Baudelaire se foutait de notre gueule avec son *Horloge* ! pensa-t-elle distraitement en attaquant sa troisième phalange. La quatrième allait y passer quand les trois minutes fatidiques furent écoulées. Elle respira lentement, saisit l'objet, ferma les yeux.

Prête, elle se décida à regarder.

Deux traits !

C'était bien ce qu'elle pensait !

Elle s'assit sur le rebord de la baignoire et se mit à sangloter nerveusement, la tête entre les mains.

Des années.

Voilà des années qu'elle attendait ce moment, tant qu'elle ne l'espérait plus. Et ça y était ! Ça y était ! Une collision magique avait opéré en elle, un être germait dans son sang, tapissait sa chair. Elle n'était plus une, elle était deux. Son corps devenait réceptacle, propriété de quelqu'un d'autre qu'elle ne connaissait pas, mais qu'elle apprendrait à connaître, avec qui elle allait co-naître, se dit-elle poétiquement.

Une nouvelle vie commençait.

Elle posa à nouveau les yeux sur le test, s'assurant qu'elle avait bien vu et que ce qu'elle souhaitait n'avait pas occulté ce qu'elle voyait. Non, aucun doute possible !

Elle était enceinte !

Elle redressa la tête, se frotta les yeux d'un geste enfantin, se leva et s'observa dans le miroir :

— Hélène, ma grande, tu vas être maman, tenta-t-elle de se persuader. Tu… vas… être… maman. Être… maman…

Elle détachait ces mots, nouveaux pour elle, comme pour donner une existence concrète à ce mystère qui se tramait en elle ; elle les prononçait en riant, en pleurant, comme des mots magiques, une incantation qui l'aiderait à réaliser, à concevoir que son plus grand rêve n'était plus rêve.

Pour s'en convaincre davantage, elle souleva légèrement son chemisier, posa les mains sur son ventre, délicatement, et caressa sa peau, consciente qu'en elle, peut-être, quelqu'un réagissait déjà à ce premier contact.

Tout aussi émouvant que surprenant était de voir cette jeune femme se laisser submerger par l'émotion. À trente et un ans, Hélène était en effet tout sauf une sentimentale, considérant épanchements et larmes trop typiquement féminins. Cet état était d'ailleurs à l'image de son physique, loin des canons de beauté actuels qu'elle trouvait surfaits et fuyait. Elle avait sa propre féminité : une chevelure noir corbeau à la garçonne, façon « pétard » ; des yeux brun noisette en amande ; un visage angulaire à la Mauresmo ; cent soixante-huit énergiques centimètres et cinquante-cinq athlétiques kilos entretenus par quatre heures de tennis et deux heures de natation hebdomadaires.

Le sport tenait une place capitale dans sa vie, et elle en aurait volontiers embrassé la carrière si sa passion des Lettres et de l'enseignement n'avait été la plus forte. Il était d'ailleurs devenu pour elle un défouloir, une soupape de décompression après une journée passée à tenter vainement de capter l'attention d'adolescents prépubères pour qui Balzac est un héros de *Real TV*.

— Bon, ma grande, ressaisis-toi ! se motiva-t-elle devant la glace.

Elle ouvrit le robinet, s'aspergea le visage et laissa couler le froid filet sur ses doigts meurtris pour y calmer les élancements piquants, résultats de ses rognages excessifs (elle avait lu quelque part qu'il s'agissait d'un véritable syndrome autodestructeur nommé autophagie. Soit !) Et descendit dans le living pour y trouver une occupation capable de calmer ses nerfs en attendant Laurent.

En bas, elle ne tint pas en place : elle entama la correction d'une copie, prépara une laitue pour le dîner, dépoussiéra le lecteur DVD, arrosa les plantes, s'assit sur le sofa, retourna à ses copies, retourna à sa laitue… pour finalement se poster sur le balcon et y guetter le retour de son mari. Pour tromper l'attente, elle se plongea dans l'Ill, la rivière qui s'étirait juste sous le balcon.

Elle aimait l'eau, vraiment. Elle en avait besoin. Cela provenait sans doute de ses origines. C'était d'ailleurs ce cours d'eau qui avait déterminé leur décision dans le choix de la maison : quand l'agence leur avait fait visiter la bâtisse aux assises fluviales, en plein cœur du quartier de la Petite France, ils n'avaient pas hésité.

L'eau serpentait entre les vieilles maisons alsaciennes aux colombages si typiques, jouxtait la place aux platanes et son bar, *La Corde à linge* – à la terrasse bondée de touristes l'été, qu'ils s'amusaient tous deux à observer à la jumelle depuis le balcon – traversait la vieille écluse, étape incontournable des parcours en bateau-mouche, et se perdait au loin vers les Ponts Couverts, la place de l'Étoile, et plus loin encore vers l'Allemagne.

Un havre de paix au plein centre de la capitale européenne.

Hélène se dit qu'en ce jour, le bonheur, ce devait être ça, quand un bruit soudain derrière elle lui fit tourner la tête.

La porte d'entrée.

Laurent.

Elle eut juste le temps de rentrer, fermer la porte-fenêtre et courir s'asseoir sur le canapé. Elle prit une revue sur la table basse pour se donner une contenance et s'efforça d'adopter une attitude naturelle.

La porte s'ouvrit sur un mince gaillard dégingandé aux allures d'adolescent malgré ses trente-six ans.

— Salut, chéri, lança-t-elle, le cœur en trombe.

— Coucou, bébé, répondit-il affectueusement.

Il descendit les deux marches qui menaient au living pour poser un baiser sur les lèvres de sa femme, alla accrocher sa veste à la patère et revint s'asseoir en face d'Hélène. Il ôta son bob, libérant ainsi une épaisse tignasse brune incoiffable.

— Ça va, ma puce ? demanda-t-il.

— Oui, très bien, répondit-elle, les tempes prêtes à exploser.

— Tu en es sûre ?

— Oui, pourquoi ?

— Parce que tu es en train de lire le programme télé à l'envers !

Devant la perplexité de sa femme, il s'esclaffa.

Bon, se dit-elle, là, il faut que je me lance !

— Chéri, j'ai une question à te poser, commença-t-elle.

— Oui ?

— Je veux dire… une question très importante.

— Je t'écoute.

Après un temps, elle se lança.

— Ça te dirait un plan à trois ?

Il plissa les yeux, surpris par cette demande saugrenue.

— Je te demande pardon ?

— Est-ce que ça te dirait un plan à trois ?

Certes, Laurent était habitué, après cinq ans de mariage, aux fantasmes sexuels débridés de son épouse. Leur entente à ce niveau-là était d'ailleurs sans faille, conscients qu'ils étaient que le sexe représente cinquante pour cent du ciment conjugal (l'autre moitié consistant, selon eux, en vingt-cinq pour cent de communication et vingt-cinq pour cent d'entente au quotidien).

Mais là ! Un plan à trois ! Il ne savait que répondre.

— Euh… risqua-t-il.

— En fait, c'est un plan à trois un peu spécial, précisa-t-elle sur un ton énigmatique, un plan à trois pour la vie !

Là, il était perdu : soit sa femme pétait les plombs, soit il avait passé trop de temps dans son atelier de peinture, mais il y avait quelque chose !

Il essaya d'éluder la question :

— Tu sais, ma perle, heu… je ne suis pas sûr que… enfin…

— Je suis enceinte, le coupa-t-elle fébrilement.

— … parce que tu vois… heu… disons que…

— Je suis enceinte ! répéta-t-elle.

— … c'est pas que… mais, tu vois… hein ?… tu QUOI ?

— Je suis enceinte !

Elle lui aurait annoncé l'apocalypse qu'il n'aurait pas réagi autrement.

Il se redressa et planta un regard rempli d'espoir sur son épouse.

— Enceinte !!??? bégaya-t-il enfin, tu veux dire que… on va avoir un… bébé ?

— Non, non ! Un bigorneau !! ironisa-t-elle. Bien sûr, un bébé ! pouffa-t-elle.

— Un bébé ! répéta-t-il en se levant, un bébé ! réalisant enfin ce qu'Hélène était en train de lui annoncer.

Il fixa sa femme et se livra alors à un exploit sportif que n'aurait pas renié le plus aguerri des athlètes : il sauta par-dessus le canapé, bondit sur la table basse, envoya voler revues, magazines et programme télé, prit la colonne à CD et l'embrassa à pleine bouche, déracina un ficus pour danser avec lui une gigue effrénée, se planta devant Arthur, le poisson rouge, pour lui brailler « Je vais être papa ! » (lequel poisson n'émit que deux « glop glop » indignés en guise de réponse, ulcéré que l'on ose l'interrompre dans ses tours de bocal pour si peu !), et finit par se rouler sur la moquette en poussant des hurlements à la Johnny Weissmuller.

Hélène était hilare.

— Eh, Robocop ! Tu vas te faire mal !

C'était une plaisanterie à eux.

À douze ans, Laurent avait fait une lourde chute dans les escaliers de la cave de la maison familiale et s'était fracturé l'os malaire. La chose était assez fréquente et nécessitait une opération consistant à refixer l'os malaire, situé sous la pommette, grâce à des miniplaques et des vis en titane. Laurent y avait eu droit et, quand on observait très attentivement son visage, on pouvait discerner deux infimes cicatrices, à peine visibles, une au niveau du bout du sourcil droit et l'autre juste sous la paupière inférieure.

Du coup, quand Hélène voulait taquiner son mari, elle le surnommait *Robocop* ce qui, elle était la première à en convenir, n'était pas plus drôle que ça.

Elle se jeta sur lui tandis qu'il tentait de reprendre ses esprits et d'assimiler la nouvelle.

— Mon amour, mais c'est génial, lui murmura-t-il en lui passant la main dans les cheveux.

— Oui, bébé, c'est génial, répondit-elle en lui caressant les lèvres.

— Je suis si heureux. Si heureux.

— Moi aussi, p'tit cœur.

Elle l'embrassa.

Il réalisa enfin :

— Au fait, tu es enceinte de comb…

— Je ne sais pas encore précisément, quelques semaines, l'interrompit-elle.

— C'est l'hallu ! Voilà que nous sommes trois et je l'ignorais. C'est grandiose ! C'est fantastique !

Il se dégagea de l'étreinte de sa femme et posa les mains sur son ventre, y cherchant naïvement un signe, une ondulation, un frémissement.

Hélène regardait ce grand gamin faire, les yeux attendris.

Son mari.

Cet éternel adolescent.

Elle l'aimait plus que tout au monde, lui qu'elle avait rencontré ici, en Alsace, où elle avait atterri au hasard des mutations professionnelles, lui qui lui avait fait visiter et aimer cette région, tant qu'elle s'y sentait comme chez elle.

Lui, l'artiste dans toute sa splendeur : tête en l'air, marginal, hors de la réalité, tout à ses toiles et ses sculptures. Lui, la folie de l'artiste ; elle, la rigueur de la pédagogue. Lui, la tête dans les nuages ; elle, les pieds sur terre. Lui, le Germain ; elle, la Méridionale. L'attirance des contraires, qui avait fait de leur couple un modèle.

Ce n'était cependant pas facile tous les jours, elle avec ses horaires fixes, lui avec ses horaires qui n'en étaient pas ; elle qui s'organisait entre copies, préparations de cours et sport ; lui qui courait de son atelier près de la cathédrale au musée d'Art moderne en passant par le Théâtre national de Strasbourg. Mais ils avaient trouvé un équilibre qui se résumait à ceci : il considérait le métier de professeur comme celui d'un comédien en perpétuelle représentation ; elle considérait le métier d'artiste comme sujet principal de sa mission didactique auprès des élèves. Bref, leur goût de l'art les avait liés et faisait qu'ils se comprenaient : il lui pardonnait son humeur dévastatrice après une journée passée à faire comprendre à des élèves obtus ce qu'est la poésie ; elle lui pardonnait ses nuits entières passées dans son atelier à fignoler une toile ou peaufiner une pièce.

Mais, là, en observant son mari, elle réalisait subitement, tout comme lui d'ailleurs, que tout cela allait changer et que la venue de ce petit être allait forcément perturber leurs habitudes et leur vie.

— Dis, annonça-t-elle, j'ai pensé que ce serait bien d'organiser une petite soirée en famille, samedi soir, pour annoncer la nouvelle et fêter l'événement.

— En famille ?

— Ben oui.

— Tes parents feraient le trajet de là en bas ?

— Hélas non, bien sûr !! Non, je pensais simplement inviter ta mère et ton frère. Comme ils sont sur place et que vous ne vous voyez pas souvent, ce serait l'occasion.

— Pour Jeffrey, OK ! Mais, ma mère, est-ce bien nécessaire ? s'enquit-il sur le ton de la boutade.

— Ah non, chéri, ne commence pas ! Fais un effort ! Pour une fois, s'il te plaît !

Il lui fallait à chaque fois déployer des trésors de conviction pour persuader son mari d'avoir des relations plus ou moins normales avec sa mère.

— OK, c'est d'accord, consentit-il, vaincu, je vais lui passer un coup de fil et après j'appellerai Jeff.

— Super.

— Ça fait pas mal de temps que je ne l'ai vu d'ailleurs, ajouta-t-il. Tu appelles quand même tes parents pour leur annoncer, non ?

— Ben tiens ! Je veux mon neveu !! plaisanta-t-elle. Le dernier au téléphone a perdu ! défia-t-elle en riant.

Ils se levèrent et se ruèrent chacun sur leur portable en se bousculant comme des enfants.

* * *

Le repas familial au sommet avait été prévu pour le samedi suivant.

Les futurs parents, qui ne touchaient plus terre depuis plusieurs jours, étaient en pleins préparatifs, lui mettant le couvert, elle s'affairant dans la cuisine, quand la sonnette de la porte d'entrée retentit.

— J'y vais, cria Laurent.

Il se dirigea vers l'entrée et ouvrit la porte.

Sur le palier, se tenait une femme sèche et austère, raide comme un tisonnier un jour d'hiver, au visage fermé et hautain qui aurait fait fondre d'effroi la plus tenace des banquises, si le réchauffement climatique ne s'en était déjà occupé.

— Bonsoir, maman.

— Bonsoir, mon fils, répondit une bouche aride.

Rose avait cinquante-six ans, un physique taillé à la serpe, un visage abîmé par presque trente années de maquillage exagéré et d'ultraviolets, et une coupe méchée ultrabrushée. Bref, le style bon-chic-coincé que d'aucuns qualifieraient plutôt de vieille-pouf-sur-le-retour. Avec cela, une attitude froide et un regard méprisant qui faisaient passer la marâtre de Cendrillon pour une sainte.

Elle entra sans prendre la peine d'embrasser son fils qui, habitué aux manières de sa génitrice, ne s'en offusquait plus. Il allait fermer la porte quand des pas dans l'escalier attirèrent son regard : il reconnut la silhouette de son frère qui, se croyant en retard, grimpait les marches quatre à quatre.

— Ah, eh bien nous voilà au complet je crois, lança-t-il en direction de sa mère qui ne releva même pas.

Il accueillit Jeffrey d'une chaleureuse accolade pendant que, derrière lui, Rose s'était installée dans un fauteuil et faisait du regard le tour de la pièce.

Elle ne s'habituerait jamais à cet intérieur branché, à cette décoration qu'elle considérait du dernier mauvais goût. Ces tableaux, ces objets, ces formes, ces couleurs ! C'était donc dans un musée que vivait son fils ! Il fallait le croire ! Comment appellent-ils cela déjà ? Ah oui, du « design » (elle prononçait « désigne ») ! Eh bien, désigne ou pas, cet étalage de bonheur petit-bourgeois était insupportable ! Et ce poisson rouge ! Le comble du ridicule ! Et, pour couronner le tout, une bru qui ne se donne même pas la peine de vous accueillir ! C'était sans commune mesure !

Elle soupira, énervée par avance de l'ennuyeuse soirée qui l'attendait, remit son brushing en place du plat de la main, lissa les revers de sa jupe hors de prix et observa ses deux fils.

Elle les avait eus jeune : Jeffrey, l'aîné, à dix-huit ans, et, deux ans plus tard, était venu Laurent. Leur père succomba à un infarctus foudroyant quelque temps après la naissance du benjamin, et il lui avait bien fallu se résoudre à élever seule ces deux produits. Elle se rendit vite compte que ce qu'on appelle *instinct maternel* lui était étranger et regarda grandir les deux enfants d'un œil distant, gênée quand ils l'appelaient « maman », embarrassée quand ils se jetaient dans ses bras, ne sachant comment les consoler quand ils s'étaient fait mal. Rose n'était pourtant pas une mère indigne : c'est juste qu'elle n'estimait pas à proprement parler avoir accouché, mais plutôt qu'on avait extirpé deux choses étrangères de son corps. Et aujourd'hui, en regardant les deux frères discuter à quelques mètres d'elle, elle faisait une sorte de bilan : elle avait enfanté d'un côté un artiste excentrique, et de l'autre un chirurgien ambitieux, deux hommes qu'elle voudrait aimer, mais sans y parvenir.

Elle avait vaguement conscience d'avoir raté quelque chose.

Après des retrouvailles familiales d'usage, on passa à l'apéritif puis à table. L'ambiance se voulait détendue mais chacun restait sur sa réserve.

Hélène, en hôtesse conciliante, essayait de composer avec l'insouciance de son mari, les silences de son beau-frère et l'acidité de sa belle-mère.

On avait studieusement passé en revue tous les sujets possibles de discussion.

— Alors, demanda Jeffrey à son cadet en parcourant le salon du regard, toujours dans tes croûtes à ce que je vois ?

Lui aussi, d'une certaine façon, aimait l'art mais ne comprenait pas la vision qu'en avait son frère.

— Ben oui, répondit celui-ci en se levant. Et tu as même sous les yeux ma dernière composition.

Il se posta devant une étagère, prit une pose volontairement comique et, d'une main solennelle, désigna l'œuvre en question.

— Sainte Vierge Mère de Dieu ! ne put réprimer Rose, la bouche pleine de salade d'endives.

— C'est chouette, hein ? s'enthousiasma l'artiste.

— Ça, on peut le dire ! ironisa-t-elle en replongeant dans son assiette.

La chose était une imposante toile d'un mètre sur deux, aux couleurs morbides, représentant formes et figures qu'un œil néophyte ne pouvait à coup sûr déchiffrer.

— Je l'ai appelée *Des anges chantés*, expliqua-t-il. Si tu regardes bien (il ne s'adressait qu'à son frère), tu peux voir ici trois corps d'anges qui tentent de s'envoler et, en fait, les partitions de musique qui se trouvent là remplacent leurs ailes.

Il désignait scrupuleusement les différentes parties du tableau. Hélène l'observait, amusée comme toujours par l'attitude professorale et l'éloquence de son époux quand celui-ci expliquait avec passion son travail.

Rose continuait, imperturbable, sa salade d'endives.

— C'est en fait une métaphore de l'existence, reprit-il, les anges, noirs en parvenant difficilement à s'envoler, symbolisent les forces occultes qui nous tirent vers le bas, tandis que les partitions, toutes blanches, symbolisent la puissance vitale de l'art qui nous pousse vers le haut.

Jeffrey écoutait, impassible, une cigarette au bord des lèvres.

— Mais on ne peut comprendre totalement la toile sans ça, précisa-t-il en saisissant une espèce de pelote de laine qui se trouvait devant le tableau. C'est en fait une œuvre en deux parties, c'est ce que j'appelle l'art binaire : deux œuvres aux supports différents qui se complètent pour faire une signification d'ensemble. Cette deuxième partie, expliqua-t-il en désignant la pelote, je l'ai appelée *Mille laines* : elle est en effet composée de bouts de mille laines différentes. Cela représente tous les aléas, les obstacles que nous rencontrons, et le fil obtenu symbolise le fil de l'existence qui retient encore un peu les anges du tableau à la vie.

Il devenait intarissable, soucieux qu'il était toujours de se faire comprendre et surtout apprécier de son aîné.

— Original ! conclut laconiquement celui-ci en écrasant sa cigarette, tandis que Laurent venait se rasseoir.

Rose, repue, s'essuyait les coins de la bouche, sa salade d'endives terminée, toussotant éloquemment pour bien faire comprendre à son aîné son impolitesse à fumer à table.

Elle se tourna finalement vers lui et lui demanda sur un ton détaché :

— Et toi alors, quoi de neuf dans ta vie ?

— Rien de spécial, maman, répondit-il sommairement.

— Comme toujours ! nota-t-elle sur un ton sardonique.

Le temps sembla alors se figer.

Hélène, debout, suspendit son geste et regarda son mari qui n'osa lever les yeux vers Jeffrey. Celui-ci ne sourcilla pas.

— C'est quand même bizarre ça, insista sa mère, mènerais-tu une vie d'ascète ? Parce que…

— Maman, la coupa Laurent, s'il te plaît.

— Quoi, s'offusqua-t-elle, j'ai encore le droit de m'informer de la vie de mon f…

— Arrête ! insista-t-il.

Il était rare d'entendre Laurent élever la voix, surtout après sa mère, mais parfois celle-ci dépassait vraiment les bornes et l'habituel « c'est maman, elle est comme ça » ne lui suffisait plus. Elle savait pourtant que Jeffrey détestait déballer sa vie privée, même à sa famille, tout le monde l'acceptait mais non, elle, il fallait qu'elle insiste ! Et précisément ce soir en plus ! Il fallait donc qu'elle gâche toujours tout !

Jeffrey s'alluma une nouvelle cigarette tandis que Rose se retranchait dans son attitude favorite : celle d'une reine à la dignité offensée.

Laurent croisa le regard de sa femme : tous deux comprirent qu'il était temps d'annoncer la nouvelle, histoire de calmer le jeu et de détendre l'atmosphère.

Elle rapporta les assiettes sales à la cuisine et revint avec le dessert. Dans le silence général, elle servit les îles flottantes et le cake aux fruits puis se rassit en jetant un œil complice à son mari.

Laurent se lança.

— Bon, voilà. Si on vous a invités ce soir, c'est parce que Hélène et moi avons une grande nouvelle à vous annoncer.

Rose, toujours à l'affût d'une pique blessante à émettre, profita de cette perche tendue pour sortir de sa réserve indignée :

— Ah ? Vous allez vous mettre enfin à exercer un vrai métier ? persifla-t-elle en pouffant.

Hélène ne releva pas, ayant depuis longtemps renoncé à répondre aux provocations de sa belle-mère.

Jeffrey restait mutique.

— Maman, s'il te plaît, pria Laurent, tu ne pourrais pas arrêter ton cinéma pour une fois ? C'est important pour nous.

— Très bien, se résigna-t-elle en portant la cuillère à sa bouche. Alors ? On vous écoute. Quelle est cette fabuleuse nouvelle qui mérite qu'on lui consacrât ce merveilleux dîner familial ? ironisa-t-elle.

— Voilà ! Hélène et moi allons avoir un bébé, annonça-t-il.

Rose manqua en avaler sa cuillère tandis qu'Arthur émit ses deux « glop glop » indignés dans son bocal.

Jeffrey, fidèle à sa réserve coutumière, n'émit qu'un imperceptible sourire.

— On voulait que vous soyez les premiers avertis, renchérit Hélène.

Rose, rougeaude et suffocante, frisait l'apoplexie et étouffait dans sa serviette.

Manquait plus que ça ! Un rejeton !

Elle se drapa dans sa légendaire hauteur sans piper mot à la nouvelle.

Jeffrey sortit de sa réserve :

— Mes félicitations à vous deux, dit-il simplement, tout en expirant les volutes de sa Camel.

Toujours pragmatique, Rose intervint enfin :

— Et c'est prévu pour quand ? demanda-t-elle en appuyant sciemment un peu trop sur le « c'est ».

— On ne l'a appris que cette semaine. Je vois bientôt mon gynécologue. Vraisemblablement vers le moi de juin, je suppose.

Juste après le mois de la Vierge !! pensa Rose. Elle réprima un sourire.

— Eh oui, ce sera un petit bébé d'été, rajouta Laurent en plaisantant.

Mieux vaudrait une insolation ! pouffa intérieurement sa mère.

— Et Rose sera enfin grand-mère ! crut bon d'ajouter Hélène.

— Je vous en prie, s'indigna celle-ci, n'en rajoutez pas !

— Maman !!!

— Oh, ça va, fils ! Oui, je vais être grand-mère, quelle fabuleuse nouvelle ! minauda-t-elle hypocritement en portant la main sur son cœur. De toute façon, je ne vois pas de quelle autre façon je pourrais l'être, étant donné l'évident vide affectif dans la vie de ton frère, sous-entendit-elle en regardant Jeffrey, cherchant à nouveau à le provoquer.

Elle savait pertinemment qu'attaquer son fils sur ce terrain ne manquerait pas d'entraîner une riposte de sa part, riposte qui ne se fit pas attendre : Jeffrey planta ses deux yeux perçants dans ceux de sa mère et, quittant son attitude toujours impassible, lui rétorqua calmement :

— En tant que clinicien, je suis bien conscient que certaines tares peuvent être génétiques. Eh bien, quand je te regarde, ma chère maman, je suis bien aise de n'avoir jamais à me reproduire !

Rose, ulcérée, ouvrait déjà la bouche pour contre-attaquer mais Hélène, sentant la menace gronder, proposa les cafés sous le regard reconnaissant de Laurent.

* * *

Vers minuit et demi, Rose et Jeffrey partis, table et vaisselle rangées, Hélène et Laurent se tenaient dans le lit conjugal, les nerfs un peu à bloc : elle, s'acharnant sur ses ongles, les yeux plongés dans un livre ; lui, s'escrimant comme chaque soir à arracher les quelques poils noirs qui pointaient sur ses épaules.

— Arrête avec tes ongles ! la taquina-t-il.

— Arrête avec tes poils ! riposta-t-elle en riant. C'est marrant en tout cas, les coïncidences. Tu vois, dans ce bouquin, l'auteure revient sur sa vie et plus particulièrement sur les événements qu'elle a vécus pendant son enfance, notamment juste après sa naissance. Et elle raconte… Tu m'écoutes ? demanda-t-elle en se tournant vers Laurent.

Celui-ci, dans une position invraisemblable, le bras droit relevé vers l'omoplate gauche, la tête tournée à quatre-vingt-dix degrés, émit un « Hum hum » en guise de réponse.

Elle poursuivit :

— Et donc, elle raconte ses premiers sentiments, ses premières pensées, ses premières impressions. C'est original car elle utilise son regard et ses mots d'adulte pour retranscrire ses ressentis d'enfant, et ça créé un contraste très intéressant. C'est bien la première fois que je lis une autobiographie qui débute véritablement avec la naissance, un peu comme si elle voulait remonter à ses propres origines.

— Hum… hum, marmonna Laurent à ses côtés.

Hélène se tourna vers son mari, plongé dans sa tâche épilatoire, ne semblant pas accorder la moindre attention à ses paroles.

— Et hier soir, j'ai couché avec ton frère !

Laurent éclata de rire en sautant sur sa femme.

— Ma chérie, primo, Jeffrey n'est absolument pas ton genre ; secundo, si tu avais couché avec lui, au moins ça serait resté en famille ! ; tertio, je t'écoute !

Elle lui donna une petite tape affectueuse sur la joue.

— Mouais, bon. Ce que je veux dire, c'est que ce livre me fait penser un peu à ce qui nous arrive. Tu vois, c'est un peu comme pour nous. Un petit intrus est là, au creux de moi, et il va complètement bouleverser notre vie à nous aussi, mais dans le bon sens du terme. C'est marrant, non ?

— Eh oui, ma chérie, dit-il en se blottissant contre elle. Un grand bouleversement ! Un splendide bouleversement !

Il l'embrassa tendrement.

— Au fait, et tes parents ? Tu les as appelés, non ? Comment ont-ils pris la nouvelle ? reprit-il.

— Ils étaient fous de joie ! Ils t'embrassent bien fort. Ils monteront certainement quelques jours pour Noël.

— Cool ! Et tout se passe bien à Montpellier ?

— Oui, oui, très bien.

Il la prit dans les bras et la regarda amoureusement en décoiffant sa chevelure noire.

— Ma chère, plaisanta-t-il, soyez assurée que je vous aime plus que tout.

— Très cher, répondit-elle en pouffant, soyez sûr que cela est réciproque.

— Sachez en outre que je suis ravi que mes spermatozoïdes vous aient tant plu ! rajouta-t-il solennellement.

Elle éclata de rire.

— Mon cher, je suis bien aise que vous me les ayez offerts, continua-t-elle en riant, et je vous en remercie encore. Mais il est temps de dormir. Bonne nuit à vous, monsieur Dalgrand.

— Bonne nuit, madame Dalgrand.

Elle éteignit la lumière, non sans avoir auparavant reposé son livre sur la table de nuit : *Métaphysique des tubes* – Amélie Nothomb.

## 2

Il s'admira une dernière fois dans le rétroviseur puis s'assura, en palpant ses poches, qu'il avait tout ce qu'il lui fallait. Un coup d'œil sur sa montre-bracelet.

Minuit passé. L'heure idéale.

Le Tabu devait être plein à craquer, comme chaque samedi soir.

Arrivé devant l'entrée, il respira un grand coup, prêt à supporter tous les regards qui ne manqueraient pas de se porter sur lui pendant qu'il descendrait les escaliers menant au bar. C'était le rituel gay par excellence. Dès que quelqu'un passait la porte, les yeux se tournaient vers le nouvel arrivant pour jauger l'état de la marchandise et du plan éventuel : démarche, look, cuisses, cul, kilos… Tout était passé en revue en un centième de seconde par les yeux experts. C'était le temps qu'il fallait pour être classé : baisable ou imbaisable. Aucun autre critère. Pas d'autre alternative.

Il était conscient de tout cela en descendant les marches, mais ne s'en souciait guère. Avec son mètre quatre-vingts, ses soixante-douze kilos, son jean Divided moulant les endroits stratégiques, et son non moins moulant marcel blanc, il savait qu'il rentrait complètement dans la catégorie « baisable ». Ses cheveux bruns, son teint mat et sa barbe de deux jours le faisaient même rentrer dans le cercle très restreint des « très baisables ». L'élite en la matière !

Il sentit effectivement les faces concupiscentes se tourner vers lui quand il dépassa le bar tout en chrome pour se diriger vers la piste.

La salle était comble : minets prépubères à la frange mégalissée, *fashion victims* se la jouant sosie raté de Brad Pitt, trentenaires over-musclés aux biceps chèrement acquis contenus dans le dernier tee-shirt Dolce & Gabbana, vieux laiderons tous bourrelets dehors… La cour des miracles en direct live ! Ne manquait que Quasimodo en corsage pailleté !

Il parcourut cette devanture de boucherie du regard, la moue virile et s'abstenant de tout sourire, estimant qu'une mine blasée et agressive était beaucoup plus sexy qu'un sourire béat : les morceaux de viande se déhanchaient studieusement sur les derniers remix de Madonna, ventre rentré, en apnée, la pupille à l'affût.

Mais il n'était pas venu pour se trémousser stupidement en riant comme une bécasse hystérique.

Il alluma une cigarette, contourna la piste et s'engouffra dans l'obscur couloir menant au Saint-Graal de tout gay qui se respecte.

Là, ce n'était plus une devanture mais un véritable étal.

L'obscurité était encombrée de chairs adossées au mur dans une pose faussement nonchalante, le regard aux aguets, tourné vers la backroom.

On épiait. On scrutait. On se dévisageait. On matait la marchandise.

On tentait de surprendre un coup d'œil engageant, verre ou cigarette aux lèvres, l'expression étudiée. Des silhouettes émergeaient d'un tunnel noir pour s'engouffrer dans une salle plus noire encore, la démarche savamment pensée pour exciter le chaland.

On entendait la musique et les cris de ceux qui se déhanchaient au rythme des sons technoïdes sur la piste de danse, mais ici, l'atmosphère n'était pas celle de la fausse fête et de la pseudo-euphorie du samedi soir, comme là-bas : ici, l'ambiance était celle de la traque, de la chasse, du désir et de la baise.

Il se chercha un Coca Zéro au bar plus petit qui se trouvait dans une espèce d'antre décoré de filets de camouflage et autres accessoires militaires pour faire ambiance.

Après avoir croisé le regard d'un blondinet qui devait avoir pour meilleure amie sa salle de sport, regard genre toi-je-te-veux-là-tout-de-suite, il regagna le couloir et se trouva une place sur un banc en face des sombres tunnels.

Et entreprit, lui aussi, une chasse silencieuse.

Il y avait du monde ce soir et on pouvait presque palper le désir qui flottait dans l'air, la testostérone qui se mélangeait à la fumée interdite des cigarettes.

Dire qu'il y en avait pour tous les goûts était un euphémisme : canons, vieux beaux, jeunes moches… Il répugnait pourtant, comme toujours, à se considérer pareil à ceux qu'il regardait, dont le but était bien sûr la baise, mais dont les motivations étaient disparates : mecs frustrés, hétéros refoulés, gays maqués mais qui, bien sûr, venaient tirer leur coup avec des inconnus, preuve s'il en fallait de la solidité de leur « couple ».

Il ne se sentait pas appartenir à la pseudo « culture gay » que les médias, spécialisés ou non, s'escrimaient à définir et que certains gays extrémistes clamaient sur tous les modes : vivre gay, sortir gay, lire gay, manger gay, boire gay… Et que dire de la Gay Pride ! Ce défilé pathético-risible de pédés qui frisaient le ridicule en réclamant les mêmes droits que les hétéros, ne comprenant pas que les hétéros ne se pavanent pas, plumes dans le cul et maquillés à la gouache, sur des chars dont le kitch équivaut le grotesque !

Non, certes il couchait avec des mecs, mais ne s'identifiait pas à ce qui lui semblait une vaste mascarade *ghettoïsante*, et le mépris le prenait à chaque fois qu'il intellectualisait la chose.

Non, il venait ici pour tirer sa crampe, point à la ligne !

Il fut interrompu dans ses considérations par une présence qu'il sentit insistante à côté de lui.

Il tourna la tête.

C'était un adolescent à peine sorti de la phase acnéique, tout juste s'il n'avait pas encore du lait maternel sur la joue. Un brun insipide qui se croyait certainement irrésistible, et bien sûr attifé comme tous les autres *clubbers*, genre j'ai-sorti-mon-nouveau-tee-shirt.

Bien foutu, cela dit.

Il le regarda rapidement puis, l'air de rien, reprit son air blasé.

Ça y est, c'est parti, l'étape « abordage » allait commencer ! pensa-t-il.

Il soupira et se replongea dans l'écran de télé accroché au plafond qui diffusait les films dont les qualités cinématographiques principales étaient le zoom et l'absence de dialogues.

L'autre, visiblement très à l'aise dans l'exercice de la drague ouverte, et ne se laissant pas décourager, s'adossa confortablement, croisa les jambes, alluma une cigarette et lança un « Salut » enjoué.

Il se décida alors à entrer dans la conversation, histoire de passer le temps en attendant de la chair plus alléchante.

— Salut, répondit-il sans quitter l'écran des yeux.

— Je te dérange pas au moins ? demanda l'autre. Parce que sinon, je te laisse tranquille... tu sais... c'est pas un problème... je veux pas m'imposer... ou te casser un plan... tu vois quoi.

Il quitta alors son écran de télé, et dévisagea son jeune interlocuteur.

Voilà, encore une fois, le physique s'était avéré trompeur. Comment un jeune mec aussi bien foutu pouvait-il à ce point manquer de virilité ? Ça, c'est quelque chose qui le dépassait toujours : les mecs baraqués, musclés à outrance sous leurs tee-shirts XXS et qui, dès qu'ils ouvrent la bouche, se montrent aussi virils que Barbie Princesse.

Ne voulant pourtant pas se montrer goujat, il répondit :

— Non, non, tu ne me déranges pas.

Il espérait que l'autre n'allait pas enchaîner par la phrase stupidement gay par excellence : *Et tu cherches quoi ici ?*

— OK, c'est cool mec. Et tu cherches quoi ici ??

Vlan ! En plein dans le mille !

Il allait répondre quelque chose du genre « un partenaire de scrabble », mais l'autre le devança :

— Oui, je sais, c'est une question stupide... mais bon... tu vois... c'est quand même plus fun quand les choses sont claires dès le début... tu vois c'que j'veux dire, hein ? Parce que sinon... après... ça over craint... et...

Il continuait, mais lui ne l'écoutait même plus.

Mais comment diable pouvait-on autant parler pour ne rien dire ? Et les grands gestes théâtraux, et les « tu vois c'que j'veux dire » en guise de ponctuation...

Il fallait bien regarder la vérité en face, il était tombé sur un morceau de choix : le pédé de base qui se la jouait branché, et qui était à la virilité ce que sœur Emmanuelle devait être au saut à la perche.

Bref, tout ce qu'il détestait !

Mais, malgré cela, il y avait quelque chose de touchant dans cette façon de jouer le rôle du gay à la mode, dans ce besoin de se mettre en scène.

Ou plutôt, quelque chose de pathétique en fait.

Il pensait à tout cela quand, soudain, l'autre interrompit sa logorrhée par un cri à faire pâlir d'envie les plus grandes sopranos :

— Seigneur Jésus Marie Joseph !! C'est le dernier remix de Mylèèèène !! Trop cool !! Faut que j'aille danser !! Je t'abandonne... OK... à plus...

Sans attendre de réponse, il s'engouffra dans le couloir rempli de clones, mais sans courir. Courir béatement alors qu'on vous regarde est du dernier vulgaire ! Une démarche chaloupée, voilà ce qu'il faut adopter même si la mort est à vos trousses !

Il le suivit des yeux, mi-amusé, mi-compatissant.

Mais il n'était pas venu ici pour taper la causette.

Il se leva alors à son tour et pénétra dans la pièce noire.

Première règle : attendre quelques secondes que les yeux s'habituent à l'obscurité. À chaque fois, cela lui faisait l'impression d'être un prédateur nyctalope guettant sournoisement sa proie.

Deuxième règle : revérifier que chaque chose est à sa place dans les poches du jean. Capotes, poche avant droite. Gel, poche avant gauche. Poppers, poche arrière droite. Mouchoir, poche arrière gauche.

Troisième règle : adopter une démarche virile et décidée, et se lancer dans la meute.

Il traversa alors la pièce pour se poster contre le mur à l'autre bout et observer ce que l'obscurité laissait deviner. Il aimait le caractère bestial de ce genre de lieux : les corps qui se frôlent, l'odeur âcre et moite, les bruits de soupirs et de pantalons qui se baissent, le rut à l'état pur.

Pas de sentiments, pas de longs discours : une main, un regard, et ça partait.

À sa droite, s'affairaient deux bruns, jean sur les chevilles, un des deux agenouillé devant l'autre ; jambes poilues, bras musclés.

Il commença à se raidir dans son boxer.

À sa gauche, une espèce de magma informe. La lumière diffuse rendait l'identification difficile mais ils étaient bien cinq à se pomper et se caresser.

Le durcissement dans son boxer se fit plus assuré et, en guise d'invite, il posa sa main sur son paquet, les yeux rivés sur les deux poilus de droite. Leur réaction ne se fit pas attendre. Il faut dire que pour des habitués du lieu, une silhouette comme la sienne ne pouvait passer inaperçue. Dans cette pénombre, il fallait déployer toute une tactique visuelle pour s'assurer de la qualité de la marchandise : observer la stature, deviner le profil, détecter d'éventuels bourrelets, évaluer la fermeté des fesses… Mais lui ne suscitait pas ce type d'examen exhaustif : en un clin d'œil, on voyait que c'était de la qualité.

Les deux bruns se déplacèrent de quelques centimètres vers lui et, en quelques secondes, il eut une main sur le torse et une autre sur la braguette. Il bandait comme un taureau à l'idée de ces deux paires de jambes poilues, ces deux bites, ces deux culs à sa disposition, et déboutonna son jean.

Devant lui, ça passait, ça matait, certains se livrant à l'activité illicite du lieu : allumer innocemment une cigarette, histoire d'éclairer une seconde les alentours pour pouvoir confirmer, ou infirmer, un diagnostic visuel. Il en profita pour jeter un rapide coup d'œil à ses deux assaillants, car, certes il venait pour tirer son coup, mais pas avec n'importe qui. Celui qui avait pris l'initiative de prendre son sexe en bouche avait dans les vingt-cinq ans, brun et mignon : pas mal. L'autre, debout à côté de lui et qui lui caressait fermement le torse, était plus âgé, la peau marquée et les cheveux clairsemés. Pas du tout son style. Dans ces cas-là, pas de pitié : on remballe la marchandise, on dégage la main aventureuse et on va voir plus loin.

Il se dirigeait vers la deuxième salle, plus exiguë, quand il sentit une main se plaquer sur ses fesses. Autre règle : se retourner avant d'agir, et identifier à quoi est reliée la main en question. Un petit sympa bien foutu : OK. Un vieux gros désespéré et avide de chair fraîche : à dégager.

Il n'eut pas besoin d'aller jusque-là car il entendit dans la seconde qui suivit :

— Ohhh, déjà tu me trompes ???

La soprano !!

— Ça va, je plaisantais ! Fais pas cette tête-là ! rajouta-t-il, hilare.

Il était ruisselant de transpiration après s'être trémoussé de tous ses membres sur la piste et, encore en pleine transe, agitait sa cigarette dans tous les sens.

— Alors, bien dansé ? hasarda-t-il, partagé entre la satisfaction d'être poursuivi par ce petit canon et la gêne d'être vu en compagnie de ce mec si extravagant.

— Ouaiis, c'était trop fun. Franchement, elle arrache tout cette Mylène.

Puis, jetant un œil dans la salle obscure :

— Alors, ça baise là-dedans ? hurla-t-il à la cantonade.

Un quadragénaire boudiné dans son marcel blanc, adossé juste devant lui, le regardait avec envie. Le jeune excentrique planta ses yeux dans les siens :

— Alors toi, même pas en rêve !!! Y a pas marqué « salut social » ici !!

Lui ne put réprimer un sourire devant l'insolence de la jeunesse.

Il sortit des ténèbres, immanquablement suivi par la soprano prépubère.

Ayant repris sa place sur le banc, il dut subir sa jactance. C'était un vrai festival : il eut droit à ses études de stylisme, ses problèmes d'acné quand il était ado, la description de son chien Anatole, sa tristesse à la mort de Lady Di, ses économies pour pouvoir s'acheter le dernier sac Gaultier, et le fond de teint le plus efficace qui *« n'agresse pas la peau »*.

Il en était à une biographie détaillée de Madonna, quand il vit le blondinet taillé en V du bar entrer dans la backroom en lui jetant une œillade plus qu'univoque. Il se sentit immédiatement attiré par la virilité qu'il dégageait, rare en ces lieux, et avait vraiment envie de le tester au lit.

Ça lui arrivait rarement de ramener un mec chez lui, pour ainsi dire jamais, car il ne supportait pas que quiconque puisse s'immiscer dans sa vie ; mais là, il était très excité et ne se sentait pas d'humeur backroom avec lui. Ce mec, il le voulait dans son lit.

— Je te laisse, passe une bonne fin de soirée, dit-il à la soprano hystérique et, ignorant sa mine de vierge effarouchée, il pénétra dans le noir juste derrière le blondinet.

Il n'eut pas à aller bien loin, l'autre se trouvait adossé à droite de l'entrée et, au cas où il n'aurait pas compris que c'était lui qu'il attendait, alluma une cigarette, signe entendu qu'une ouverture était possible.

Après les quelques préliminaires que le lieu autorisait, il demanda abruptement au blondinet :

— Ça te dit de venir chez moi ?

— OK.

* * *

Le trajet en voiture se fit dans le silence le plus total.

Visiblement, il était tombé sur quelqu'un d'aussi introverti que lui, ce qui n'était pas pour lui déplaire, bien au contraire. Après le climat paradoxalement hautement peu masculin de la boîte, il appréciait ce mutisme que d'aucuns auraient trouvé gênant mais que lui trouvait très mâle.

Il conduisait, stoïque, jetant de temps en temps un coup d'œil sur les cuisses galbées de son passager, histoire de se dire qu'il faisait bien de le ramener chez lui.

Arrivés en bas de son appartement, c'est l'autre qui rompit enfin le silence :
— Au fait, on ne s'est même pas présentés ! Moi, c'est Thierry. Et toi ?
— Jeffrey.

Jeffrey Dalgrand habitait un immense loft dans un immeuble bourgeois en plein cœur du quartier de l'Orangerie. Il l'avait arrangé de façon à aménager l'unique salle en autant de petites pièces. Des paravents blancs aux bordures chromées ainsi que des étagères remplies de livres délimitaient salon, chambre, bureau et coin cuisine. De tout émanait une luminosité clinquante quasi atone due à la couleur dominante : le blanc. Ajoutés à cela, l'extrême sobriété de la décoration et l'ordre quasi mathématique finissaient de donner au lieu une impression presque clinique, dépourvue de chaleur : rien ne dépassait, rien ne tranchait.
— Super appart !
Jeffrey ne releva pas.
— Tu veux boire quelque chose ? se contenta-t-il de proposer.
— Avec plaisir.
— Alcool ? Pas alcool ?
— Ah non, s'exclama Thierry. Je fais de l'allergie à tout ce qui est alcoolisé. Une seule goutte et j'asphyxie tout en triplant de volume ! plaisanta-t-il, voulant sûrement essayer de rompre la glace. Un jus de kiwi, ce sera parfait.
Ben tiens, se dit Jeffrey, mais bien sûr ! Un nectar de papaye aussi, non ? !
— Jus d'orange, plutôt ?
— OK.

Jeff ouvrit la marche à travers paravents et étagères jusqu'au coin salon.

Canapé blanc, moquette blanche, peinture blanche n'étaient rehaussés que par l'éclat chromé de la télévision, de la stéréo et du minibar.

— Ben dis donc !! On se croirait dans une salle d'opération ! T'es médecin ou quoi ? demanda Thierry.

Jeff le scruta un instant avant de répondre :

— Oui.

Pendant qu'il s'occupait des boissons, Thierry s'approcha d'une étagère et parcourut les titres des livres méticuleusement rangés : *Psychiatrie de l'adulte, Neurochirurgie en bloc opératoire, Syndromes et Symptômes…*

— Putain, ça rigole pas, dis !

Sur une autre, des noms lui rappelèrent vaguement sa classe de première : Cocteau, Gide, Rimbaud, Radiguet… Des auteurs qu'il avait sans doute étudiés mais dont il n'avait retenu que l'essentiel : tous des pédés ! Qu'ils soient tous là, alignés dans le salon d'un homme qui visiblement ne répondait à aucun des poncifs gays, le laissa indifférent.

— Dis donc, t'as l'air calé comme mec ! Si t'en as dans le slip autant que dans la tête…

Il s'assit en prenant une pose savamment étudiée et riva sur Jeffrey un regard provocateur :

— T'es pas un grand bavard toi !

Jeff remplissait les verres.

Il avait envie de rétorquer que c'était l'hôpital qui se foutait de la charité, mais la conversation n'était pas le but de l'invitation.

— Non, se contenta-t-il de répondre.

La situation commençait à l'insupporter.

Ce mec sur SON canapé, dans SON salon, buvant SON jus d'orange.

Tout ce qu'il voulait c'était assouvir ses pulsions et passer à l'action, point à la ligne. Il regrettait d'avoir dérogé à sa règle principale : jamais personne chez lui, et surtout pas de mec. Les mecs : des plans-cul sans lendemain, des instruments de plaisir moins vulgaires que la basique masturbation, de simples vide-couilles, rien de plus.

En regardant le jeune homme en face de lui, qui lui parlait mais qu'il n'écoutait plus, il se posa la question qui souvent le hantait : pourquoi ? Pourquoi ce regard sur ce qu'il était ? Pourquoi ce dégoût de l'attachement, du durable ?

Des embryons de réponse lui venaient, parfois, impalpables.

— Au fait, faut que je te demande un truc, demanda subitement Thierry.

Ah oui, la fameuse question, la question gay par excellence, LA question : *T'es actif ou passif ?*

— C'est quoi ton signe astrologique ?

Jeff mit un temps à comprendre, surpris par l'incongruité de la question mais surtout alerté par le tour personnel que risquait de prendre la conversation s'il ne coupait pas court.

— Je te demande ça parce que je te vois bien Scorpion, tu vois. Secret, mystérieux, un peu *out there*, tu vois. Moi, tu vois, je suis Poissons, donc plutôt dans la liquidité, la fluidité et…

Il ne put poursuivre, la main de Jeffrey s'étant collée à son entrejambe, brusquement.

Il en sentit la chaleur à travers son jean et sourit.

Son sexe se raidit au contact de cette force virile, de cette mâle détermination qu'il aimait. Thierry ferma les yeux et écarta doucement les jambes pour mieux sentir la caresse l'envahir et le posséder, et se pencha vers Jeffrey.

Il chercha ses lèvres des siennes mais Jeff détourna le visage.

— T'embrasses pas ?

— Viens, fut la seule réponse à sa question.

Jeff, moins excité par le jeune homme que par l'assouvissement imminent de son désir, mena Thierry de l'autre côté des étagères.

La chambre était la réplique exacte du salon : futon blanc, moquette blanche, boiseries blanches. Pas un livre sur la table de chevet ; pas un vêtement par terre ; toujours le même ordre obsessionnel ; la même sobriété, presque dérangeante, presque inquiétante.

Les deux hommes se tenaient au milieu de la pièce, torse contre torse, jambes contre jambes, désir contre désir.

Jeff retira son tee-shirt, laissant apparaître ce que Thierry n'avait pas encore vu mais seulement deviné : un torse finement musclé, dessiné avec précision, sculpté par un mince filet de poils noirs qui descendait sur un ventre plat et ferme. Il regarda Jeffrey en souriant. Le garçon silencieux de la voiture avait laissé place à un mâle avide. Jeff ne s'était pas trompé et goûtait pleinement cette sensation, ce frisson sauvage qui, comme à l'accoutumée, lui parcourait tout le corps d'une onde quasi électrique.

Il sentit la langue de son partenaire parcourir son torse, s'attardant expertement sur son téton droit, se perdant dans son duvet noir, laissant briller sur sa peau de minces filets de salive.

Des doigts s'invitèrent et entreprirent de déboutonner agilement son jean, laissant entrevoir la proéminence de son sexe en érection. La langue descendit doucement pour se perdre dans la toison pubienne taillée puis sur le slip engoncé.

Jeff transpirait le désir et l'excitation, les mains appuyées sur la tête de Thierry qui respirait de plus en plus vite et fort. Il savait que bientôt il ne se contrôlerait plus, égaré dans une pulsion qui le maîtrisait, noyé dans un courant qui le submergeait.

Quand il sentit son sexe dans la profondeur humide de la bouche, il oublia la clinique, ses recherches, sa mère, son frère… tout.

Il n'était plus homme, il était animal, bête focalisée sur son rut.

Sur le futon, ce furent deux heures d'ébats et de caresses brutales.

Le sperme blanchâtre luisait encore sur le torse artistiquement rasé de Thierry pendant qu'à côté de lui Jeffrey fumait, les yeux dans le vide.

Il approcha ses lèvres mais Jeff détourna une fois de plus le visage.

— Je peux au moins utiliser la salle de bains ?

Allongé, Jeffrey parcourait du regard les étagères en face de lui : Proust, Gide, Cocteau… Toutes ces lectures pour tenter de comprendre l'incompréhensible.

Le scientifique et l'homme se combattaient perpétuellement en lui : le premier voulait étudier et analyser les pulsions du second. Le rationnel contre l'incontrôlable. La raison contre le désir. Des siècles et des siècles de réflexion et de recherche sur la question et lui, Jeffrey Dalgrand, un des neurochirurgiens les plus réputés, qui se targuait de vouloir comprendre.

Peut-être un jour réussirait-il.

Sûrement même.

Thierry avait fini de se sécher dans la salle de bains.

Il était vraiment fasciné par cet appartement froid et lumineux à la fois. Outre les pièces qu'il avait déjà vues, il restait le coin cuisine et un autre coin qu'il devina être le bureau. Là, le naturel avait repris ses droits : partout des feuilles, des schémas, des dessins, des chiffres, des tableaux ; deux ordinateurs dernier cri.

Il s'approcha, intrigué par cette oasis de désordre, surprenante dans cette mer de rangement.

Des dizaines de livres étaient ouverts, des centaines de diagrammes et de figures qu'il parcourut vaguement, amusé que quelqu'un puisse comprendre quelque chose à tout ce jargon scientifique qu'il assimilait à une langue étrangère. Pourtant, il constata qu'un mot revenait à chaque fois dans tous ces documents. Il allait se pencher quand il entendit un bruit derrière lui.

— Tu fais quoi là ?

Thierry ne reconnut pas la bête de sexe à qui il s'était donné il y a une demi-heure : Jeffrey le fixait, la cigarette fichée au coin des lèvres, une lueur indiscernable dans les yeux.

Il frissonna.

— Heu… rien.

Après s'être habillé, il s'enquit quand même de la fatidique question : « On va se revoir ? », à laquelle Jeff ne répondit pas.

Dehors, le froid automnal le saisit.

Il contourna le parc de l'Orangerie, désert à cette heure matinale, et souffla dans ses mains pour se réchauffer.

Très bon coup, ce mec, quand même, pensa-t-il. Mais, putain, zarbi de chez zarbi ! Et tous ces trucs scientifiques !

Il essaya de se souvenir de ce mot qui l'avait marqué dans le bureau de Jeffrey.

Un mot trop *strange*, genre pas français. Merde, c'était quoi, déjà ?

Ça ne lui revenait pas.

Son esprit était trop embrumé.

Bah, pas bien grave.

# 3

Hélène ressentait un mélange étrange d'angoisse et d'excitation.

Assise dans la salle d'attente, elle ne pouvait fixer son regard sur les autres patientes, plongées avec une réelle délectation dans leur lecture inspirée de *Gala* et autre *Voici*. Visiblement, leurs grossesses étaient plus avancées que la sienne, elle qui allait vivre aujourd'hui sa première échographie et les premiers examens prénataux. En y pensant, un sourire parvint tout de même à poindre sur ses lèvres et elle posa délicatement les mains sur son ventre encore plat. Ou déjà un peu arrondi ? Elle ne savait si c'était une impression, mais elle le sentait.

C'est Jeff qui lui avait conseillé le professeur Edmond Bliade. Ils s'étaient connus tous deux pendant leurs études de médecine et s'étaient liés d'amitié avant de se spécialiser chacun dans sa voie : Jeff en neurochirurgie, Edmond en obstétrique.

Aujourd'hui, ce dernier exerçait au CHU de Hautepierre, à Strasbourg, en tant qu'obstétricien-gynécologue et chef du service gynécologie et obstétrique, et était considéré comme une référence par la profession.

D'après Jeff, ses travaux sur la douleur du nourrisson ainsi que ses recherches sur les malformations prénatales avaient fait de lui un précurseur reconnu en médecine fœto-maternelle, spécialisé dans la chirurgie néonatale. Il fut ainsi l'un des premiers spécialistes à promouvoir en France la très controversée opération à ventre et utérus ouverts, déjà couramment pratiquée aux États-Unis mais qui effrayait encore les frileux Européens. Passionné par le monde de l'enfant, et plus précisément du nourrisson, il n'avait de cesse d'en percer les mystères et d'en comprendre les pensées : là était son cheval de bataille. Bref, toute future mère digne de ce nom se devait d'avoir ses ouvrages vulgarisés sur sa table de chevet !

Hélène n'en demandait pas tant, mais tous les arguments de son beau-frère ainsi que cette grossesse tant désirée et enfin atteinte avaient fini de la persuader. Elle savait qu'elle serait entre de bonnes mains, d'autant que le professeur Bliade s'était spécialisé dans les grossesses compliquées et à risques, et c'est tout ce qui comptait. Elle aimait aussi l'idée d'être suivie par une même personne jusqu'à l'accouchement, qui l'accompagnerait à chaque étape de cet univers nouveau et inconnu pour elle. Elle, la femme dynamique, se sentait toute petite et fragile devant l'événement et avait besoin d'une main sûre pour la guider. Que cette main lui soit conseillée par son beau-frère n'en était que plus appréciable.

Elle soupira, un peu plus détendue, mais ne put se résoudre à se lancer dans la lecture d'un *Paris Match* de dix ans d'âge. Les détails croustillants de la dernière coucherie monégasque l'indifféraient au plus haut point, surtout aujourd'hui. Ça, c'était plutôt un truc pour Françoise, sa meilleure amie, férue de ce genre de potins. En revanche, la conversation qu'entretenaient ses deux voisines de droite révélait l'intérêt profond que deux femmes enceintes jusqu'aux molaires pouvaient porter au dernier scandale du rejeton royal britannique.

— Madame Dalgrand, s'il vous plaît ?

Elle leva les yeux vers la voix, sans réagir.

— Madame Dalgrand ?

Elle sursauta.

*Merde, c'est moi ça !!*

— Oui, excusez-moi !

*Suis vraiment trop conne !*

* * *

Le cabinet du docteur Bliade prouvait, s'il le fallait, les dires de Jeff.

Les murs s'ornaient d'autant de photos, diplômes, et autres prix, attestant, sinon le narcissisme certain du médecin, du moins son indéniable compétence. Paradoxalement, aucune de ces deux caractéristiques ne se devinait sur le visage de son interlocuteur.

À bientôt quarante ans, le docteur Bliade avait au contraire tout de l'homme peu sûr de lui : petit, rondouillard, les yeux fuyants, les gestes saccadés, la démarche nerveuse, il faisait bien plus vieux que son âge, et tout en lui révélait un manque évident de confiance en soi qui contrastait avec l'assurance qu'il devait nécessairement montrer dans son travail. L'archétype même de l'homme qui ne vit que pour et par la science, pensa Hélène. Dévoué à sa cause. L'abnégation même.

Hélène sourit intérieurement de cette habitude qu'elle avait de toujours dresser d'emblée une personnalité toute faite de ses interlocuteurs.

— Asseyez-vous, je vous en prie.

Lui-même prit place derrière un bureau impeccablement ordonné qui devait à coup sûr rassurer la plupart de ses patientes.

— Merci, répondit Hélène.

— Permettez-moi, tout d'abord, de vous exprimer mon plaisir de rencontrer une parente de Jeffrey.

Hélène fut surprise par ce ton conventionnel un peu suranné mais finalement assez charmant.

— Tout le plaisir est pour moi. Vous avez en Jeff un admirateur de premier rang, plaisanta-t-elle.

— Vraiment ?

— Tout à fait. Lui, si peu loquace à l'accoutumée, n'a pas tari d'éloges à votre sujet et s'est montré d'une rare éloquence, ajouta-t-elle.

— J'en suis flatté. Ah, Jeff ! Un ami certes, mais tout autant un collègue dont j'estime les qualités et la compétence.

— Il m'a beaucoup parlé de vos différents travaux, et je ne vous cache pas que c'est rassurant pour la future maman très stressée que vous avez en face de vous, dit-elle en riant.

— Oh, mais tranquillisez-vous ! Vous êtes en train de vivre ce que je considère comme la plus belle expérience de la vie. Vous savez, nombre de mes patientes viennent ici et s'assoient à votre place, l'esprit noyé de questions, d'angoisses et de doutes divers. Rien que de bien normal, soyez-en sûre.

— Oui, j'imagine.

— Mon rôle est donc avant tout d'apporter réponse à chacune de ces interrogations, à chacune de ces incertitudes. Comme je le dis toujours : une grossesse réussie est avant tout une grossesse sereine !

Son ton posé et calme effaçait peu à peu la nervosité que les gestes d'Hélène trahissaient. Elle se sentait apaisée, en confiance.

— Pour être tout à fait franche, cette grossesse me stresse énormément. Mon mari et moi essayons depuis longtemps d'avoir un enfant... C'est donc ma première... disons, expérience... et...

— Ne vous inquiétez pas. Je vous l'ai dit, c'est une attitude tout à fait compréhensible. Quoi de plus naturel que d'avoir peur quand on sait que l'on va donner la vie !

— En effet, c'est assez déstabilisant, admit Hélène. Et je crois avoir une bonne centaine de questions à vous poser !

Elle avait besoin de savoir que son attitude était normale et ses angoisses celles de toutes les femmes.

Calme-toi, ma jolie, s'exhorta-t-elle mentalement. C'est pas une maladie que t'as ! Tu es enceinte, pas mourante !

— Les questions, je suis là aussi pour y répondre, mais l'angoisse et la peur, quoique naturelles, n'ont rien à faire dans la partie, croyez-moi. Les femmes donnent la vie depuis la nuit des temps, pardonnez-moi ce poncif, précisa-t-il avec un sourire bienveillant.

Hélène se sentait de plus en plus à l'aise.

— Mais avant tout, il nous faut nous enquérir de la chose essentielle.

Toujours ce langage dépassé, nota la professeur de lettres.

— Oui... ?

Il sourit.

— Ne voulez-vous pas savoir depuis combien de temps vous portez en vous cette nouvelle vie ?

Décidément, la grossesse la rendait godiche ! Bien sûr que oui, elle voulait savoir !

Il ouvrit un tiroir et en sortit un tableau chargé de chiffres, de mois et de jours pour qu'elle puisse suivre avec lui. Il la questionna sur ses dernières menstruations, sur des éventuelles nausées, et lui demanda maints autres renseignements tout en mesurant sa tension, son poids et sa taille. Vraisemblablement, elle était enceinte de huit semaines.

Puis, il la fit passer dans une pièce exiguë et, toujours soucieux de mettre sa patiente en confiance, lui expliqua les divers examens auxquels il allait la soumettre : la prise de sang dont il lui signifia l'importance pour le dosage de l'hormone bêta – l'hormone de grossesse, précisa-t-il – ainsi que pour la détermination des phénotypes rhésus complets, nécessaire pour une première grossesse, un examen gynécologique, et bien sûr, une première échographie, vaginale.

Hélène sentit presque physiquement son cœur se mettre à tambouriner dans sa poitrine. Dans son inconscient encore naïf, le résumé était simple : elle allait voir en vrai le petit être qui germait en elle. Elle en aurait hurlé de joie.

Elle s'installa tandis que le docteur Bliade disposait ses appareils, et ses yeux impatients se fixèrent sur le petit écran.

Voilà, ça y est !

Après toutes ces années, toutes ces tentatives infructueuses, tous ces espoirs qui s'effondraient comme des châteaux de cartes, enfin elle pouvait voir ce qu'elle et Laurent attendaient tant : une petite chose translucide, vivante, endormie dans un cocon liquide, là, au creux de ses reins, tranquille et qui semblait flotter. Les yeux rougis, elle regardait, là, sur l'écran, cette petite forme recourbée, ce fragile bout de chair dans sa bulle protectrice.

Un petit rien, et pourtant cela vivait en elle, par elle, et grâce à elle.

Elle qui avait toujours pensé que l'instinct maternel était une vaste farce inventée par des féministes complexées, sentit instantanément une mer d'amour la submerger. Une sensation nouvelle, étrange, intense et en même temps indéfinissable. Rien à voir avec l'amour qu'elle portait à son mari, à ses parents. C'était autre chose, tout simplement. Quelque chose de… *transcendant* est le mot qui lui vint à l'esprit.

Elle s'abandonna totalement à cette émotion.

Et pourtant, un détail la gênait sur l'écran.

Quelque chose d'infime qu'elle ne parvenait pas à assimiler.

— Dites-moi, docteur, je ne suis pas habituée à ce genre d'images, mais… heu… j'ai l'impression que…

Il lui adressa un sourire avant d'ajouter sur un ton complice :

— Oui, madame Dalgrand, je confirme : vous attendez bien des jumeaux !

Le choc passé, ils retournèrent dans le cabinet-bureau où il lui posa encore quelques questions relatives aux antécédents familiaux, aux éventuelles maladies chroniques dont elle souffrait, et, tout en lui tendant un fascicule bleu sobrement intitulé *Votre bébé et vous : de la grossesse à l'accouchement*, il lui précisa la suite des événements.

— À partir de votre quatrième mois de grossesse, nous nous verrons une fois par mois. Ces examens mensuels sont bien sûr obligatoires, mais surtout permettent à la future mère un suivi régulier qui l'aide à se familiariser petit à petit avec son nouveau corps, et donc à appréhender l'événement final avec plus de sérénité.

— Bien sûr.

— Et, de ce point de vue, je dois vous dire que je suis un partisan fervent, pour ne pas dire acharné, de l'haptonomie, précisa-t-il en riant.

Heu… oui, bien sûr !

Là, la prof de lettres séchait ! Elle allait se fier aux racines et autres suffixes grecs mais, voyant sa mine interrogative, le docteur Bliade lui vint en aide.

— Il faut bien avoir à l'esprit qu'un fœtus est un être vivant à part entière. Là est d'ailleurs bien l'argument scandé un peu trop énergiquement par les anti-avortement. Bref ! L'haptonomie, prenant en compte cet état de fait, est cette méthode qui consiste à communiquer avec son enfant à travers la paroi ventrale.

Elle se serait giflée ! Bien sûr qu'elle connaissait cette méthode, elle en avait lu le nom dans plusieurs magazines.

— La mère doit être consciente que le fœtus entend, surtout à partir du quatrième mois, il peut percevoir la lumière, ressentir les mouvements, etc. J'incite donc toujours mes patientes à ne pas occulter ce fait. Par exemple, peu de gens savent que c'est à partir du cinquième mois de grossesse que, dans le cerveau fœtal, se différencient les neurones pour créer ce que l'on appelle communément la matière grise.

— Je l'ignorais, en effet.

— Eh oui, on sait aujourd'hui qu'un fœtus est doué d'une certaine forme d'intelligence, ce n'est pas un simple amas de chairs en formation. C'est pour cela que je ne saurais trop vous inviter à lui parler, lui faire écouter de la musique. En général, ils adorent Mozart, plaisanta-t-il. Et, surtout, faites participer le père à ces expériences. Les pères se sont trop longtemps sentis coupés de la grossesse de leurs épouses !

— Oh, pour ça, Laurent sera ravi.

— L'univers de l'embryon est véritablement quelque chose de fascinant, croyez-moi, mais un univers dont nous ne connaissons pas encore toutes les régions, toutes les frontières, énonça-t-il, subitement pensif.

Il cligna des yeux et reprit.

— Mais je m'égare. Pour finir de vous convaincre de l'importance de l'haptonomie, laissez-moi vous raconter une expérience que j'ai été amené à faire au cours de mes recherches : dans une maternité, mon équipe et moi-même avons mené il y a quelques années toute une batterie de tests sur le nourrisson. Un d'entre eux consistait à munir un nouveau-né de quatre jours de minuscules écouteurs. Dans sa bouche, une tétine équipée de capteurs était reliée à un ordinateur. Nous avons alors fait passer dans les petites oreilles diverses voix de femmes parmi lesquelles se trouvait celle de sa mère. Eh bien, à chaque fois qu'il entendait la voix maternelle, le bébé se mettait à s'acharner sur sa tétine !

— C'est surprenant !

— Oui, et c'est donc bien la preuve qu'il avait comme « enregistré » cette voix alors qu'il était encore dans le ventre de sa mère.

— Passionnant, docteur !

— Vous ferez vous-même l'expérience : au cours des derniers mois de votre grossesse, massez-vous le ventre en chantonnant toujours la même chanson. Eh bien vous constaterez qu'après la naissance, ce sera la comptine préférée de votre enfant… ou plutôt… de *vos* enfants, en l'occurrence ! ajouta-t-il en riant.

Le docteur Bliade termina avec les incontournables recommandations qui tournaient autour de trois mots : alcool, tabac, régime, puis après avoir jeté un œil à sa montre, décida avec Hélène de la prochaine consultation.

Sur les marches du bâtiment, Hélène souffla en regardant le parking.

Elle pensait aux dernières paroles du docteur et tout se bousculait dans sa tête : faire la déclaration de grossesse, prévoir l'inscription aux cours préparatoires à l'accouchement, penser à l'éventualité d'allaiter ou pas…

Mais pour l'heure, c'était le mot *jumeaux* qui clignotait prioritairement dans son esprit et occultait tout le reste.

Elle pensa aller annoncer la nouvelle à Jeffrey qui travaillait juste à côté dans le bâtiment de neurochirurgie, mais sûrement était-il, comme toujours, débordé.

Elle sortit son téléphone de son sac et composa fébrilement le numéro de son mari. Elle savait, connaissant l'amour de Laurent pour les enfants – lui-même d'ailleurs n'en était-il pas encore un ? – qu'il sauterait de joie à l'annonce non pas d'un plan à trois comme elle le lui avait suggéré en plaisantant, mais d'un plan à quatre !

Elle sourit en entendant la quatrième sonnerie puis le répondeur qui se mettait en route. Mince ! Il était sûrement dans son atelier sur une toile, ou chez son fournisseur, ou au Théâtre national à travailler sur des décors, ou Dieu sait où encore ! Il devra bientôt changer son mode de vie, se dit-elle.

Mais on n'en était pas encore là.

Pour l'instant, elle devait partager sa joie et fêter l'événement.

* * *

Jeffrey était, en effet, débordé.

Assis derrière son bureau, il classait studieusement des dossiers.

Tout, dans son lieu de travail, était à l'image de son appartement et, en entrant, le profane ne pouvait supposer qu'il se trouvait dans le cabinet non seulement du professeur en chef du service de neurochirurgie, mais surtout d'une étoile en la matière.

À trente-huit ans, et malgré cet âge relativement jeune, Jeffrey Dalgrand était en effet considéré par toute la profession comme un des espoirs de la neurochirurgie, et ses différents travaux et recherches faisaient de lui un ténor en la matière. Ce n'était pas pour rien que le service qu'il dirigeait à l'hôpital Hautepierre s'était spécialisé dans les techniques les plus pointues telles que la microchirurgie ainsi que les travaux les plus audacieux concernant les traumatismes cranio-cérébraux, les tumeurs, et l'univers encore méconnu du cerveau au sens large. C'est lui qui, par exemple, grâce à la technique de l'électrostimulation, avait permis des avancées considérables dans le traitement de la maladie de Parkinson ainsi que de certains TOC. Et lui aussi qui, il y a deux ans seulement, avait redonné espoir à toutes les personnes atteintes de maladies neurodégénératives : avec son équipe, il avait mené toute une série d'études sur le coma. Puis, il avait mis les résultats en pratique sur un jeune patient qui sortait de trois semaines de coma et qu'on avait condamné à ne plus jamais remarcher. Le professeur Dalgrand avait alors inauguré un système inédit, à l'apparence futuriste et pourtant bien réel : un système d'électrodes qui, une fois placées sur la langue du patient et actionnées par télécommande, envoyait des ondes électriques dans la zone cérébrale concernée. À la surprise de tout le monde, le jeune patient avait ainsi réussi à marcher sur deux cents mètres en totale autonomie. Ces travaux avaient fait grand bruit à l'époque mais surtout avaient permis au professeur et son équipe de remporter le très convoité grand prix Inserm 2011 de la recherche médicale. Cela offrait ainsi la possibilité d'espérer les thérapies du futur telles que le traitement de la maladie d'Alzheimer ou encore la thérapie génique appliquée au cerveau, technique aujourd'hui encore quelque peu utopique.

Le professeur Jeffrey Dalgrand se partageait ainsi entre interventions chirurgicales difficiles, recherches, mais aussi cours qu'il dispensait avec un certain brio aux étudiants de la faculté de médecine. Ceux-ci étaient friands de ses enseignements, tant il mettait sa passion dans chaque mot et tant il voulait la communiquer à ces futurs praticiens.

Il regarda sa montre.

Déjà ! C'était justement l'heure où il devait se rendre à la fac pour donner son cours sur la douleur aux étudiants de médecine.

Tant pis ! Il continuerait son classement plus tard.

Il laissa tout en l'état et quitta le bureau.

* * *

Hélène avait appelé Françoise et rendez-vous avait été pris une demi-heure après au bar de l'Opéra.

À cette heure-ci, la clientèle était plutôt clairsemée : des étudiants, le visage perdu dans leurs cours, deux ou trois couples et un groupe d'amis qui discutaient bruyamment.

Hélène avait toujours aimé ce lieu kitsch, avec ses fauteuils au velours rouge usé, ses fausses dorures élimées, et son plafond où s'étalait une sorte de fresque complètement délavée. Situé juste en dessous de la salle de l'Opéra, il faisait se côtoyer, les soirs de concert, les étudiants branchés venus là pour un verre de début de soirée et la bourgeoisie guindée strasbourgeoise faisant la queue pour un *Aïda* ou un *Carmen*. Baggy contre fourrures !

Hélène commanda un Perrier rondelle en attendant Françoise qui prouverait décidément l'existence des miracles le jour où elle arriverait à l'heure !

Elle allait la rappeler quand enfin la porte s'ouvrit sur une créature martienne : un mètre soixante-douze de sensualité exacerbée, cinquante-huit kilos d'érotisme provocateur, une tignasse auburn savamment échafaudée dans un coiffé-décoiffé improbable, et une poitrine qui était une vraie invitation au voyage. Le tout était difficilement contenu dans un tailleur jupe-veste rouge sang au décolleté qui aurait donné le vertige au plus aguerri des grimpeurs.

La bombe anatomique parcourut la salle d'un regard fardé à outrance, repéra Hélène et, rejetant sa crinière de lionne en arrière, traversa théâtralement la salle, comme sur un podium.

Et dire que ça, c'était professeur de sciences et vie de la Terre ! Une vision particulière de la pédagogie en somme !

— Oh putain, j'en ai ras la fesse droite de cette foutue ville où tu en es presque réduite à coucher pour trouver à te garer ! dit-elle en s'asseyant d'une manière que n'aurait pas renié la Sharon Stone de *Basic Instinct*. Salut, ma chérie !

Ah, la délicatesse linguistique légendaire de Françoise !

— Quand te décideras-tu à prendre le tram comme tous les gens normaux ? demanda Hélène avec amusement.

— Comment ? s'exclama une Françoise outrée. Me vautrer dans cette masse infecte, respirer tous ces miasmes impurs, m'asseoir sur ces sièges dégoulinants de sueur ? Je suppose que tu plaisantes !

— Comment ça s'est passé cette après-midi ?

Hélène savait que Françoise avait eu une réunion au lycée avec le proviseur et le conseiller principal d'éducation, au sujet de la classe de première S qui posait problème.

— M'en parle pas ! Ce con de proviseur avait, comme d'habitude, l'énergie d'un poulpe dépressif ! Quant à ce sac de CPE, il a tenu son sempiternel discours : « Il faut tenir compte des origines socioprofessionnelles de nos élèves » et patati et patalère. On le sait qu'on bosse dans un lycée difficile, ce n'est pas ce genre de niaiseries qui peut améliorer les choses.

Hélène était tout autant consciente qu'elle de l'incompétence de l'équipe de direction, même si elle l'aurait formulé d'une manière moins abrupte. On ne pouvait cependant en faire grief à Françoise : comme son physique et son accoutrement toujours suggestif ne l'indiquaient pas forcément, elle était une enseignante plus que compétente, toujours attentive à la réussite de ses élèves et se démenant comme un beau diable pour les y faire parvenir. Elle était d'ailleurs très appréciée chez les lycéens, et pas seulement pour ses atouts visuels !

— Enfin, c'est le week-end, dit-elle en portant une cigarette à ses lèvres.

Le jeune serveur qui s'était approché pour prendre sa commande eut un mouvement de recul, comme si elle avait dégainé un bazooka.

— Excusez-moi, madame, mais la nouvelle législation interdit l'usage du tabac dans les lieux publics, je suis navré.

— Je ne suis pas en train de fumer me semble-t-il, rétorqua-t-elle, l'objet du délit éteint fiché au coin des lèvres.

— En effet, mais…

— Donc, si j'ai envie de bavarder avec mon amie avec une cigarette éteinte à la bouche, je pense que j'en ai encore le droit sans que la valetaille s'en mêle, non ?

— Bien sûr, si…

— Ce sera un thé à la menthe pour moi, le coupa-t-elle. Tu reprends quelque chose, Hélène ?

— Non merci, j'ai encore mon Perrier.

Le serveur repartit, presque confus.

Hélène admirait l'assurance diabolique de Françoise.

Certes, elle-même n'en manquait pas mais elle était plus réservée et surtout moins exubérante. Moins féminine, aurait dit Françoise, et elle n'avait pas tort. Et pourtant, leur amitié était indéfectible. La fameuse alliance des contraires. Comment réagira-t-elle à l'annonce de sa grossesse ?

Hélène se lança.

— De toute façon, je ne crois pas que je t'aurais laissée fumer, dit-elle avec un sourire mystérieux.

— Je te demande pardon ?

— Je pense que je t'aurais même fait éteindre ta cigarette !

— Putain, que je redevienne vierge tout de suite si j'entends bien ce que je crois entendre ! Tu peux répéter, s'il te plaît ?

— Voyons, Françoise, on ne fume pas devant une femme enceinte… répondit Hélène.

Elle aurait annoncé un cancer en phase terminale que Françoise n'aurait pas réagi autrement. Ses yeux emplâtrés de khôl s'arrondirent en même temps que sa bouche surchargée d'un L'Oréal carmin.

— Tu plaisantes j'espère ?

— Pas du tout, et je vais même avoir… des jumeaux !

Là, Hélène crut devoir appeler d'urgence le Samu tant le visage de son interlocutrice sembla se décomposer. Celle-ci se redressa sur son siège, posa sa tasse de thé, et porta une main encombrée de bagues sur son cœur.

— Seigneur Jésus Marie Joseph ! Pour une nouvelle, c'est une… Des jumeaux ? réalisa-t-elle. Sainte Mère, mais tu vas être… énorme, chérie !!

Hélène éclata de rire.

Elle savait, la connaissant mieux que quiconque, que Françoise ne pouvait qu'être contente pour elle et que c'était sa façon à elle de l'exprimer. À son tour, Françoise pouffa.

— Ma chérie, je plaisante. Je suis vraiment heureuse pour toi et Laurent. Depuis quand le sais-tu ?

— J'en ai eu confirmation cette après-midi même.

— C'est génial ! Enfin, vous y êtes arrivés !

— Eh oui !

Françoise se pencha par-dessus la table pour prendre Hélène dans les bras car elle ressentait une joie sincère pour son amie qui voyait son rêve le plus cher se réaliser. Même si elle-même, à seulement trente ans, avait déjà fait le choix de ne jamais procréer, dégoûtée qu'elle était dès qu'elle entendait les mots « couches » et « biberons », elle savait qu'Hélène et Laurent ne pouvaient être complètement heureux sans cela.

— On va fêter ça, ma fille, s'exclama-t-elle. Hé vous là, le phobique de la clope, lança-t-elle au malheureux serveur, un autre thé et un Perrier, s'il vous plaît. Et Laurent, il doit être aux anges !

— M'en parle pas, il est tout fou. Mais il ne sait pas encore que j'attends des jumeaux, alors imagine !

— Oh non, je préfère pas, plaisanta Françoise.

Puis, comme si une pensée subite lui venait à l'esprit, elle prit une mine grave :

— Mais j'y pense, dit-elle sur un ton faussement dramatique, c'est terrible…

— Quoi donc ? demanda Hélène, inquiète.

— Tu vas devoir renouveler toute ta garde-robe ! Mon Dieu, tu vas devenir cliente VIP chez les grandes tailles !!

Elles rirent toutes les deux.

Après avoir payé l'addition sous le regard soulagé du serveur qui se voyait enfin délivré de cette harpie hystérique, elles sortirent dans le froid encore relatif de fin novembre.

Les rues étaient déjà parées de leurs décorations de Noël, preuve s'il en fallait que la naissance du Sauveur n'était plus qu'une vaste aubaine mercantile pour les commerçants. Elles parcoururent la place de la Cathédrale, et se frayèrent difficilement un chemin dans la foule agglutinée aux petits baraquements du marché de Noël : friandises, décorations traditionnelles, sculptures et bibelots divers étaient proposés par les artisans frigorifiés dans leurs petits cabanons. L'air était saturé d'odeurs de vin chaud, de miel, de cannelle et autres épices.

— Au fait, demanda Françoise, la vieille est au courant ?

Hélène connaissait l'aversion qui régnait entre son amie et sa belle-mère, les deux femmes s'étant déjà rencontrées trois ou quatre fois chez elle.

— Oh, je suppose que quelque part elle est contente.

— Quelque part très loin alors ! Comment veux-tu qu'une radasse qui n'avouerait pas son âge même sous la torture puisse être contente de devenir grand-mère !!

— Tu exagères, répondit Hélène toujours encline à éviter les conflits.

— C'est cela, oui ! Tu la vois, la morue, en train de faire guili-guili au mioche et d'éviter qu'il lui gerbe sur sa veste Chanel ?

— Françoise ! s'insurgea Hélène en laissant pourtant échapper un sourire.

— Au fait, ne me dis pas que tu vas participer à ces ridicules cours de préparation à l'accouchement ?

— Eh bien, je pense que si. Le docteur Bliade estime que ça ne peut que m'aider à mieux supporter l'accouchement.

— Mais quelle horreur ! Tu t'imagines, toi, au milieu de toutes ces vaches suantes, en train d'ahaner, les pattes en l'air et la face béate de plaisir de s'exhiber de la sorte ?

— Je te signale que je serai aussi énorme qu'elles, précisa Hélène en riant, et même plus, vraisemblablement.

— Et les discussions passionnantes du genre « vous pensez allaiter ? », « vous avez déjà choisi un prénom ? », « c'est votre premier ? ». Seigneur, plutôt faire vœu de chasteté que de subir ça !

— Tu es vraiment trop, toi ! s'exclama Hélène, hilare.

— Moi ??? Je suis tout à fait normale !! répondit Françoise, faussement outragée.

Elles continuèrent à marcher, bras dessus bras dessous, papotant comme des gamines. Elles prirent les petites rues strasbourgeoises typiques, passèrent devant des Galeries Lafayette vraisemblablement inondées de foule, et parvinrent à la station de tram de l'Homme de Fer.

Le quai était bondé et Hélène devrait certainement attendre plusieurs trams avant de pouvoir trouver une place.

Les deux amies se quittèrent là, Françoise devant se rendre à son cours de claquettes – encore une lubie qui ne durerait pas plus d'un mois ! – et Hélène étant impatiente de retrouver Laurent. Il devait être rentré à cette heure.

Elles s'étreignirent affectueusement.

* * *

Aujourd'hui, seul ce mail intéressait l'homme assis fébrilement derrière son écran d'ordinateur.

La contrariété commençait à se faire sentir quand, enfin, la messagerie instantanée le prévint d'un nouveau message.

Il retint son souffle, se cala dans son siège, entra dans sa boîte aux lettres électronique et, voyant l'adresse de l'expéditeur, sut que c'était le message qu'il attendait tant.

Il lut avec nervosité.

*Avant de te tenir au courant de ce qui nous préoccupe, je te demande de lire le document en pièce jointe. C'est un article de* La Science d'ici et d'ailleurs, *paru aujourd'hui, que tu n'as peut-être pas encore eu le temps de lire, mais que je pense être de la plus haute importance pour nous.*

Surpris et en même temps curieux, les doigts cliquèrent sur le document joint et ce que les yeux lurent le conforta dans ses projets.

*L'ordinateur aux yeux de chat*

*Michaël Danner, Thomas Harding et Yin Fanli, professeurs à l'université de Californie, ont publié hier dans la revue* Neuroscience Journal, *le résultat de leur dernière expérimentation, provoquant certains remous parmi les spécialistes internationaux du cerveau.*

*Après avoir relié un ordinateur au cerveau d'un chat, ils affirment avoir pu voir, littéralement, sur l'écran, ce que le chat voyait. Les trois chercheurs, et c'est là la nouveauté, se sont penchés, non pas sur le cerveau dans son entier, mais sur cette obscure région nommée thalamus. On sait que c'est le thalamus qui traite les signaux extérieurs, autrement appelés stimuli, pour décider ensuite vers quelles parties du cerveau envoyer ces signaux. Partant de ce constat, nos trois scientifiques ont ainsi branché des électrodes à cent soixante-dix-sept cellules de ce thalamus, puis ont enregistré tout ce qui passait dans le champ de vision du chat.*

*Résultat, les trois chercheurs ont réussi à « reproduire des scènes naturelles avec des objets en mouvement » et assurent que « pour les neurologues, c'est là un immense pas en avant vers une meilleure compréhension de la façon dont les signaux voyagent vers notre cerveau grâce au thalamus ». Cela pourrait être ainsi une grande aide pour, par exemple, ceux qui tentent de créer bras et jambes artificiels commandés directement par le cerveau. Mais cela pourrait encore bien prendre quelques années...*

Quelques années ? pensa-t-il. Peut-être pas, non.

Un peu suffoqué, il revint au mail car, finalement, c'était une autre information qu'il attendait.

Ce qu'il lut alors l'étonna :

*Quant à ce qui nous concerne, je crois qu'il y a comme un petit problème.*

Il poursuivit le mail en fronçant les sourcils, un peu contrarié par cet élément nouveau et inattendu. Néanmoins, il comprit tout de suite ce que cela impliquait.

Un petit problème ? Bien au contraire !

Il réfléchit quelques instants, puis écrivit sa réponse et envoya le message après avoir tapé l'adresse électronique de son correspondant : *thalamusproject@free.fr*.

# 4

L'atelier de Laurent se situait au dernier étage d'un vieil immeuble, dans une petite rue à quelques pas de la cathédrale.

Vaste grenier réaménagé, c'était un espace mansardé lumineux et chaud et, quand on se penchait par les lucarnes, on avait une vue imprenable sur les flèches de la cathédrale ainsi que sur les toits strasbourgeois. Laurent l'avait déniché quelques mois auparavant, quand il en avait eu assez de ce hangar froid et gris dans lequel il avait œuvré jusque-là. Ce qu'il lui fallait, c'était de la lumière, de l'espace et de la clarté. Il en avait alors fait un lieu entièrement dédié à sa passion : la peinture et l'art au sens large. C'était son repaire, aimait-il à dire, son antre, là où il pouvait se ressourcer et laisser libre cours à sa sensibilité artistique.

Le plancher était jonché de toiles en cours, de tableaux, de sculptures ; au fond, on devinait ce qui pouvait ressembler à des décors de théâtre en préparation ; sous les lucarnes, un capharnaüm de pinceaux, pots, chevalets, toiles vierges et autres ustensiles. Le tout baignait dans les froids rayons de soleil qui faisaient danser toutes ces couleurs et scintiller les particules de poussières qui flottaient dans l'air.

Laurent était au centre de la pièce et s'affairait avec ardeur.

Il fallait que ces satanés décors soient terminés pour le soir de Noël ! Il se savait très en retard sur son programme. En même temps, quelle idée de faire jouer une *Phèdre* modernisée justement ce soir-là ! Il en avait parlé à Bertrand, son ami metteur en scène, arguant du fait que représenter une dépressive qui se croyait adultère et se suicidait dramatiquement au poison était d'assez mauvais goût le soir de la naissance du Christ ! Ce à quoi il s'était entendu répondre que, justement, la dimension martyre et expiatoire de Phèdre prenait ainsi toute son essence !

Bertrand et ses idées tarabiscotées ! Quant au choix d'une Phèdre en minijupe, bas résille et talons aiguilles, Laurent n'en avait même pas parlé !

Une chaîne stéréo poussiéreuse posée sur un objet qui n'avait de table que le nom laissait entendre les violons larmoyants et suicidaires de l'*Adagio* d'Albinoni, seul remède efficace quand Laurent était en mal d'inspiration.

Accroupi, les avant-bras couverts de peinture, il sifflotait en coupant au cutter un immense bloc de carton-plâtre. Il faut dire aussi que, depuis qu'il savait qu'il allait bientôt être père non pas d'un mais de deux bébés, il n'avait pas trop le cœur à la tâche.

Quand il y pensait, malgré la joie qu'il ressentait, il ne pouvait s'empêcher de se sentir anxieux. Certes, comme ne cessait de le lui répéter tendrement Hélène, il était lui-même un grand enfant. Mais surtout, il savait bien que sa vie allait être bouleversée. Finies les journées à courir aux quatre coins de la ville, d'expositions en vernissages. Finies les nuits blanches, ici, dans son antre, à plancher sur une peinture. Ce n'est pas que cela le gênait, bien au contraire, mais le changement serait radical.

Les bouts de carton-plâtre coupés, il s'attaqua à des morceaux d'un tissu bariolé hideux mais que Bertrand avait personnellement choisi.

L'enfance.

Toujours ce thème avait inspiré ses œuvres, comme un leitmotiv inconscient qui guidait son inspiration. Jamais il ne s'était interrogé sur ce point, mais il sentait bien que sa propre enfance devait inévitablement en être la source. Un père, dont il ne se souvenait quasiment pas. Une mère…

Que dire de sa mère ? Il l'aimait, sans aucun doute, malgré les rapports étranges qu'ils entretenaient et qui ne s'étaient pas améliorés quand il avait embrassé cette carrière d'artiste, même si aujourd'hui il avait réussi à se faire un petit nom dans le milieu artistique alsacien. Mais si on lui avait demandé de définir la relation mère-fils, il aurait été bien en peine. Jeff, il le savait, était beaucoup plus sévère envers Rose, mais Laurent était certain que c'était sa manière à lui d'exprimer une souffrance que lui aussi partageait, due à ce manque d'amour maternel.

Les deux frères, quand ils étaient enfants, avaient pallié cette carence comme ils avaient pu. Inséparables et complices, ils avaient traversé les étapes ensemble : le collège, la puberté, les premières aventureuses amoureuses, sans que jamais leur mère ne se préoccupe ouvertement de leur vie, de leurs besoins. Pourtant, ils avaient vu leur lien se détendre imperceptiblement au fil des années, en même temps que leur personnalité s'affinait. D'un côté, le scientifique ordonné. De l'autre, l'artiste éparpillé. Un éloignement progressif, comme deux lignes parallèles mal tracées qui se disjoignent au fur et à mesure. Cependant, le sang les liait et Laurent savait que ce lien était puissant, que les deux hommes s'aimaient, même s'ils se voyaient peu et répugnaient l'un et l'autre aux manifestations affectives excessives. Encore une cause à chercher du côté maternel ?

La sonnerie de son portable tira Laurent de ses réflexions.

Il s'essuya les mains, baissa le volume de la chaîne hi-fi et décrocha.

— Ah, me voilà rassuré, je te croyais mort.

Laurent sourit.

Il reconnut le débit de lance-pierre de Bertrand ainsi que son ton toujours surexcité.

— Bertrand, que t'arrive-t-il ?

— Ce qu'il m'arrive ? Tu me demandes ce qu'il m'arrive ? Il m'arrive que voilà trente minutes que je poireaute en espérant que l'artiste évaporé avec lequel j'ai rendez-vous daigne se pointer !

— Mince, qui est-ce ?

— Espèce de créature infréquentable ! Toi !! On devait se voir il y a une demi-heure !

— Oups, fit Laurent sincèrement désolé mais en même temps amusé en imaginant le visage cramoisi de son ami. Je suis vraiment navré, j'avais complètement oublié.

— J'ai bien remarqué, merci !

— Si ça peut te rassurer, je bossais sur tes décors.

— Ça me rassure, en effet ! ironisa Bertrand. En attendant… arrive !!!

— Je suis parti ! répondit Laurent en riant.

* * *

— Honnêtement, je ne pensais pas que ces nausées étaient si incommodantes.

Hélène et Françoise étaient dans la salle des professeurs, goûtant une pause méritée loin de la horde d'adolescents qu'elles s'efforçaient d'instruire. Françoise s'était aujourd'hui accoutrée d'une façon moins scandaleuse, ce qui chez elle signifiait une jupe juste au-dessus du genou et des talons de seulement dix centimètres. Hélène, revenue des toilettes, se rassit. Elle avait la mine fatiguée et le teint un peu plus blême qu'à l'accoutumée.

— Ma chérie, je t'avais dit que ces greluches qui crient sur tous les toits que la grossesse est une période d'épanouissement sont de vraies connasses !

— Non, c'est pas ça, c'est juste que…

— Que quoi ? Voilà un quart d'heure que tu me parles de tes nausées, de tes seins douloureux, de ta fatigue et de ton envie incessante de pisser. Excuse-moi, mais j'ai une autre idée de l'épanouissement, rétorqua-t-elle en jetant un regard par-dessus l'épaule d'Hélène.

Celle-ci se retourna et aperçut la cible du radar à mecs qu'était son amie : vingt-quatre ans à tout casser, grand, brun, athlétique et un regard à faire frémir la plus prude des vierges.

Elle sourit.

Alex, le stagiaire de maths. Bien sûr !

— Peut-être, oui, mais je t'assure que je me sens tout à fait sereine.

— Mais bien sûr, et moi je suis la pucelle d'Orléans !

— Ce ne sont pas deux ou trois petits désagréments comme ceux-là qui vont me gâcher l'existence, crois-moi.

— Plutôt toi que moi en tout cas.

— Tu ne sais pas ce que tu rates, vraiment, conclut Hélène, connaissant la prise de position ferme et définitive de son amie sur la maternité.

Mais Françoise ne l'écoutait plus, elle avait sorti le grand jeu : crinière rejetée en arrière, regard de *serial fuckeuse*, et doigt tapotant négligemment une joue fardée à la truelle.

— C'est pas un cul qu'il a ce mec, c'est un appel au viol !

— Françoise, dois-je te rappeler qu'Alex est marié ?

— Pas de problème, je ne suis pas jalouse !

— Je doute qu'il soit du genre à…

— Laisse-moi rire ! lui signifia Françoise avec un clin d'œil, les mecs, ça pense avec leur bite ! Leur cervelle, c'est comme bobonne : ils ne la sortent que pour les grandes occasions !

— Cette fille est folle ! pouffa Hélène.

— Et d'ailleurs, en parlant de bite, je suis sûre que…

— Chut, Françoise ! la coupa Hélène en voyant le regard réprobateur que leur lançait Bernadette Descollet, la prof de philo, archétype de la vieille fille syndicaliste aussi radieuse qu'un pneu crevé.

— Bref, lança la nympho en étirant ses jambes fuselées interminables. Ce mâle postérieur m'a perturbée. Je vais fumer une clope dehors, tu m'accompagnes ?

Depuis le nouveau décret, le lycée était devenu le lieu anti-fumeur par excellence, dans un souci d'exemplarité aussi risible que pitoyable quand on se rendait compte que, du coup, les enseignants devaient fumer en compagnie des élèves sur le trottoir.

À l'extérieur, le vent hivernal les enveloppa, annonçant une neige qui se faisait attendre et qu'espéraient impatiemment les skieurs.

— Tu devrais arrêter de fumer, dit Hélène en regardant son amie expirer langoureusement les volutes, ou du moins essayer de réduire.

— D'autres conseils aussi jouissifs que celui-là ? lui lança Françoise.

— C'est pour ton bien.

— Dit-elle alors qu'elle vomit tripes et boyaux tous les matins !

Hélène ne releva même pas.

— Viens à la piscine avec moi après les cours !

— Seigneur, mais les deux bestioles qui te poussent à l'intérieur t'ont bouffé les neurones, ma pauvre ! À la piscine ! Et pourquoi pas à la messe tant qu'on y est !

— C'est bon pour le stress, crois-moi.

— Je ne vois pas en quoi nager au milieu de chiards hurlants et de vieilles rombières au bonnet de bain en caoutchouc peut être bon pour le stress, excuse-moi !

Elle jeta son mégot dans le cendrier.

— Et d'ailleurs, est-ce bien conseillé dans ton état de faire du sport ?

— Tu me fais rire, lui lança Hélène, parce que je suis enceinte je devrais vivre cloîtrée chez moi, me contenter de rester avachie sur mon canapé et de préparer de bons petits plats pour mon mari ?

— Seigneur Dieu, quelle horreur, non !

— Tu me rassures ! répondit Hélène en riant.

En vraie femme du XXI$^{e}$ siècle, elle tenait à travailler jusqu'au congé légal de maternité, à faire ses séances de sport, et à ne rien changer dans son mode de vie. Du moins, pour l'instant, tant que son ventre le lui permettrait.

Elle ne voulait pas, comme l'avait fait sa mère, tout sacrifier pour la vie de famille et réduire ses occupations aux biberons, aux petits pots, et autres tireuses à lait.

Même si, évidemment, elle savait gré à sa mère qui avait couvé jalousement sa fille unique. Mais c'était une autre génération. Bien sûr, elle était heureuse depuis qu'elle se savait enceinte, bien sûr elle serait comblée quand elle tiendrait ces deux petits êtres dans ses bras, mais cela ne signifiait pas pour autant qu'elle se cantonnerait à ce rôle de mère. Elle était aussi femme, épouse, et avait un métier qu'elle adorait. Elle vivrait autrement, c'est tout, elle s'organiserait, d'autres, comme elle, s'en sortaient très bien et, tout comme Françoise – c'était bien là leur seul point commun ! –, elle tenait à son statut de femme moderne et libérée.

— Et tes parents, ils montent pour Noël ?

— Bien sûr.

— Ils ne doivent plus tenir en place depuis qu'ils savent qu'ils seront bientôt grands-parents.

— Ça, tu peux le dire ! Il paraît que maman s'est déjà lancée dans des séances de tricots acharnées, et papa aurait rajeuni de dix ans !

— Ça ne m'étonne pas, ils sont tellement adorables. En plus, ça va être pratique avec des jumeaux, chacun aura le sien, ajouta-t-elle.

— Ah oui, c'est vrai, je n'y avais pas pensé, répondit Hélène en riant. À ce propos, on en a discuté avec

Laurent hier soir. Nous tenons à ce que tu viennes passer le réveillon de Noël avec nous.

Laurent et Françoise s'appréciaient beaucoup, toujours en train de blaguer comme des gamins immatures. Mais surtout, elle savait que son amie n'avait que peu de relation avec sa famille qui se résumait à un père toujours aux quatre coins du monde, un frère toujours entre divorces et remariages, et une mère qui voyait tellement une rivale en sa fille que les deux femmes préféraient s'éviter.

— Avec plaisir, ma chérie.

Puis, après un temps, elle rajouta :

— Je suppose que la pintade d'élevage sera là ?

Elle parlait évidemment de la mère de Laurent.

— Bien sûr.

— Bon, et un peu de mort-aux-rats dans la bûche, c'est possible ?

— Françoise !

— Oh, ça va !

Un groupe d'élèves de Françoise, visiblement de terminale, passa devant les deux femmes en lançant un « Bonjour, m'dame » à leur prof de SVT. Celle-ci leur rendit leur salut en les suivant des yeux.

— Tu as vu, le petit Jérémy, celui de droite ? dit-elle à Hélène en dardant ses yeux verts sur le petit groupe. Franchement, un petit canon, ce gosse ! Encore deux ou trois ans, et ce sera une véritable bombe de testostérone lâchée dans la nature !

— Franchement, tu es impossible !

Elles éclatèrent de rire et allaient traverser le préau intérieur quand le portable d'Hélène sonna.

La jeune femme prit la communication et Françoise vit alors le visage de son amie se décomposer.

Visiblement il y avait un souci.

Elle l'entendit murmurer un « J'arrive tout de suite » dans le combiné avant de refermer brutalement le clapet du téléphone.

— Quelque chose ne va pas, Hélène ? demanda-t-elle.

— C'est Laurent, il y a eu un problème.

* * *

C'est Bertrand qui l'avait appelée.

Hélène semblait bouleversée.

Non, ça ne pouvait pas recommencer !

Pas maintenant, alors que le bonheur leur ouvrait ses bras !

Comment était-ce possible ?

Au volant de sa Golf, elle se rongeait les sangs en essayant de rester concentrée sur la circulation. Françoise, qui avait tenu à l'accompagner, tentait en vain de la rassurer. Ça ne pouvait pas être bien grave ! Ce n'était pas la première fois que ça lui arrivait ! Il était inutile de se faire du mouron !

Mais elle avait beau se démener, ses arguments ne parvenaient pas à apaiser une Hélène qu'elle avait rarement vue dans cet état, elle toujours zen et posée.

Elles traversèrent la ville en un éclair, louvoyant entre les sens interdits dont Strasbourg devait détenir le record, les bus et les cyclistes.

Au pied de l'immeuble, Hélène se gara sans se demander si la place était autorisée – chose utopique dans ce quartier ! –, et toutes deux s'engouffrèrent dans les escaliers.

— Mon chéri, ça va ? demanda-t-elle en se précipitant sur un Laurent allongé sur le canapé dans un coin de son atelier et en oubliant complètement de saluer Bertrand qui se tenait à ses côtés.

— Oui, bébé, ne t'inquiète pas, c'est rien.

— Rien ? Tu plaisantes !

— Je t'assure.

— Comment peux-tu dire que ce n'est rien ? Voilà des mois que ça ne s'était pas produit.

Elle sentait que sa voix tremblait et se força à se calmer.

Elle prit la main de son mari dans la sienne pour tenter de s'apaiser.

— Comment est-ce arrivé ?

— J'étais à peine arrivé chez Bertrand quand ça m'a pris, d'un coup.

Attaques de panique chroniques.

Voilà ce qu'avait diagnostiqué Jeffrey il y a quelques années.

Laurent y était sujet depuis son adolescence, sans qu'on sache véritablement pourquoi, même après toute la série d'examens qu'il avait subie à l'époque.

Pour Jeff, il était clair que leur mère en était la cause mais Hélène avait toujours craint que son ressentiment envers Rose n'eût occulté son objectivité de praticien. Surnommée « peur sans objet » et rangée dans la classe des névroses d'angoisse, Hélène savait qu'une attaque de panique pouvait survenir de façon soudaine et inopinée, sans raison apparente. Et on ne pouvait rien faire si ce n'est attendre que ça se passe et tenter de calmer la personne.

Elle savait tout cela.

Ce qu'elle ne comprenait pas c'est que Laurent suivait un traitement depuis des années et qu'il n'avait pas eu de crise depuis longtemps.

— Il venait tout juste d'arriver au théâtre, expliqua Bertrand pour laisser à son ami le temps de complètement se reprendre. On devait bosser sur ma *Phèdre*, mais, au bout de cinq minutes, Laurent s'est plaint de difficultés à respirer.

— J'ai d'abord mis ça sur le compte de la salle de théâtre surchauffée, chérie.

— Je lui ai apporté un verre d'eau, poursuivit Bertrand, mais je n'étais pas inquiet car je savais que les crises de Laurent s'étaient espacées.

— Et puis après, comme toujours : les sueurs, les tremblements, les palpitations, les bourdonnements…

Hélène leva un sourcil suspicieux.

— Ne me dis pas que tu n'avais pas tes cachets sur toi ?

Laurent ne répondit pas.

— Chéri ?

— Non, finit-il par dire, je les avais oubliés ici, j'étais pressé et…

— J'y crois pas ! Mais c'est de l'inconscience, Laurent ! Bon sang, tu sais que ça peut te prendre n'importe où, n'importe quand, mais non, tu…

— Hélène, intervint Françoise, calme-toi.

— Non, c'est le genre de trucs qui me rendent folle ! Laurent, enfin !

Bertrand tenta d'apaiser le conflit.

— Donc, une fois la crise plus ou moins passée, je l'ai embarqué et j'ai foncé ici pour qu'il prenne ses cachets. Puis, je t'ai téléphoné juste après, Hélène.

— Oui, Bertrand, merci beaucoup.

Elle retrouvait peu à peu son calme.

Il était rare qu'elle se mette dans des états pareils, elle en était bien consciente. Elle mit cela sur le compte des hormones, mais du coup se mit à prendre en compte d'autres considérations. Et si la crise lui était survenue en pleine rue ? Et si une nouvelle crise le prenait alors qu'il la conduisait à l'hôpital sur le point d'accoucher ? Quand il aurait leurs bébés dans les bras ? Quand il serait seul à la maison avec eux ?

Elle chassa ses craintes.

C'était un événement ponctuel qui ne s'était pas produit depuis des mois. Peut-être était-ce dû tout simplement à sa grossesse ? Jeff lui avait expliqué un jour qu'un choc, une situation de stress ou une mauvaise nouvelle pouvait très bien déclencher une panique. Attendre un enfant, et même deux enfants, n'était-ce pas un facteur de stress, surtout pour Laurent qui était bien conscient que sa vie d'artiste libre allait être bouleversée ?

Elle se cramponna à cette idée en attendant d'en parler à Jeff.

— En tous les cas, chéri, je veux à partir d'aujourd'hui que, où que tu ailles, tu aies ces cachets sur toi.

— Oui, bébé.

— Promis ?

— Oui, promis, ne t'inquiète pas.

— Je vais essayer.

Elle l'embrassa sur le front, signe qu'elle s'excusait de s'être emportée.

— Bon, les tourtereaux, lança Françoise, je ne voudrais pas casser cette ambiance d'euphorie et d'allégresse, mais je dois y aller.

Ils la regardèrent tous les trois en souriant. Ils savaient que c'était une façon *à-la-Françoise* de dire qu'il y avait eu plus de peur que de mal et que, maintenant que tout allait bien, il était inutile de déverser des torrents de larmes. D'autant que, elle-même sujette aux mêmes crises que Laurent – loin de s'en cacher, elle le clamait presque, estimant que ça faisait très « style » –, elle ne pouvait que se sentir concernée et compatissante, même si elle ne le montrait pas de la manière la plus conventionnelle qui soit.

Elle rajouta :

— Mais je tiens tout de même à signaler à la foule inquiète et affolée que j'ai failli mourir quinze fois sur le chemin, tant l'as du volant qui me sert d'amie conduit comme une manchote !

— Tu exagères, la corrigea Hélène, offusquée.

— Loin de là, lui lança son amie. Je parie qu'un mandat d'arrêt a été lancé contre un conducteur fou en Golf noire qui a fait mourir d'effroi la moitié de la population strasbourgeoise !

Françoise et son sens de la nuance !

— À propos de ça, ajouta-t-elle, tu ne crois tout de même pas, après m'avoir fait frôler le trépas de si près, que tu vas me faire l'affront de me laisser rentrer chez moi à pied ?

— Je te ramène si tu veux, dit Bertrand, je dois chercher des fournitures dans ton quartier de toute façon.

Hélène et Laurent échangèrent un regard complice.

Françoise et Bertrand avaient vaguement flirté il y a de cela quelques années, mais, s'étant comme toujours lassée au bout de quelques semaines, elle l'avait laissé pour jeter son dévolu sur un nouvel objet, en l'occurrence un sémillant avocat si les souvenirs d'Hélène étaient exacts. Tout cela au grand dam d'un Bertrand désespéré qui aimait surtout l'idée d'avoir à son bras une bombe sexuelle explosive lors des premières de ses pièces. Ils étaient finalement devenus amis, en tout bien tout honneur.

— Merci, Bertrand, répondit-elle en prenant son sac. Salut, les loulous. On se voit demain, Hélène ? Quant à toi, Laurent, repose-toi.

— Pas de problème.

— À bientôt, lança Hélène, et merci à tous les deux.

* * *

Arrivés chez eux, Hélène se laissa couler dans un bain chaud qu'elle pensait apte à calmer les douleurs d'estomac qu'elle ressentait de plus en plus souvent. Noyée dans la mousse blanche et odorante, elle regardait son ventre et c'était maintenant flagrant qu'il s'arrondissait. Contrairement à certaines femmes, elle avait plus que hâte de voir son corps se transformer, se métamorphoser petit à petit, et sentir ce lien invincible, pour l'instant encore ténu, qui la liait à cette chair de sa chair. Repensant aux mots du docteur Bliade, elle posa délicatement ses mains sur son ventre, se concentrant pour faire passer à travers les peaux, les membranes, les fluides, tout l'amour qu'elle ressentait, déjà irrépressible, pour les deux êtres qui naissaient en elle et la faisaient vibrer.

Une mer de plénitude l'envahit, dans laquelle elle se délecta, effaçant de son esprit l'épreuve de cette après-midi. Elle avait laissé Laurent en bas, après s'être assurée qu'il était complètement remis. Une infime onde d'inquiétude résistait pourtant, qui voilait la surface de cet océan de bien-être.

Laurent s'était attelé à une de ses toiles, dans le salon, sous le regard curieux d'Arthur le poisson rouge qui ponctuait chaque coup de pinceau de ses « blop » attentifs.

Peindre et laisser libre cours à ses sensations, comme toujours, rassérénait Laurent même si, il devait bien l'admettre, il avait pratiquement oublié sa crise. Après tout, cela faisait partie de lui depuis toujours ou presque, et il ne voyait aucune raison de s'en soucier outre mesure. Jeff adapterait une fois de plus son traitement et voilà tout.

Là, dans son salon, devant son chevalet, sa femme à l'étage, il se sentait bien. Sa femme et ses deux futurs enfants, précisa-t-il pour lui-même.

Sa vie basculait.

C'était un peu comme ce qu'il avait ressenti la première fois qu'il avait vu Hélène, lors d'une de ses premières expositions dont le thème, il s'en souvenait, était *Peinture et poésie ou l'union des Muses*. Il la revoyait encore, quelques années en arrière, athlétique et attirante femme brune un rien masculine, plantée devant une des toiles de sa composition, celle qu'il préférait, une mise en peinture dérangeante des *Femmes Damnées* de Baudelaire. Il s'était approché d'elle, lui avait demandé ce qui lui plaisait tant dans cette toile, ce à quoi elle avait répondu, ne sachant qu'il en était lui-même l'auteur, qu'elle retrouvait dans les traits furtifs et les couleurs criardes toute la folie et la perversité de son poète de chevet. Elle avait ajouté en riant que le peintre qui avait accouché de cette toile devait être lui aussi sérieusement atteint !

Depuis, ils ne s'étaient plus quittés.

Et aujourd'hui, il éprouvait la même émotion, cette impression que sa vie passait encore à une autre étape, à un autre stade. Lui, l'enfant timide, l'adolescent introverti, l'adulte discret, l'artiste décalé, passait maintenant, ou du moins passerait bientôt, au statut de père.

Il abandonna sa toile qui, il s'en rendit compte, représentait la forme de deux figures indistinctes qui semblaient s'entremêler dans un liquide que les coups de pinceau avaient rendu indéfinissable. Ah, le pouvoir de l'inconscient ! se dit-il. Il rit intérieurement puis monta à l'étage pour, discrètement, s'adosser au chambranle de la porte de la salle de bains et regarder son épouse qui se délassait. Un élan d'amour le submergea pour cette femme qui allait lui offrir ce qu'il espérait depuis si longtemps.

Il constata qu'elle avait les deux mains posées sur son ventre et qu'elle semblait chuchoter. Il sourit.

— Tu parles aux esprits, chérie ?

Elle sursauta dans la mousse et vit son mari qui s'asseyait sur le rebord de la baignoire. Elle avait l'expression craquante d'un enfant pris en flagrant délit de doigt-dans-la-confiture.

— Non, pas du tout, je suis les conseils du docteur Bliade.

— Oui, je vois ça.

— Tu veux essayer ?

— Bien sûr, bébé.

Il s'agenouilla sur le tapis, et posa à son tour ses mains sur le ventre de sa femme.

— On ne sent rien encore, tu sais, lui précisa-t-elle.

— C'est pas grave. Peut-être eux nous sentent-ils ?

Elle lui sourit tendrement.

Ils restèrent là tous les deux, silencieux, les yeux et les mains posés sur ce qui allait embellir et remplir leurs vies.

# 5

Jeffrey sortait de la faculté de médecine où il avait dispensé son cours bihebdomadaire sur la douleur, cours désormais obligatoire pour tous les étudiants de troisième année.

À chaque fois, la même sensation l'enveloppait quand il pénétrait dans ce bâtiment où lui-même avait effectué toutes ses études supérieures. De longues années de notes, de révisions, de nuits à potasser sans relâche, pour aboutir à un métier qu'il considérait plutôt comme une passion. C'est de cette époque que datait son amitié avec Edmond Bliade, et il sourit en se remémorant leurs jeunes années, qui n'étaient finalement pas si lointaines que ça. Cependant, il ne regrettait jamais cette époque insouciante et ne ressentait pas l'habituelle nostalgie pour ces années de jeunesse : ses études n'avaient été pour lui qu'un moyen, une sorte de tremplin nécessaire pour accéder à ses ambitions, et n'appelaient donc pas à un quelconque regret du temps passé.

Le professeur Dalgrand était un homme d'action, détaché du passé, ancré dans le présent, et tourné vers l'avenir.

Le froid avait fini par envahir la ville en ce jour de Noël mais la neige se faisait toujours désirer, du moins par ses aficionados, dont il ne faisait pas partie.

Une dure journée l'attendait à la clinique mais il s'autorisa tout de même une pause café dans le bar le plus proche avant de se mettre en route.

Installé devant son espresso, il consulta son agenda électronique : une réunion de travail à 11 heures, un rendez-vous avec la presse scientifique à midi et une opération à 15 heures. Coup dur pour la famille de voir un de leurs membres se faire traiter une tumeur le jour de Noël, se dit-il. Toujours est-il que ce n'était pas aujourd'hui qu'il aurait le temps de se consacrer à ses travaux.

Ce soir, peut-être…

Il avait téléphoné à son frère pour décliner l'invitation au réveillon.

Passer une soirée de fête, même familiale, à entendre les récriminations incessantes de sa mère, très peu pour lui en ce moment. Il s'était tout de même enquis de la santé d'Hélène et du bon déroulement de sa grossesse et avait demandé à Laurent si tout allait également bien pour lui. Puis, il avait souhaité un joyeux Noël à son frère cadet.

Son frère…

Il devinait que, si leur relation était proche et à la fois si lointaine, il fallait en imputer la cause à leur mère.

*Castratrice*, aurait diagnostiqué un psychiatre.

*Inconsciente*, aurait excusé Jeanne, son infirmière en chef.

*Ignoble*, aurait condamné un simple observateur.

*Détestable*, voilà ce que lui en pensait.

Des images lui restaient à l'esprit, et lui resteraient éternellement, il le savait : l'expression de dégoût de sa mère quand Laurent avait choisi la carrière artistique ; sa mine stupéfaite quand lui-même avait exprimé son attirance pour les sciences. Mais surtout, son visage froid et inexpressif à l'enterrement de leur père dont il se souvenait parfaitement, bien qu'il n'eût que quatre ans à cette époque.

Comment s'étonner de sa difficulté à lui, à exprimer ses sentiments et à afficher autre chose qu'un visage toujours fermé et dur ? Il n'était pas partisan de cette école psychanalytique qui prétendait expliquer l'homosexualité en la mettant en relation avec des liens mère-fils particuliers. Toujours est-il qu'il jugeait indubitable le fait que le comportement de sa mère avait décidé de sa sensibilité à lui.

Et pour ça, il lui en tiendrait toujours rigueur.

Il écrasa sa cigarette et se souvint qu'il devait rappeler Thierry qui lui avait laissé deux messages. Ils s'étaient revus trois ou quatre fois depuis leur rencontre au Tabu deux mois plus tôt.

Enfin… « Revus » était une façon de dire qu'ils avaient baisé plusieurs fois depuis. Jeffrey sentait bien que Thierry attendait autre chose, mais lui ne s'en sentait pas capable, même si, il devait le reconnaître, il était plus que rare pour lui de revoir ceux qu'il ne considérait que comme des plans cul. Dire qu'il était en train de s'attacher serait faux. Dire qu'il se sentait bien en sa compagnie également. Donc, autant ne rien dire, décida-t-il. Il avait autre chose à faire de plus important, notamment pour sa carrière, que de se torturer les neurones à propos de sa sexualité, ses pulsions et ses liaisons d'un soir. Il l'avait fait trop longtemps, pour rien. Il rappellerait quand il aurait le temps, point.

Il sortit du bar, remonta le col de sa veste en montant dans sa voiture et se dirigea vers l'hôpital.

* * *

Hélène était en retard.

Il était 10 h 30 et l'avion de ses parents se posait dans exactement vingt minutes à l'aéroport d'Entzheim.

Au volant de sa Golf, le chauffage au maximum, l'autoradio déversant les trémolos d'un Damien Saez angoissé, elle était consciente de rouler trop vite, compte tenu du verglas qui rendait la voie rapide luisante. Non seulement elle ne voulait pas faire attendre ses parents, mais surtout elle avait une hâte indicible de les revoir. Depuis le mois d'août où elle et Laurent étaient descendus à Montpellier passer deux semaines, l'attente et la séparation se faisaient longues. Elle savait qu'il en allait de même pour ses parents. C'est pourquoi elle filait à toute blinde sur la voie rapide.

Elle trouva facilement à se garer sur l'immense parking de l'aéroport et se frayait un chemin dans le vaste hall quand une voix enregistrée d'hôtesse, à la sensualité électronique que n'aurait pas reniée Françoise, annonça l'arrivée du vol en provenance de Montpellier. Elle sentit son cœur s'emballer et posa instinctivement les mains sur son ventre que les treize semaines de grossesse avaient maintenant bien arrondi.

Le hall était bondé en cette période de vacances scolaires, et Hélène se haussait sur la pointe des pieds pour pouvoir voir. Elle scruta attentivement le hall des arrivées : des hommes en costume venus pour affaires dans la capitale européenne, des couples en vacances espérant certainement passer quelques jours sur les pistes de ski vosgiennes, une colonie de gamins survoltés…

Comme toujours, ceux qu'on attend arrivent en dernier, se dit-elle en souriant intérieurement. Elle trépignait d'impatience quand, enfin, au bout de la file, elle aperçut un petit couple qui se tenait par la main.

Elle retint un cri de joie et se jeta dans la foule.

— Je suis si heureuse que vous soyez là.

C'est son père qui avait insisté pour conduire, imposant à sa fille, avec sa bonhomie coutumière, de s'installer sur la banquette arrière. Dire qu'il conduisait plus prudemment que sa fille quelques minutes plus tôt était un doux euphémisme. L'aiguille du cadran ne dépassait pas les soixante et les mains de son père étaient littéralement scotchées au volant.

Hélène se tenait, comme une petite fille, entre les deux sièges – ne te penche pas en avant ! la serinait toujours sa mère quand elle était enfant – et ses yeux naviguaient de l'un à l'autre.

Sa mère, Marthe, soixante-neuf ans, la grand-mère que tout petit-enfant rêve d'avoir : apaisante, le visage rieur, les rides belles et les cheveux d'un blanc de neige.

Son père, Louis, soixante et onze ans, le grand-père d'image d'Épinal : l'embonpoint confortable, les traits doux, la moustache rassurante.

Un lien puissant nouait ces trois êtres, presque un cordon ombilical que ni l'un ni l'autre n'aurait eu l'idée de couper. Trois angles d'un triangle équilatéral que rien ni personne ne pouvait briser.

Hélène savait que cette force leur venait du fait non seulement qu'elle était fille unique, mais surtout que ses parents l'avaient eue très tard.

Et maintenant, elle allait perpétuer cette union à son tour.

— Moi aussi, ma chérie, je suis heureuse, répondit sa mère. J'avais l'impression que cet avion n'avançait pas !

— Tu l'aurais vue, rajouta Louis, un vrai paquet de nerfs qui s'agitait sur son siège.

— Ça te va bien de dire ça, Louis. On avait à peine décollé que monsieur regardait déjà sa montre ! Et je peux te dire, ma chérie, que si l'on m'avait donné un euro à chaque coup d'œil à son poignet, je serais actuellement milliardaire !

Hélène éclata de rire.

Ses parents, toujours en train de se chamailler comme des gamins.

Peut-être était-ce là le secret d'un mariage de quarante-six ans.

— Et Laurent, où est-il ? demanda Marthe. Je pensais qu'il serait avec toi.

— Il devait fignoler la décoration d'une église à Haguenau pour la messe de Noël de ce soir. Il sera rentré pour midi.

— Toujours dans ses croûtes donc, plaisanta son père.

Ce n'était pas du tout une critique, bien au contraire. Louis adorait son gendre et surtout admirait l'artiste. Peut-être voyait-il dans ce métier une liberté et une indépendance que ne lui avaient pas permis ses quarante années à tenir sa boucherie, même s'il en avait été le patron.

Mais, à chaque époque ses mœurs, disait-il, une maxime toujours aux lèvres.

— Papa, tu prendras la direction d'Illkirch. Je dois encore acheter le vin pour ce soir.

— Pas de problème, mon cœur.

Le coffre vidé, les valises montées et le déjeuner avalé, la petite famille savourait les retrouvailles. Laurent et son beau-père buvaient un café sur le canapé tandis qu'Hélène et sa mère, prétextant de laisser les hommes entre eux, s'étaient installées sur la banquette, devant la baie vitrée qui donnait sur l'Ill. Toutes deux désiraient surtout s'isoler et se baigner dans l'intimité mère-fille qu'un père, aussi aimant soit-il, ne pouvait comprendre.

— Alors, ma chérie, tout se passe bien ?

— Oui, maman, tout va bien. Les deux bouts de chou se développent on ne peut plus normalement et tout est pour le mieux.

— J'en suis ravie. Et Laurent, comment va-t-il ?

Hélène n'avait pas jugé bon d'informer ses parents de la crise de Laurent, un mois plus tôt. À quoi bon les inquiéter inutilement ?

— Il va bien, maman. Et surtout, il est si heureux. C'est un vrai bonheur de le voir comme ça.

Mais on ne la faisait pas à Marthe Boumer ! Ses antennes se dressèrent instantanément.

— Tu ne me caches rien au moins, ma fille ?

— Bien sûr que non, maman, mais elle sentait que quelque part elle venait de proférer un petit mensonge.

— Bon, très bien, admit sa mère en jetant à sa fille un regard soupçonneux.

Elle changea néanmoins de sujet, et désigna son mari d'un geste discret de la tête.

— Regarde ton père, un vrai gamin depuis qu'il sait qu'il va être grand-père.

— Oui, il a l'air radieux, répondit Hélène en jetant sur son père un regard d'une infinie tendresse. Et toi, maman, tu es contente ?

— Mais plus que contente, ma chérie !

Hélène le savait, bien sûr, mais elle avait besoin de l'entendre de la bouche de la femme qui l'avait portée pendant neuf mois. Pour se sentir encore plus proche d'elle, maintenant qu'elle aussi allait devenir mère.

Elles devisèrent encore, de tout et de rien : de la nouvelle lubie de Louis pour Internet, des dernières inondations qui avaient frappé Montpellier, de leur teckel Ulysse qu'ils avaient confié à une voisine… Tous les petits détails anodins qu'une fille et une mère partagent, mais que la distance les empêchait de vivre ensemble autrement que par téléphone. Alors, elles rattrapaient le temps perdu, comme à chaque fois qu'elles se retrouvaient.

Marthe jeta un œil à sa montre.

— Ma chérie, l'heure tourne. On devrait se remuer. Dis-moi ce qu'il faut préparer pour ce soir.

— Je me charge de tout, maman.

— Je vais t'aider, puce. On sera combien d'ailleurs ? La famille de Laurent sera là ?

— Eh bien… toi, papa, Laurent, Rose, Françoise, et moi… On sera six.

— Jeffrey ne peut pas venir ?

— Non, hélas, tu sais bien que pour les chirurgiens la trêve des confiseurs n'existe pas.

— Toujours occupé, ce garçon ! Il se tuera à la tâche ! Mais quelle joie de revoir cette chère Françoise, s'exclama Marthe.

— Une joie partagée, crois-moi ! Elle vous adore, toi et papa.

— Oui, je sais. Et est-elle toujours aussi... heu...

— Extravagante ? Excentrique ? Infréquentable ?

— Heu... oui, tout cela, admit sa mère en riant.

— Je te rassure, elle n'a pas changé, et je crois bien qu'elle ne changera jamais.

Les deux femmes échangèrent un clin d'œil complice.

* * *

Jeffrey commençait à être insupporté par l'énergumène qu'il avait en face de lui : une espèce de piètre journaleux qui, visiblement, s'y connaissait en neurosciences autant qu'en tectonique des plaques et qui semblait n'avoir qu'une hâte : bâcler son papier pour retrouver bobonne en ce jour saint.

C'est la revue *La Science avant tout* qui l'avait contacté pour un article résumant les grandes étapes de la découverte de l'univers cérébral, et elle lui avait envoyé cet avorton qui savait tout juste tenir un stylo.

Derrière son bureau, au huitième étage de l'hôpital Hautepierre, Jeffrey pianotait nerveusement sur son sous-main, tentant de répondre le plus simplement aux questions de l'avorton.

— Professeur Dalgrand, vous dites que l'on peut faire remonter les études sur le cerveau jusqu'à l'Antiquité. Cela me paraît un peu loin, non ?

— Pas du tout. Aristote déjà s'intéressait à la question, même s'il prônait plutôt une thèse cardiocentriste qui plaçait le cœur au centre de tout individu et de toute existence. Plus tard, à la Renaissance, peu de gens savent que Leonard de Vinci en personne s'est penché sur le problème, en vrai scientifique, exécutant schémas et divers moulages qui, d'une certaine façon, ont fait avancer les connaissances en ce domaine. Par exemple, le thalamus est chose connue depuis le XVIe siècle.

— Les moyens dont on disposait à cette époque devaient quand même être réduits par rapport à aujourd'hui ?

*Oh oui, et la pluie mouille et la neige est blanche !*

Jeffrey soupira.

— Ce n'est pas tant le problème des moyens scientifiques et technologiques qui se posaient, mais surtout le contexte religieux de l'époque. L'Église acceptait difficilement ces recherches. Elle qui prône l'immortalité de l'âme et la séparation du corps et de l'esprit voyait d'un très mauvais œil qu'on puisse prouver que le corps était guidé, dirigé, commandé par le cerveau.

— Est-ce à dire que les neurosciences posent des problèmes d'ordre philosophique et métaphysique, professeur ?

*Enfin, une bonne remarque ! Pas si nul que ça l'avorton !*

— Tout à fait. Qu'est-ce que la mort ? Un arrêt cardiaque ? Un électroencéphalogramme plat ? Un passage à l'immortalité ? Tout dépend d'où l'on se place. Shakespeare lui-même demandait : « Dis-moi où siège l'amour, dans le cœur ou dans la tête ? »

Et c'est de toutes ces questions que découlent les problèmes que vous soulevez.

— C'est-à-dire ?

— Je vous donne un exemple, à mes yeux très significatif. Aujourd'hui, plusieurs millions d'Européens sont touchés par les maladies neurologiques, que ce soit les démences, les psychoses aggravées, les scléroses en plaque ou encore les maladies de type Parkinson. Pour pouvoir mieux les comprendre et ainsi mieux les traiter, nous avons besoin de la recherche scientifique. D'où l'idée de créer un Institut européen du cerveau, un IEC, projet qui devrait voir le jour prochainement au CHU de la Salpêtrière à Paris. Je dis bien « devrait » car vous vous doutez bien de certaines réticences.

— À quoi faites-vous allusion ?

— Au même type d'obstacles que Freud a dû combattre en son temps en s'intéressant aux psychoses et aux déviances psychologiques et en démontrant pour la première fois que les maladies de l'âme et celles du corps pouvaient être liées. La connaissance fait peur à certains, encore actuellement, et c'est pourquoi je suis un fervent défenseur non seulement de ce projet mais de tous travaux pouvant faire avancer la connaissance du cerveau, cette contrée presque encore vierge aujourd'hui.

— Je pense que les problèmes d'ordre éthique viennent également de toutes ces interrogations, professeur ?

Jeffrey darda un regard noir sur Avorton.

Autant il naviguait aisément dans l'histoire des sciences et autres matières conjointes à sa profession, autant il rebutait à soulever les problèmes d'éthique qu'il considérait comme de purs et simples obstacles à la connaissance.

— L'éthique, monsieur, est rassurante à bien des égards mais je ne peux m'empêcher de la mettre en relation avec la cabale dont ont été victimes, à toutes les époques, maints scientifiques, Galilée en tête, comme vous le savez. Rappelez-vous la première greffe partielle du visage dont tous les médias se sont fait le relais il y a sept ans. Certains n'y ont vu qu'un scandale éhonté en scandant le mot *éthique* sur tous les modes, sans voir la vraie avancée scientifique de la chose.

— Certes, professeur, mais c'est dans un autre domaine. Je pensais particulièrement à cette expérience menée il y a quelques années par des chercheurs américains qui avaient effectué une greffe de neurones de fœtus dans un traitement contre la maladie de Parkinson. Et surtout au scandale qui avait suivi.

— En effet.

— Je crois savoir que tout était chapeauté par un de vos amis, le professeur Dorling, avec qui vous avez été étudiant si je ne m'abuse ?

— Tout à fait, le professeur Charles Dorling et moi-même avons effectué toutes nos études ensemble, ici à Strasbourg, avant qu'il ne retourne aux États-Unis.

— Je suppose que vous n'êtes donc pas du côté des « scandalisés », professeur, dit Avorton en riant.

— Il ne m'appartient pas de juger les travaux de mes confrères, encore moins quand ceux-ci sont des amis. Ce fut une formidable avancée sur le plan scientifique, voilà ce que je puis dire, se contenta de répondre Jeffrey.

— Pour finir, professeur, j'ai l'impression que tout ce qui touche particulièrement au cerveau est entouré d'un halo de mystère, non ?

Très jolie formule ! se dit Jeff en souriant.

— C'est possible, en effet. Mais cela vient surtout du fait que le cerveau lui-même est encore rempli de mystères.

L'avorton parti, Jeff descendit sur le perron de l'hôpital pour donner une dose nécessaire de nicotine à ses poumons. Il n'aimait pas ce genre d'entretiens avec les journalistes. Chacun son métier, pensait-il. Lui, la science ! Eux, eh bien qu'ils se cantonnent aux derniers scoops hollywoodiens !

Il jeta son mégot et, ayant quelques minutes devant lui, décida d'aller dire un rapide bonjour à Edmond. Ils ne s'étaient pas vus depuis qu'il lui avait confié sa belle-sœur mais, sachant l'agenda de son ami aussi cataclysmique que le sien, il ne lui en tenait pas rigueur.

L'infirmière en chef du service de gynécologie l'informa que le docteur Bliade était en consultation, et Jeffrey retourna dans son service se préparer pour l'opération de 15 heures.

* * *

La soirée promettait d'être houleuse, pensa Hélène en regardant Françoise et Rose assises chacune à un bout du canapé, un apéritif à la main. En arrivant, les deux femmes s'étaient jaugées comme deux louves prêtes à tuer pour protéger leurs petits, se fendant d'un vague « Bonsoir » qui aurait reglacé la banquise sur-le-champ. Heureusement, Marthe et Louis dégageaient une sympathie qui réchauffait le climat de la pièce tandis que Laurent s'affairait sur les dernières décorations du dîner derrière eux.

On passa à table.

— J'espère que Bertrand aura du monde pour sa *Phèdre*, dit Françoise qui, ce soir, n'arborait pas un maquillage mais un pur ravalement de façade. Parce qu'en ce soir de Noël, c'est pas gagné.

— On a fait pas mal de pub, ça devrait bien se passer, répondit Laurent.

— En tous les cas, c'est une très bonne idée qu'il a eue de moderniser la pièce, ajouta Hélène qui, même en vacances, s'intéressait aux questions littéraires.

— Et toi, mon fils, intervint une Rose figée dans son brushing impeccable, de nouveaux projets censés renouveler le domaine artistique ?

Laurent ne nota pas la pointe d'ironie, à la différence de Françoise dont les yeux se transformèrent en épées affûtées.

— Si, maman. J'ai prévu une expo pour début mars, du moins si la future mère m'en laisse le temps, répondit-il en lançant une œillade amoureuse à Hélène.

— Sur quel thème ? s'enquit son beau-père.

— En fait, mon travail de décoration dans les églises de la région pour les messes de Noël de ce soir, ainsi que l'heureux événement que nous attendons, m'ont donné l'idée de travailler sur la Nativité. Mais d'une façon moins traditionnelle et moins… catholique en fin de compte.

— Intéressant, dit Louis.

— En effet, très ! ponctua Rose avec une gorgée de vin.

Là, les yeux de Françoise se métamorphosèrent en mitraillettes.

— Dites-moi, Rose, demanda-t-elle sur un ton mielleux qui aurait attiré une nuée d'abeilles, vous qui avez si parfaitement élevé deux enfants à un âge rapproché, vous devez être formidablement comblée de devenir deux fois grand-mère d'un seul coup, non ?

Rose, touchée par la flèche, en aurait avalé sa fourchette.

Mais pour qui se prenait cette traînée maquillée comme un camion volé ? De quoi se mêlait-elle ? Sur quel ton osait-elle lui parler ? Elle ne faisait même pas partie de la famille ! Elle devait s'estimer heureuse que sa belle-fille, dans sa stupide gentillesse, l'eût invitée à *leur* table !

Rose Dalgrand était trop narcissique pour se rendre compte que ses pensées auraient tout aussi bien pu s'appliquer à elle-même.

— En effet, je suis ravie, lança-t-elle comme un poignard.

— Des jumeaux, intervint la douce Marthe, c'est quand même formidable. La gémellité a toujours été entourée d'un grand mystère. J'ai lu des études très intéressantes sur la question depuis que je sais que des jumeaux vont faire leur entrée dans la famille.

— Lu ? Dis plutôt que tu dévores ce genre de livres ! précisa son mari en riant.

— Oui, et alors ? C'est quand même une question passionnante : l'affinité entre les jumeaux, les liens étranges qui les unissent… Beaucoup de recherches ont été faites sur ce sujet.

— Ma chère Marthe, dit Rose qui se reprenait toujours bien vite, ne me dites pas que vous croyez à toutes ces légendes créées de toutes pièces par des fanatiques en mal de sensations ?

— Eh bien…

— Bien sûr que oui ! s'interposa Françoise.

Elle voulait à tout prix rabattre son immonde caquet à cette dinde qui jugeait toujours tout et tout le monde ! Certes, elle-même ne croyait pas trop à ce mythe de la gémellité, mais elle savait que Rose ne pourrait s'opposer à une enseignante en biologie.

— Rose, susurra-t-elle d'une voix sucrée, les jumeaux sont indubitablement des êtres à part, soyez-en sûre. Je vous conseille le livre *Les Jumeaux et nous* du docteur Klant qui explique de façon vulgarisée toutes ces questions. Même vous, vous serez capable de comprendre, croyez-moi !

Bon, d'accord, Françoise mentait outrageusement, sortant le premier titre de livre qui lui passait par la tête. Mais la mine déconfite d'une Rose, qui vraisemblablement faisait travailler les rouages perfides de son cerveau pour trouver quoi rétorquer, la comblait d'aise.

Elle porta son verre à ses lèvres, le regard triomphal.

Laurent et sa femme échangèrent un regard complice par-dessus la table, genre évitons-le-jeu-de-massacre.

Hélène se leva et invita sa mère et Françoise à venir l'aider à la cuisine pour la bûche et le vin chaud.

— Hélène, je te préviens, dans une heure ton mari va se trouver orphelin ! lança Françoise qui jetait violemment les épices dans le vin qui chauffait.

— Ma chère Françoise, ne vous mettez pas dans de tels états, tenta Marthe. Rose a peut-être un caractère difficile, mais…

— Difficile, Marthe ? Vous plaisantez ! C'est une plaie, cette bonne femme ! Une harpie qui devrait être internée ! Franchement, Hélène, je ne comprends pas pourquoi Laurent ne dit rien !

— C'est sa mère, ma chérie.

— Et alors ? Ça ne l'empêche pas d'être une sacrée c…

— Françoise, la coupa Marthe, pas de gros mots aujourd'hui, s'il vous plaît.

La bûche sortie, alors qu'elles patientaient en attendant que le vin chauffe, Hélène fut prise d'une douloureuse crampe à l'estomac.

— Eh, on se calme là-dedans, dit-elle en direction de son ventre.

Marthe s'approcha et caressa doucement le ventre de sa fille de ses mains ridées.

— Mais ils veulent fêter Noël eux aussi, c'est normal.

Hélène tourna la tête vers Françoise qui les observait.

Jamais elle ne connaîtrait ça avec sa mère, se dit-elle.

— Françoise, viens, l'invita-t-elle.

Et en désignant les mains de Marthe sur son petit ventre rebondi :

— Tu veux essayer ?

— Seigneur Dieu, non merci ! J'aurais trop peur de te casser quelque chose à l'intérieur !

Hélène rit.

— Ne sois pas st…

Un cri provenant du salon l'empêcha de terminer sa phrase.

Son père.

— Hélène, viens vite, c'est Laurent !

* * *

Jeff était épuisé.

Il s'attarda un quart d'heure sous le jet puissant de la douche, laissant l'eau brûlante ruisseler sur son corps noué. Les yeux fermés, il tentait de faire le vide. Il ferma le robinet et se regarda dans la glace embuée : un corps ferme, des bras dessinés, un torse à la fine toison noire, des cuisses puissantes.

Il sourit et enfila son peignoir.

Il passa dans le coin cuisine chercher un Coca Zéro, alluma une cigarette, et s'installa à son bureau. Ce soir, il devait se mettre à la tâche, et sérieusement. Devant lui, des livres, des diagrammes, des notes, tout un fatras qu'il devait classer et surtout dans lequel il devait avancer.

La cigarette à la bouche, il n'avait cependant pas l'esprit à ça.

Il était excité, comme toujours quand il sortait de la douche.

Assis là, le peignoir entrouvert, il se rendit compte qu'il bandait et qu'il avait envie de sueur, de contact, de salive, de poils.

Thierry ? Non, il voulait de la nouveauté ce soir.

Il pensa aller dans un sex club, ou même au parc de la Citadelle, lieu familial de promenade diurne mais lieu de baise et de débauche gay nocturne. Il se ravisa, non pas tant à cause de sa fatigue et de sa flemme à se rhabiller que du fait qu'en ce soir de Noël l'endroit serait probablement désert.

Il jeta un œil à son ordinateur allumé et se décida.

Il se connecta sur *Citegay*, tapa son login et son mot de passe, et son pseudo s'afficha dans la liste des connectés strasbourgeois. Il lut ses messages en attente et fit un tri sélectif. Les mecs qui laissaient un message sans photo : à dégager ; les starlettes de dix-huit ans à la recherche d'une première expérience : à dégager ; les vieux en mal d'amour : à dégager ; les couples mal baisés en quête d'un troisième larron : à dégager.

Énervé par avance de ne rien trouver de baisable, il ouvrit sa messagerie MSN, chercha un contact dans la liste, vit qu'il était connecté, et lui envoya un « Salut, ça te dit ? » laconique.

Jeff n'aimait pas la branle par webcam, qu'il jugeait plutôt frustrante, mais il s'y adonnait les soirs de manque et de flemme. Le contact qu'il venait de solliciter était un jeune gars de vingt-cinq ans dont il ne connaissait que le sexe et le corps, et avec lequel il avait déjà passé quelques instants électroniques. Pas de bavardage, pas de parlotte, on s'envoyait un message, si l'autre était OK, on y allait, s'il n'était pas disponible, ce serait pour une autre fois.

Jeff ôta son peignoir, plaça la cam en position plus que suggestive tandis que sur l'écran l'autre faisait de même. La main sur sa verge raidie, il commença de lents mouvements. Certains mecs aimaient en même temps entamer une discussion prétendument excitante du genre « montre ton cul, mec ! » ou « vas-y, bourre-moi comme une chienne », mais se masturber de la main droite et taper les mots de la main gauche agaçait Jeffrey plus qu'autre chose.

Il vit sur l'écran que l'autre se mettait debout, exhibant fièrement une bite avantageuse et des cuisses velues à souhait.

Jeff s'activa sur son manche, écartant les jambes en s'adossant à son siège.

Il n'allait pas tarder à juter, et tant pis pour l'autre si ce soir la séance était courte.

Sa respiration s'accéléra, il tendit sa verge vers son ventre et lâcha quelques jets de sperme sur ses poils en râlant.

Il s'essuya rapidement, tapa un rapide « Salut » et ferma la messagerie.

Il pouvait, maintenant qu'il avait vidé ses pulsions, se mettre au travail.

Il étala ses notes, ouvrit ses livres et se perdit dans ses travaux.

Après trois heures de réflexion, la pièce s'était enfumée tandis que le cendrier s'était rempli.

Il ouvrit la fenêtre malgré le froid hivernal, se fit un café et alla se coucher.

* * *

Les trois femmes s'étaient précipitées dans le salon.

Louis était agenouillé auprès de son gendre tandis que le visage de Rose semblait comme figé de stupeur.

— Laurent ! cria Hélène.

Elle se jeta sur son mari en poussant son père.

— Laurent ! répéta-t-elle.

Le visage ruisselant de sueur de Laurent était comme figé dans de la cire.

Sa poitrine se soulevait à un rythme effréné et tout son corps était parcouru de tremblements violents.

Il avait le regard fixe, comme égaré dans une autre réalité.

— Françoise, ses cachets, dans la chambre ! Vite !

Laurent ne réagissait pas.

Seuls les frissons qui faisaient vibrer sa peau témoignaient d'une vie dans ce corps comme perdu ailleurs.

Elle s'efforça à retrouver son calme, sachant que la seule chose à faire devant une attaque de panique était d'apaiser l'agitation et de montrer une présence rassurante.

Mais les yeux hagards de Laurent et ses mouvements convulsifs la paniquaient à son tour.

— Tiens, mon chéri !

Elle porta à ses lèvres un verre d'eau et lui fit avaler les cachets que Françoise venait d'apporter.

Laurent se laissa faire, comme un enfant, et sa bouche crispée s'entrouvrit juste assez pour laisser passer les pilules.

Il laissa aussitôt retomber la tête sur le sol, mais déjà ses frissons se calmaient.

— Là, calme-toi, je suis là, on est tous là.

Il fallut attendre plusieurs dizaines de minutes pour voir des couleurs sur le visage de Laurent et un pauvre sourire sur ses lèvres.

On l'avait couché sur le canapé.

Il parvint à se redresser sur ses coudes, encore faiblement, mais la sueur avait disparu de son front, aussi subitement qu'elle y était apparue.

— Ça va bien maintenant, ma puce, ne t'inquiète pas, dit-il en caressant la joue d'Hélène qui avait du mal à retenir ses larmes.

Il parvint à se rasseoir et vit la mine défaite de tout le monde.

Il retrouvait peu à peu une respiration normale.

— Ne faites pas cette tête, dit-il en riant doucement, c'est Noël !

Toujours cette insouciance infantile, mais Hélène avait eu bien trop peur pour lui faire des remontrances à cet instant.

On se remit à table, mais le cœur n'y était plus, la fête était gâchée, et cette fois Françoise ne se lança pas un de ses numéros favoris destinés à raviver l'ambiance.

Personne ne toucha ni au dessert ni au vin chaud.

La bûche retournée au congélateur, Hélène vint s'asseoir sur le canapé et prit tendrement la main de son mari sous le regard silencieux de Françoise.

— On peut dire que tu nous as fait une drôle de peur, chéri.

— Et à moi donc ! tenta-t-il de plaisanter.

— Laurent, je suis sérieuse ! En cinq ans, tu n'as jamais fait une crise aussi rapprochée que la précédente ni aussi violente que celle-là.

— Ça doit être le stress, certainement. Ne t'en fais pas.

Hélène accepta le conseil pour le moment. Elle jeta un œil sur Françoise qui ne disait mot. Avait-elle elle aussi vécu un jour une crise si virulente ?

— Françoise, ça ne va pas ?

— Si, si, tout va bien, répondit-elle mais le ton était trop évasif.

— Tu es sûre ?

Françoise ignora la question, les yeux posés sur la boîte de médicaments.

— Laurent, tu devrais faire attention, conseilla-t-elle après un moment. Si les crises reviennent trop régulièrement, tu dois t'en soucier.

Elle était bien placée pour le savoir, elle qui suivait le même traitement que Laurent depuis des années.

— Elle a raison, compléta Hélène. J'aimerais que tu en parles à Jeffrey.

— Chérie, cesse de t'inquiéter. Je te promets que je lui en parlerai. Crois-moi, je ne veux pas non plus que ça recommence, avec les enfants à venir et tout ça.

— Bon, conclut Hélène.

La soirée menaçant de finir en eau de boudin, Rose préféra mettre les voiles après s'être exceptionnellement fendu d'un baiser sur le front de son fils, tandis que Louis et Marthe s'occupaient de débarrasser la table.

* * *

Quelque part, dans la nuit, un ordinateur en veille s'alluma et une messagerie instantanée se mit à clignoter. Un mail attendait d'être lu :

*J'ai appris que tout va pour le mieux de ton côté. Du nôtre, ça avance.*

*À suivre.*

Le pseudonyme du destinataire s'affichait en haut de l'écran : *thalamusproject@free.fr*

# 6

Les crises de Laurent se firent de plus en plus rapprochées et brutales.

À six mois de grossesse, Hélène ne pouvait plus tolérer un tel stress et la santé de son mari la tourmentait. Le docteur Bliade avait devancé son congé de maternité et avait vaincu les réticences de sa patiente en lui affirmant que les bébés absorbaient toute cette tension. Pour le bien des jumeaux, et celui de la mère, il lui avait imposé de se reposer et de se ménager. C'est pourquoi elle avait fini par convaincre son mari de prendre un rendez-vous, mais officiel, avec son frère pour trouver un remède efficace à son problème.

Tous deux s'étaient alors trouvés dans le cabinet de Jeffrey, Laurent détaillant le plus fidèlement ses symptômes, Hélène exposant le plus éloquemment ses inquiétudes. Jeffrey, les coudes sur le bureau, le menton posé sur les doigts, les avait écoutés de la façon la plus concentrée qui était.

Et là, assise dans sa voiture, Hélène entendait encore les questions de Jeff et les réponses de Laurent.

— Peux-tu identifier une cause ponctuelle qui déclencherait la crise ? demanda Jeff.

— Non, fit Laurent après réflexion, cela me prend comme ça, sans raison apparente.

— Aucune source de stress ? Un facteur déclencheur ? La névrose d'angoisse peut être provoquée par un objet, une personne, une situation particulière, tu le sais.

— Non, rien de ce genre, Jeff.

— Bon, donc on peut déjà éliminer maman des causes potentielles, dit-il en riant.

— Jeff, intervint Hélène qui n'avait pas envie de plaisanter, il y a forcément quelque chose. Pourquoi pendant plus de quatre ans n'a-t-il subi aucune crise et aujourd'hui sont-elles de plus en plus fréquentes ?

— Hélène, tu dois savoir que ce genre de névrose peut agir par cycle, laissant le sujet tranquille pendant de longues périodes, même plusieurs années, et réapparaissant subitement. Souvent des phases cruciales de l'existence peuvent être des facteurs déclencheurs, comme la puberté, un décès, ce genre d'événements.

— Es-tu en train de nous signifier que ma grossesse pourrait en être la cause ?

— Non, Hélène, l'éventualité aurait pu être envisagée mais je ne le pense pas. Laurent est sujet à ces attaques d'anxiété depuis l'adolescence, sans qu'un événement particulier y soit lié. Si tel avait été le cas, elles auraient commencé à la mort de notre père.

— Je comprends, mais ce qui m'inquiète le plus n'est pas leur fréquence de plus en plus régulière, mais leur degré d'intensité. Elles sont de plus en plus impressionnantes, Jeff !

— Hélène, ce n'est… commença le médecin.

— Laurent, le coupa-t-elle, explique-lui donc !

— Lui expliquer quoi ? Hélène, Jeff est médecin et…

— Je veux que tu le lui dises !

Hélène s'emportait mais une fois de plus la passivité de son mari, qui pour elle confinait à l'inconscience, la mettait hors d'elle.

— De quoi parlez-vous ? s'enquit Jeffrey.

Laurent soupira en voyant la mine agacée d'Hélène et le visage interrogatif de son frère. Il se sentait comme pris en faute et sommé d'avouer un délit qu'il n'aurait pas commis.

— La semaine dernière, ça m'a pris devant la télé. J'étais avec Hélène, et sans crier gare les sueurs, la sensation d'étouffement…

— Oui, mais tu les connais ces symptômes, Laurent.

— … et puis, d'un coup, impossibilité totale de bouger et…

— Et pourtant il bougeait, Jeff, je peux te le dire ! C'était horrible ! Ses bras partaient dans tous les sens ! On aurait cru un robot complètement déréglé ! Ne me dis pas que ça c'est normal !

Jeffrey regardait sa belle-sœur dont l'affolement était si visible qu'il en était presque palpable.

— Hélène, calme-toi. C'est simplement de la dyskinésie, ou si tu préfères des mouvements involontaires. Je sais que c'est impressionnant à voir, mais c'est une manifestation typique dans les crises les plus fortes. Et…

— Jeff, le coupa-t-elle, il se balançait d'avant en arrière… comme un autiste !

Laurent ne disait rien, même si quelque part il était gêné qu'on parle de lui comme s'il n'était pas dans la pièce. Jeffrey gardait l'expression impassible du praticien se forçant à occulter le fait qu'il était en train de diagnostiquer son propre frère.

— Laurent, que ressentais-tu en voyant Hélène ? lui demanda-t-il.

Son frère prit une profonde inspiration.

— Justement, Jeff, commença-t-il, le problème est là.

— Comment ça ?

— C'est que…

Jeffrey se pencha un peu plus en avant.

— Oui ?

— C'est que… je ne la voyais pas.

Jeffrey releva le menton et se redressa dans son siège.

— Pardon ?

— Je ne voyais plus rien, Jeff. Ou du moins juste un flou indéfinissable, des formes étranges qui se mélangeaient les unes aux autres. Mais certainement pas ce qui se trouvait devant moi. C'était comme si… je ne sais pas… c'est la première fois que je ressentais ça. Comme si la réalité n'existait plus. Ce n'était pas exactement des visions, mais quelque chose d'approchant.

— Comment pouvait-il me voir, Jeff ?

Il se tourna vers sa belle-sœur.

— Il ne pouvait pas, expliqua-t-elle, il avait les yeux… complètement révulsés.

Jeffrey avait pris quelques notes, plus pour se donner une contenance que pour coucher sur papier tous ses détails.

Hélène avait raison, ce n'était apparemment plus de simples attaques d'angoisse, les symptômes en étaient trop révélateurs.

L'état catatonique, la crise oculogyre, la déréalité… Toutes ces caractéristiques étaient celles de l'état de sevrage que ne connaissaient que trop bien les anciens drogués et alcooliques mais elles pouvaient, il le savait, avoir aussi une tout autre cause. Il connaissait tout ça par cœur et les chapitres de ses manuels d'étudiants étaient bien gravés dans son esprit.

Mais comment dire à son frère et à sa belle-sœur que c'était peut-être plus grave que ce qu'eux envisageaient ?

Il décida d'être franc, ce qu'ils attendaient et espéraient certainement de lui.

— Je pense qu'on devrait faire une nouvelle batterie de tests, Laurent. Les anciens remontent à ton adolescence, et peut-être qu'on trouvera du nouveau.

— Qu'entends-tu par tests ?

À l'époque Laurent n'avait pas subi des examens aussi poussés, mais là, le choix n'était plus possible.

— Radio, scanner, IRM, répondit laconiquement Jeffrey.

— Mon Dieu ! s'écria Hélène. Jeff, tu penses à quelque chose de précis ?

— On ne peut rien savoir à l'avance, Hélène.

— Mais tu as certainement une idée, un avis ?

Il regarda son frère en silence.

— Jeff, insista presque plaintivement Hélène, tu dois nous dire.

Il avait hésité encore un instant.

— Jeff ? répéta son frère.

Enfin il se décida à répondre.
— Oui… en fait… il peut s'agir d'une tumeur.

Au volant de sa Golf, Hélène se forçait à effacer de son esprit le mot qu'avait prononcé Jeffrey, mais elle ne parvenait pas à s'en défaire, il restait collé tel un chewing-gum au goût amer.

Une tumeur !

Elle faillit ne pas voir le feu qui passait au rouge et pila.

Elle savait qu'elle ne devait plus conduire dans son état mais puisque de toute façon on ne maîtrisait rien ici bas, à quoi bon ? Puisque de toute façon dans le cerveau de son mari se développait un monstre alors que dans son ventre se formaient leurs deux enfants, à quoi bon ? On lui donnait deux nouveaux êtres pour lui en enlever un, c'était ça la vie ? À peine entrés dans ce monde, on allait faire de ses enfants des orphelins ?

Elle se retint pour ne pas hurler.

Elle se gara devant le lycée Couffignal où elle devait récupérer quelques affaires et donner quelques instructions à sa remplaçante.

Elle en profita pour se reprendre. Jeff n'avait fait que mentionner une éventualité, il fallait attendre ce que diraient les examens pour être sûrs et décider de quoi que ce soit.

Mais justement, Laurent les avait passés ces examens.

Et c'était ce soir que Jeffrey leur avait promis de passer à la maison avec les résultats, et c'était ce qui redoublait l'angoisse d'Hélène. Elle se revit, plus de six mois plus tôt, dans sa salle de bains, en train d'attendre fébrilement les résultats d'un autre test qui avait changé sa vie.

Elle chassa les obscures pensées qui hantaient son esprit et s'extirpa laborieusement de sa voiture. En la voyant, Françoise lui aurait fait un compliment du genre « Ma pauvre fille, mais on dirait un Bibendum boulimique ! », et elle n'aurait pas eu entièrement tort. Mais son ventre proéminent, ses douleurs lombaires et ses seins lourds étaient les bouées de sauvetage qui lui permettaient de tenir la tête hors de l'eau.

Dans la salle des professeurs, elle vida son casier et fit un tri sélectif entre les copies rendues en retard, les notes administratives, les papiers officiels et les invitations à différents pots de départ et de retraite.

Elle parcourut la pièce du regard.

Le lycée avait toujours paradoxalement eu un effet positif et ressourçant sur elle : à l'opposé de la plupart de ses collègues blasés et geignards qui revivaient quand la cloche annonçait la fin des cours, elle se sentait bien ici, au milieu des cahiers de textes, des bulletins, des craies, des élèves.

Un espoir l'enveloppa alors peu à peu.

Oui, on trouverait un remède à ces maudites crises ! Non, ses enfants ne naîtraient bien sûr pas orphelins ! Après toutes ces années d'attente, et maintenant leur rêve presque atteint, la vie n'allait pas lui faire ce croc-en-jambe !

Elle sortit de la pièce, presque soulagée, s'entretint avec sa remplaçante, alla faire une bise à Monique la documentaliste et constata que si elle ne se dépêchait pas elle serait en retard pour son rendez-vous avec le docteur Bliade.

* * *

Les berges de l'Ill se préparaient à la venue du printemps : les arbres bourgeonnaient, les cygnes glissaient langoureusement entre les bateaux-mouches, et les bancs étaient pris d'assaut par les étudiants venus réviser leurs cours sous le soleil de cette fin de mars.

Laurent longeait les rives, les mains dans les poches et le regard sur l'eau.

Son exposition sur la Nativité lui avait valu un franc succès et une critique élogieuse dans *Le Petit Strasbourgeois*, ce qui asseyait un peu plus sa renommée dans les cercles artistiques de la région.

Dans sa poche, ses doigts rencontrèrent sa boîte de cachets qui, comme d'habitude, le ramenait à la réalité : ces crises, ce cercle vicieux de l'angoisse d'être angoissé, ces examens pénibles qu'il avait passés sous la houlette de Jeffrey. Il savait prendre la chose avec plus de calme et de philosophie qu'Hélène, mais aujourd'hui il avait eu besoin de s'isoler au lieu de travailler à son atelier.

Il parcourut les ponts couverts bondés de promeneurs, remonta vers l'espace commercial des Halles et se dirigea vers le centre-ville.

Malgré – ou à cause – de son besoin d'isolement, il voulait se noyer dans la masse anonyme, se mélanger à cette foule citadine pressée.

La place Kléber, le cœur de la ville, était comme à l'accoutumée envahie par une cohue de jongleurs des rues, de jeunes ados oisifs, de bourgeoises submergées de paquets au blason de grandes marques, de jeunes cadres à l'allure martiale. Laurent marchait au milieu de ce mélange urbain, l'artiste en lui observant les visages : où allait cette jeune femme, le téléphone vissé à l'oreille ? Qu'avait prévu ce vieux couple pour la soirée ? Pourquoi ce jeune adolescent était-il assis, le regard perdu ?

Il sourit en pensant qu'on le dévisageait peut-être lui aussi, surtout avec sa tignasse incoiffable et son accoutrement qui se fichait pas mal des modes. Pouvait-on lire dans ses yeux à lui aussi ? Pouvait-on voir sur son visage les sentiments contraires qui l'animaient et le remplissaient ? Et si oui, que pouvait-on déchiffrer ? Son bonheur de futur papa ? Sa peur ? Son espoir ?

Il traversa la place, dépassa une longue file d'attente devant la librairie Kléber – certainement un écrivain renommé qui venait faire une séance de dédicaces – et longea les rails du tram jusqu'à la Petite France. Il irait boire un verre à la terrasse de La Corde à linge avant de rentrer à la maison et d'entendre ce que Jeff devait leur annoncer.

* * *

— Tout se passe merveilleusement bien, Hélène.

Elle avait les yeux posés sur les petites images en noir et blanc : on y voyait nettement deux corps presque parfaitement dessinés, les yeux clos, les paupières comme soudées, les petits poings recroquevillés…

Elle sourit.

On aurait cru deux petits astronautes reliés à leur cabine spatiale grâce au cordon ombilical.

Le docteur Bliade lui détaillait les clichés de l'échographie, avec sa bonhomie habituelle.

— Ils pèsent environ un kilo, leur développement suit son cours normal et ne présente aucune anomalie. Vous pouvez vous tranquilliser, Hélène, vous suivez vraiment une grossesse exemplaire !

Oui, pensa-t-elle, si on exclut les insomnies, le mal à se déplacer et les douleurs dorsales ! Mais était-ce là les symptômes classiques d'une grossesse ou les manifestations de ses craintes pour la santé de son mari ?

— L'écho-doppler, ajouta-t-il en désignant les images qu'Hélène tenait entre les mains, révèle une circulation sanguine normale ainsi qu'une formation osseuse et musculaire typique. Continuez comme ça, et vous allez nous mettre au monde deux magnifiques petits garçons ! conclut-il en souriant.

Rassurée, Hélène n'en éprouvait pas moins un arrière-goût d'inquiétude, et les résultats que Jeff allait leur apporter dans la soirée gâchaient une joie qui aurait dû être complète.

— Docteur, demanda-t-elle, dites-moi franchement si les jumeaux peuvent de quelque façon que ce soit être affectés par la situation que Laurent et moi vivons actuellement ?

— Il serait faux de répondre par la négative. Le fœtus est une véritable éponge comme je vous l'ai déjà expliqué : il peut absorber la tension, le stress de la mère, tout comme il peut ressentir son bien-être et son apaisement. Son cerveau est déjà en pleine activité et est d'une certaine façon d'ores et déjà capable d'une forme d'intelligence. Mais, encore une fois, il ne faut pas considérer le fœtus comme un petit être fragile sans défense : il est bien plus fort et armé que l'on ne le croit habituellement.

— J'essaye, docteur, je vous assure que j'essaye de rester calme, de les rassurer comme je le peux. Laurent et moi faisons vraiment tout pour ne pas leur imposer nos craintes.

— Hélène, faites la part des choses, même si cela vous semble chose impossible. Pour l'instant, la priorité est de vivre le plus sereinement cette grossesse, et ensuite de faire naître ces deux magnifiques bébés.

— Oui, mais si Laurent…

— Écoutez, Hélène, la coupa-t-il, la santé de Laurent ne doit interférer ni avec la vôtre ni avec celle de vos enfants.

— Mais s'il s'avérait que…

— Quoi qu'il s'avère, je sais que Jeff traitera les choses de la meilleure des façons, et vous le savez aussi. Et si les résultats des examens de Laurent se révélaient inquiétants, il faudra alors vous efforcer d'appréhender la chose de la façon la moins pénible pour les bébés. Je sais bien que c'est facile à dire, mais il n'y a pas d'autres choix.

Comme toujours, la voix douce et le regard rassurant du docteur rassérénaient Hélène, et les deux petites formes qu'elles tenaient en clichés dans sa main achevaient de lui redonner un semblant de baume au cœur.

— Malgré cela, attendez-vous à accoucher un peu plus tôt que prévu. Comme je vous l'ai expliqué lors de notre dernier rendez-vous, ajouta-t-il sur un ton bienveillant, il est très rare que des jumeaux attendent patiemment la fin des neuf mois pour passer la tête dans notre monde.

Hélène sourit à cette façon toujours un peu désuète qu'il avait de formuler les choses.

— Oui, docteur, je m'y suis bien préparée. Et d'ailleurs, valises et trousseau de bébé attendent déjà ! ajouta-t-elle, l'air un peu fautif.

— Vous n'avez pas perdu de temps ! rit-il.

Il la raccompagna après avoir noté leur prochain rendez-vous et lui répéta de tenter autant que possible de positiver.

* * *

Jeff avait à la main les examens de son frère.

Il regarda sa montre et se dit que Laurent et Hélène devaient se morfondre chez eux dans l'attente des résultats. Il jeta un dernier coup d'œil aux résultats, fronça les sourcils, les replaça dans leur enveloppe, et se mit en route.

* * *

En entrant, Laurent trouva sa mère en pleine conversation avec Hélène, assises dans le salon. Le soleil printanier dardait ses rayons par les fenêtres ouvertes, inondant la pièce d'une douce chaleur que même Arthur le poisson rouge semblait apprécier dans son bocal.

— Salut, chérie. Bonjour, maman.

— Bonjour, mon fils.

Que sa mère soit venue pour entendre les résultats qui fixeraient le sort de son enfant et le soutenir dans une éventuelle dure épreuve lui semblait impossible. D'un autre côté, il était tout aussi impossible de penser à une visite de courtoisie. Et enfin, encore plus impossible d'envisager de la part de Rose un je-passais-dans-le-quartier-alors-je-suis-venue-prendre-des-nouvelles-de-ma-chère-bru-adorée. Aussi Laurent était-il passablement surpris, mais ne le manifesta pas.

Il se chercha un café à la cuisine et revint s'asseoir avec les deux femmes.

— Comment ça s'est passé chez le médecin, chérie ?

— Tout va pour le mieux, lui répondit Hélène en lui tendant les clichés en noir et blanc de l'échographie sur lesquels Rose avait vaguement jeté un œil indifférent.

Elle lui expliqua les photos, répétant les détails et les précisions du docteur Bliade. Laurent écoutait consciencieusement, l'œil rivé sur les images.

Rose observait la scène qu'elle considérait d'une mièvrerie sans nom.

S'extasier aussi béatement sur de vulgaires clichés ! Et pourquoi pas se jeter à genoux et remercier le Tout-Puissant pour ce divin cadeau !

Elle se retint de pouffer mais, agacée tout de même d'être écartée de cette intimité familiale – et surtout de ne pas être le centre des attentions ! – et ne se rendant pas compte qu'elle s'isolait elle-même, décida de casser un peu l'ambiance.

— Franchement, on faisait moins de manières de mon temps. Et des échographies par-ci, et des « attention-bébé-ressent-tout » par-là ! À mon époque, on était enceinte, ça vous déformait hideusement le corps pendant neuf mois, on mettait bas, et puis basta !

Oui, se retint de dire Laurent, et on voit le résultat ! Une mère incapable de manifester un semblant d'amour à ses enfants !

— Rose, se permit Hélène avec douceur, c'était effectivement une autre époque. Aujourd'hui, le monde de l'enfance est beaucoup mieux cerné, anomalies et malformations peuvent être décelées très tôt, et…

— Oh, je vous en prie, Hélène ! Et après ? Est-ce une raison pour idéaliser autant la grossesse ? Pour ériger chaque nouveau-né en Dieu à honorer ? Pour tomber dans un gâtisme ridicule dès qu'un nourrisson émet un rot et tomber en pâmoison quand il sourit, sourire dont on ne connaît même pas la cause, soit dit en passant !

— Les pédopsychologues disent…

— Les pédopsychologues ! Manquait plus que ça ! Et pourquoi pas les psychologues pour plantes vertes tant qu'on y est !

— Maman… soupira Laurent, mais il savait que quand elle était lancée, rien ne pouvait arrêter la tornade Rose.

— Les femmes d'aujourd'hui devraient se rappeler que chez certains animaux les femelles abandonnent leurs petits… quand elles ne les dévorent pas !

Assez contente de ce qu'elle considérait comme un argument irréfutable, elle s'enfonça moelleusement dans les coussins, et s'apprêtait à dégainer d'autres gentillesses, mais la sonnerie de l'entrée l'en empêcha.

Laurent et Hélène échangèrent un regard sans équivoque, loin du tendre bien-être que leur avaient momentanément offert les clichés.

* * *

Les mots de Jeffrey glacèrent l'atmosphère et remplirent Hélène et Laurent d'effroi. Rose elle-même avait quitté son attitude souveraine et son teint avait quelque peu blanchi.

Tous trois écoutaient Jeff qui avait étalé les résultats des examens de Laurent sur la table basse juste à côté des photos de l'échographie d'Hélène, comme des faux venant ravager un champ de bonheur.

— C'est une tumeur, Laurent, expliquait-il en désignant une volumineuse tache blanche sur une radio. Son fonctionnement est simple : les cellules cancéreuses se multiplient et provoquent ainsi une augmentation de la taille de la tumeur. Elles accroissent ainsi la pression dans la boîte crânienne et repoussent les cellules du cerveau, ce qui peut provoquer la destruction de structures cérébrales vitales.

Laurent et Hélène étaient comme hypnotisés par cette tache blanche qui s'étalait fièrement sur le cliché, telle une vague qu'aucune digue n'était capable de stopper.

Rose écoutait son fils, les yeux brillants.

— Jeffrey, lança-t-elle avec agressivité, tu n'es pas dans une de tes réunions au sommet. Tu pourrais être plus clair pour les ignares que nous sommes !

Jeff s'interrompit, mais continua ses explications pour Laurent et Hélène, ignorant ouvertement sa mère.

— Le cerveau est une substance molle constituée de deux hémisphères. Ce sont eux qui nous permettent de voir, de sentir, de bouger, etc. S'y ajoutent le cortex, le thalamus, le cervelet, qui ont chacun un rôle bien précis, et le tronc cérébral qui relie le cerveau à la moelle épinière. Toute cette organisation complexe est parcourue de nerfs, ce sont les neurones, et est recouverte de membranes, ce sont les fameuses méninges. C'est une explication un peu simpliste, mais je veux que vous compreniez bien ce qui se passe.

Laurent et Hélène hochèrent la tête, toujours silencieux.

Leurs visages trahissaient l'angoisse qui les agitait depuis le verdict de Jeff.

— Les cellules qui peuplent le cerveau s'appellent les cellules gliales, et ce sont elles qui peuvent se transformer en gliomes, autrement appelés tumeurs. Elles naissent dans les couches profondes du cerveau puis vont s'étendre pour peu à peu infiltrer le cerveau sain. Si vous voulez, ce serait un peu comme une toile d'araignée qui lance progressivement ses fils dans l'ensemble du cerveau. Voilà pourquoi je vous parlais de l'augmentation de la pression dans la boîte crânienne : le cerveau est une substance molle, qui baigne dans du liquide, et c'est la boîte crânienne qui contient et protège toute cette masse. Ainsi, quand la tumeur se développe, les cellules cancéreuses vont prendre plus de place et ainsi le cerveau devient comme étouffé.

C'est Hélène qui brisa le silence qui s'était installé dans la pièce.

— Qu'est-ce que cela entraîne, Jeff ?

— Tout dépend de l'emplacement de la tumeur, Hélène, ajouta-t-il, mais divers troubles peuvent apparaître, tels que des lésions de la vision ou des troubles de la motricité, selon la zone qu'elle affecte. C'est ce que tu subissais pendant ce qu'on croyait être des attaques d'angoisse fortes, Laurent. Le cerveau est comprimé par la tumeur et ne peut plus fonctionner correctement. Il perd peu à peu le contrôle. Le corps devient alors un peu comme un véhicule sans conducteur.

Laurent ne parvenait pas à assimiler le fait que ce qu'il voyait sur cette radio était ce qui se trouvait dans sa tête. Il écoutait son frère, comme s'il lui parlait de quelqu'un d'autre.

Hélène hochait lentement la tête, incapable du moindre mot.

Rose ne bougeait pas. Elle regardait Jeffrey, intensément, les lèvres scellées, si ce n'était un infime frémissement qui les parcourait.

C'est pourtant elle qui brisa le silence en formulant la question que personne ne voulait poser.

Elle se redressa un peu et c'est sur un ton grave qu'elle demanda ce que tout le monde craignait de deviner.

— Jeffrey, à quel degré est-ce grave ?

Il semblait ignorer autant sa mère que la question qu'elle venait de lui poser. Devant le silence de son aîné, elle se lança complètement.

— La vie de Laurent est-elle… compromise ? demanda-t-elle sans regarder son cadet.

Jeff leva les yeux et les posa sur son frère.

Il répondit à la question de sa mère sans un regard pour elle.

— Il existe différents types de tumeurs, classées en fonction de leur caractère bénin ou malin et des régions du cerveau qu'elles concernent, expliqua-t-il. Elles peuvent être de différentes tailles, certaines pouvant atteindre celle d'un pamplemousse, et…

— Celle de Laurent, Jeff ? le coupa Hélène.

Sa voix était tremblante.

Il hésita, les yeux toujours rivés sur son frère.

— Celle-ci est un glioblastome. C'est une forme de tumeur maligne, continua-t-il en avalant sa salive, et…

Il fixait intensément son frère.

— … et c'est une des formes connues les plus graves qui soit.

— Mon Dieu, murmura Rose.

Laurent releva la tête et planta ses yeux dans ceux de Jeffrey, essayant de comprendre ce qu'il était en train de lui dire.

Les deux frères se fixèrent avec force et dans ce regard passaient la peur, l'incompréhension, la compassion.

Hélène, anéantie, avait posé une main sur son ventre, à la recherche d'un soutien, d'un appui, d'une branche à laquelle se raccrocher. De l'autre, elle saisit le bras de son mari.

Ce contact sembla tirer Laurent de sa stupeur, comme s'il se réveillait d'une longue nuit agitée, et cette seconde lui suffit pour enfin assimiler ce que son frère venait de lui annoncer.

Il retrouva son regard insouciant, mais le ton de sa voix révélait que ce n'était qu'une apparence.

— Jeff, demanda-t-il, est-ce que ça se soigne ?

Jeff lui aussi semblait comme revenu à la réalité, après cet instant bref et rare de communion avec son frère.

Son visage reprit sa rigidité et ses yeux redevinrent impénétrables.

— À ce stade, il n'y a plus qu'un seul recours.

Hélène, à son tour, sortit de son apathie.

— Lequel ? demanda-t-elle en se retenant de crier.

— Eh bien… répondit simplement Jeffrey… l'intervention chirurgicale.

Le praticien avait pris le pas sur le frère compatissant.

Il leur exposait à présent les détails de l'opération, les soins pré et postopératoires, les chances de guérison, les éventuels symptômes secondaires.

Ce fut Hélène qui, la première, comprit le nouveau problème qui se posait.

— Jeff, j'accouche vraisemblablement dans un mois et demi et…

— Hélène, nous allons faire pour le mieux. Tu comprends, après tout ce que je viens de t'expliquer, qu'une telle opération ne peut se faire du jour au lendemain.

— J'en suis consciente, mais…

— Ne t'inquiète pas, tout se passera bien. Cette opération, quoique méticuleuse, n'est pas quelque chose d'exceptionnel. Moi-même l'ai déjà pratiquée de nombreuses fois et…

— Jeffrey, intervient Rose qui comprenait où voulait en venir sa bru, ce qu'est en train de te dire Hélène, c'est qu'on ne peut décemment pas ouvrir le crâne de ton frère au moment même où de son côté elle met au monde leurs bébés !

Ma chère mère, se dit Jeffrey en regardant la femme devant lui. Toujours aussi adroite et rassurante ! Comme s'il n'y avait pas déjà pensé !

— Il faudrait peut-être voir tout cela avec le docteur Bliade, se permit-elle de rajouter.

— Merci pour tes conseils, maman, lui lança-t-il avec ironie. Nous allons bien sûr en parler avec Edmond, Hélène, et arranger les choses pour le bien de tout le monde, toi, le bébé, et Laurent.

— Les bébés, corrigea Hélène.

— Oui, les bébés. Je verrai avec lui comment il envisage la chose. L'opération de Laurent ne doit pas perturber ton accouchement si on décide de la pratiquer avant, tout comme la naissance des bébés ne doit pas déstabiliser Laurent si on la décide après, tu comprends. Nous ferons au mieux.

— Je le sais, Jeff, je le sais.

Le choc passé, Jeffrey et Rose avaient pris congé. Rose avait vaguement pris Laurent dans ses bras avant de partir, réaction dont elle avait été la première surprise. Elle s'était cependant vite reprise en saluant rapidement sa bru et surtout en évitant de partir du même côté que Jeffrey qui n'avait d'ailleurs pas proposé de la raccompagner à sa voiture.

Mais là, en conduisant sur la route qui la menait chez elle, dans la banlieue chic de Strasbourg, elle réfléchissait.

La nouvelle que Jeffrey leur avait apprise ce soir l'avait déstabilisée, elle ne pouvait pas le nier. Et s'il y avait bien une chose que Rose Dalgrand détestait par-dessus tout, c'était d'être déstabilisée. C'était comme si quelque chose s'était réveillé en elle, quelque chose qu'elle n'arrivait ni à identifier ni à analyser, comme un territoire enfoui qui soudain émergeait, un voile qui se dissipait et lui montrait une contrée inconnue d'elle. Si on lui avait expliqué que peut-être était-ce là sa fibre maternelle qui enfin s'animait, elle aurait pouffé et aurait balayé d'un revers de main ce qu'elle considérait comme une ineptie.

Et puis, se dit-elle derrière son volant, pourquoi pas après tout ?

Mais, il y avait autre chose, elle le sentait, qui la titillait, c'était la sensation qu'elle avait éprouvée en regardant la radio de son fils. Elle se rappelait avoir été vaguement intriguée mais elle ne parvenait pas à mettre le doigt sur quoi exactement.

Bah, se reprit-elle, ça doit être le choc.

Elle passa outre et continua sa route en se promettant de soutenir son fils dans cette épreuve, ou du moins d'essayer.

# 7

« Bordel de merde ! »

Telle avait été la réaction de Françoise, atterrée par la nouvelle.

Et depuis, elle s'était transformée en un ange gardien improbable, veillant farouchement sur Hélène et Laurent.

Il était touchant de voir cet explosif sexuel toujours gesticulant se soucier du bien-être d'Hélène, y allant de ses « tu es bien assise, ma chérie ? » et de ses « tu es sûre que tu n'as besoin de rien ? ».

Elle avait même réussi à embarquer une Hélène à l'accouchement imminent dans une tournée de shopping effrénée. Au grand dam de la future maman qui se souciait bien peu de son habillement depuis quelques mois. Mais Françoise ne pouvait supporter, disait-elle, de la voir attifée comme une réfugiée politique. On se devait d'être séduisante et attirante, même avec les pattes coincées dans des étriers, en train d'expulser de son vagin deux formes sanguinolentes !

Après deux heures de magasins et autres boutiques branchées, elles s'étaient installées à la terrasse d'un bar à la mode, « à la mode » signifiant pour Françoise lieu-bondé-de-jeunes-mâles-en-puissance, mais aux sièges on ne peut plus inconfortables pour une femme enceinte.

Hélène n'en avait cure, heureuse de s'aérer et de se changer les idées.

L'opération de Laurent avait été fixée au 8 juin, elle-même devant certainement accoucher dans une quinzaine de jours, vers le 30 mai. Le docteur Bliade et Jeff avaient décidé que la venue au monde de ses enfants mettrait Laurent dans une bonne disposition pour une intervention chirurgicale qui ne devait pas être trop retardée ; et le délai de huit jours entre les deux lui permettrait de profiter un peu de ses enfants auparavant et de laisser le temps à Hélène de se remettre. Mais le timing était serré compte tenu du fait que la date de l'accouchement était aléatoire.

— Bon, quand ils veulent ! Faut entamer un strip-tease pour se faire servir ici ou quoi ?

— Va commander au bar, Françoise, ça ira plus vite !

— Elle plaisante j'espère ! Dans « serveur », il y a « servir » ! Tu ne crois quand même pas que je vais aller quémander au bar comme une vulgaire pauvresse !

— S'il te plaît, je meurs de soif !

Hélène savait que c'était l'argument décisif pour la Françoise protectrice et attentive qu'était devenue son amie. Mais il était vrai aussi qu'elle était éreintée et morte de soif.

Françoise soupira dramatiquement et se dirigea vers le bar : quelques visages masculins se relevèrent sur son passage, attirés par son déhanchement suggestif et surtout par le parfum dont elle s'était comme toujours inondée.

En se rasseyant, elle entendit quelques murmures suivis de gloussements évocateurs sur sa droite.

Elle se retourna et ses yeux se posèrent tels des serres d'aigle sur un groupe de jeunes ados à la *cool attitude* : piercing à l'arcade, tee-shirts Kaporal, baskets hors de prix aux pieds.

— Un problème, les primates ? lança-t-elle en haussant avec mépris le sourcil droit.

— Eh, la meuf, on se calme !

— La meuf est très calme, répondit-elle en pianotant le dossier de sa chaise de ses doigts manucurés. Mais vous, un peu excités, non ?

— Ouep, tu m'étonnes ! lui lança un petit brun qui se la jouait racaille alors qu'il habitait sûrement encore chez papa avocat et chez maman mère au foyer dans les quartiers huppés.

— Oh, j'imagine, oui, lui répondit Françoise sur un ton faussement désolé. On voit une paire de fesses, une paire de nichons, et on mouille son caleçon, c'est ça ?

— T'as tout compris, ma belle, lui jeta un autre en reluquant son décolleté abyssal.

— Navrée, mes p'tits chéris, conclut-elle, les éjaculateurs précoces, c'est pas trop mon truc ! Alors, vous emportez vos tronches de puceaux mal finis, vos trois poils ridicules à la barbe, et vous allez jouer aux billes ailleurs, *capito* ?

Elle se retourna avec hauteur, pendant que les autres bougonnaient et murmuraient entre eux des mots qui finissaient en *asse*.

— Bon, pour en revenir à ta question, effectivement je ne suis pas d'accord sur tout avec ton docteur Bliade.

— C'est ce que j'ai cru comprendre, répondit Hélène.

— Haptonomie, d'accord. Le fait que le fœtus ressente et entende, d'accord. Mais de là à prétendre qu'il est doté d'une certaine intelligence, c'est un peu poussé.

— Il m'a pourtant bien expliqué que, dès le cinquième mois…

— Oui, je sais cela, je te rappelle que je suis prof de bio, ma fille, lui lança Françoise en se drapant dans une dignité toute professorale. Et que j'ai en plus un diplôme en psychiatrie.

Il est vrai que la jeune femme avait longtemps hésité entre les deux carrières.

— Bref ! Tout cela ne veut pas dire qu'un fœtus pense et agit en fonction. Un bébé s'ignore, il n'est pas conscient de son identité.

— Comment se fait-il alors qu'à peine né, il reconnaisse la voix de sa mère parmi d'autres ? Qu'il soit capable de reconnaître une musique qu'il a entendue dans le ventre de sa mère ?

— Cela n'a rien à voir, Hélène. S'il sourit en voyant sa mère sourire, c'est plus par imitation que pour quelque autre raison. Sache qu'au cours de la première année de vie, le poids du cerveau du nourrisson augmente d'environ deux grammes par jour, et il n'atteint que quatre-vingt-dix pour cent de son poids définitif à l'âge d'un an.

— Oui, mais…

— Ce que je dis, c'est que pour l'instant l'univers du nourrisson est encore méconnu. Je sais que les travaux de Bliade ont fait avancer la connaissance dans ce domaine, j'en parle assez à mes élèves en cours. Mais prends l'exemple des organisateurs de Spitz.

— Oui, il m'en a parlé. Ce sont ces genres de tests qui calculent le bon développement de l'enfant, c'est ça ?

— Oui, en gros. D'après ces organisateurs, le bébé est capable de sourires-réponses vers trois mois, passe par la peur de l'étranger vers huit mois, et comprend le concept du « non » vers deux ans.

— Ce qui montre donc qu'il est conscient de ses gestes.

— Certes, mais s'il est capable de sourires, sait-on pour autant la cause de ses sourires ? Chez l'enfant, un rire peut être la manifestation d'une angoisse, tout comme un bébé trop sage peut être un bébé stressé. Pour l'instant, on ne sait encore pas décoder tous les signes.

— Oui, je comprends.

— Je ne remets pas en cause les travaux et les recherches de Bliade, loin de là. Même si certains ont été très controversés à une époque.

— Ah bon ?

— Oui, je me souviens qu'à la fac de bio j'avais assisté à toute une série de cours sur la douleur infantile. Le prof avait basé ses notes sur les études publiées par Bliade, mais il y portait un regard assez critique.

— Comment ça ?

— Si je me rappelle bien, le prof nous avait expliqué que dès l'Antiquité, on s'est interrogé sur les pleurs du nourrisson. Et jusqu'en 1985, on pensait que le nourrisson ne souffrait pas. Ce qui impliquait des choses assez surprenantes : par exemple, jusqu'en 1986-1987, on pouvait sans bouleverser l'éthique opérer des nourrissons sans les anesthésier.

— C'est horrible !

— Oui, moi aussi j'avais été choquée. Pour bien nous faire comprendre cette absurdité, il nous avait donné des exemples assez significatifs : drain posé sans anesthésie, électroencéphalogramme avec aiguilles plantées directement…

— Mon Dieu, s'écria Hélène en posant les mains sur son ventre.

— Oui, mais on partait du postulat que le bébé ne ressentait pas la douleur. Et le pire, c'est qu'il n'existe toujours pas de texte officiel émanant des instances scientifiques pour garantir l'anesthésie des bébés. Et ce, malgré les pétitions de nombreuses sommités, dont Bliade d'ailleurs.

— C'est incroyable !

— Eh oui.

— Mais je ne vois pas en quoi il a pu être controversé pour ça.

— Pas pour ça directement, non. Mais, pour montrer cette carence dans l'éthique médicale, il a mené toute une série d'expériences.

— Oui, il m'en a parlé. Avec une sorte de tétine reliée à un ordinateur et…

— Ça, c'est encore autre chose, la corrigea Françoise. Non, si je me souviens bien, il a travaillé à l'époque sur deux groupes de nourrissons, un qui avait été circoncis avec anesthésie, et l'autre sans.

— Quelle horreur ! Mais pourquoi ?

— Il voulait montrer l'importance de la douleur dans le processus du développement. Donc, pour finir, il a repris ces deux groupes et leur a administré un vaccin, je ne sais plus exactement lequel. Il a alors remarqué que le premier groupe qui avait été circoncis sous anesthésie pleurait beaucoup plus que le deuxième.

— Preuve que la douleur ne leur était pas connue !

— Affirmatif ! Cela avait fait grand bruit à l'époque, mais au moins il avait prouvé que l'on pensait à tort quand on disait que le nouveau-né ne souffrait pas.

— Oui, mais de là à prendre des bébés comme de vulgaires rats de laboratoire, affirma Hélène un peu choquée.

— Tu exagères, chérie. Mais là est tout le problème de l'éthique médicale. Je prends toujours ce genre d'exemples pour bien faire comprendre aux élèves ce qu'est cette notion d'*éthique*.

Elles s'attardèrent encore une heure puis décidèrent d'aller faire encore quelques magasins avant de rentrer.

Elles passèrent devant le groupe d'ados qui n'avaient pas bougé et dont l'occupation existentielle principale avait été de boire bière sur bière. Ils jetèrent un regard genre casse-toi-vieille-connasse à Françoise qui leur répondit par un dédaigneux renversement de tête qui fit voleter sa crinière.

Hélène s'attardait dans les boutiques pour bébés, s'extasiant devant les grenouillères, fondant devant les petits ensembles, s'empêchant de tout acheter ; tout cela au grand dam de Françoise qui se sentait aussi à l'aise dans ce genre d'endroits qu'une bouse de vache sur un vacherin ! Elle trépignait, répondant vaguement aux remarques de son amie, lançant des « ohhhh que c'est ravissant ! » hypocrites quand elle lui montrait tel ou tel article pour bébé, Hélène riant à chaque fois aux éclats devant sa moue dégoûtée.

Que c'était bon d'oublier un instant les ornières creusées par le destin, de se dire que tout se passerait bien, que tout ne pourrait que bien se passer.

Hélène céda aux instances pathétiques de Françoise, et elles terminèrent leur après-midi dans *la* boutique où toute femme digne de ce nom devait s'habiller. C'est-à-dire, remarqua Hélène, une boutique où le prix du moindre chemisier aurait réduit la dette du tiers-monde. Françoise était dans son élément, se vautrant dans les rayonnages, s'ébrouant dans les tenues hors de prix, et toisant de son air hautain les autres clientes qui le lui rendaient bien.

Elles rentrèrent alors à l'appartement d'Hélène et Laurent, à la Petite France.

Comme elles arrivaient, elles croisèrent Jeff dans les escaliers.

Hélène fit les présentations, puisque lui et Françoise ne s'étaient jusque-là jamais rencontrés, même si, bien entendu, la jeune professeur de biologie avait déjà entendu parler du prestigieux professeur Dalgrand. Il venait d'apporter à son frère son traitement préopératoire, mais était désolé de ne pouvoir bavarder plus longtemps, une urgence à l'hôpital le réclamant.

Laurent, qui venait leur ouvrir la porte et les débarrasser de leurs nombreux paquets, les trouva en plein fou rire.

— Alors, les filles, on s'encanaille ?

— Laurent, déclara Françoise en se jetant sur le canapé autant que le lui permettait son jean slim taille trente-six, je viens de croiser la créature de rêve qui te sert de frère ! Tu m'avais caché ça !

— Tu l'aurais vue dans les escaliers, chéri, ajouta Hélène en s'esclaffant, une minute de plus et le pauvre Jeff était englouti dans les yeux de Françoise.

— Attends, mais ce n'est pas une bombe ton frère, Laurent, c'est une explosion nucléaire !

— Tu exagères, dit Laurent en riant, habitué qu'il était à l'impression que faisait toujours son frère.

— J'exagère ? Tu plaisantes, j'espère ! Ce mec ferait se redresser un clitoris d'octogénaire !

— Françoise ! la morigéna gentiment Hélène.

— Bon, ça va, je ne dis plus rien, répondit Françoise faussement vexée. Mais quand même !

— Alors, chéri, dit Hélène en posant la main sur le genou de son mari, Jeff m'a dit qu'il t'avait apporté ton traitement ?

— Oui, des cachets à prendre jusqu'à l'opération. Pour éviter la coagulation du sang et baisser un peu la tension dans la boîte crânienne, un truc dans le genre.

— OK, bébé.

— Et toi, Laurent, ça va, demanda Françoise, tu tiens le choc ?

— Ma foi oui, pas le choix. J'angoisse un peu, mais bon, les bébés me donneront du courage.

— Tu restes dîner avec nous, Françoise ? proposa Hélène en vidant ses paquets dans la cuisine.

* * *

Dire que les infirmières du bloc de neurochirurgie en pinçaient pour le professeur Dalgrand était peu dire.

Toutes bavaient devant sa stature athlétique, son torse qu'elles devinaient musclé, et ses yeux que leur sensibilité féminine qualifiait de ténébreux. Elles trouvaient que le visage toujours fermé et la renommée de leur chef de service, dont il ne faisait jamais étalage, l'auréolaient, en outre, d'une aura de mystère assez excitante. Mais tout cela restait en fait bon enfant, la convoitise s'effaçant devant l'admiration et le profond respect qu'elles témoignaient à sa discrétion et son professionnalisme. Et elles n'étaient finalement pas peu fières de dire qu'elles travaillaient dans son service.

La plus fière était sans conteste son infirmière en chef, Jeanne Erard, vieille fille de cinquante-quatre ans, spécialisée en bloc opératoire, entièrement dévouée non seulement à son métier mais aussi au professeur Dalgrand. D'une fidélité sans faille à l'hôpital lui-même, et réputée pour sa conscience professionnelle, elle était citée en exemple et on la considérait un peu comme la référence.

En ce début de soirée de mai, Jeffrey planchait sur une conférence qu'il devait faire cet été à l'université de sciences Louis Pasteur.

S'il avait l'air si absorbé par sa tâche, c'est que cette conférence n'était pas seulement adressée aux étudiants : y assisteraient tous les pontes en neurosciences, qu'ils soient neurochirurgiens, neurologues, psychiatres ou encore chercheurs. Elle serait un prélude au grand congrès international de neurobiologie qui devait se dérouler en Hollande un an plus tard, et qui se présentait comme un immense bilan des connaissances acquises dans le domaine.

Pour l'heure, Jeffrey préparait la conférence qu'il présenterait dans un peu plus de trois mois, fin août. Il devait y exposer les récentes trouvailles sur le thalamus et son rôle dans la gestion des émotions en général et de la douleur en particulier. Et Jeanne, en fidèle collaboratrice, l'aidait dans le tri des documents et le classement des notes, même si en tant que simple infirmière elle ne comprenait pas grand-chose à tous ces schémas, ces tableaux, ces données et ces chiffres à n'en pas finir.

Voilà plus de trois heures que le professeur était perdu dans son monde.

Son service prenant fin et le roulement de nuit ne devant pas tarder, Jeanne salua Jeffrey et l'enjoignit à lui aussi s'octroyer une pause jusqu'au lendemain. L'hôpital n'allait pas s'effondrer dans la nuit, lui assura-t-elle en riant.

Il lui souhaita une bonne soirée puis, prenant acte de ses conseils, ôta sa blouse, ferma son cabinet et gagna sa voiture, sa masse de dossiers sous le bras.

Il continuerait à travailler à la maison.

* * *

Après le départ de Françoise, Hélène et Laurent décidèrent de s'octroyer une soirée en amoureux, à savoir larver sur le canapé, s'empiffrer de pop-corn comme des gamins et regarder un des DVD des « films à voir » qui s'entassaient à côté de la télévision.

Ils optèrent pour *Amadeus* qu'ils avaient acheté en version longue et remasterisée il y a de cela quelques mois mais qu'ils n'avaient pas encore eu l'occasion de regarder. Laurent voulait y comprendre l'artiste qu'était devenu Mozart, quant à Hélène, elle pensait qu'elle pourrait en étudier certaines séquences avec ses élèves quand elle reprendrait les cours.

Ils étaient vaguement conscients cependant qu'ils se mentaient un peu à eux-mêmes, et que c'était surtout un prétexte pour essayer de se laver la tête et penser à autre chose pendant deux heures. L'opération de Laurent approchait, l'accouchement d'Hélène était imminent et ils voulaient tous deux un peu se retrouver.

Ils se calèrent sur le sofa, se blottirent sous la couette et s'immergèrent dans la Vienne enneigée du XVIII^e^ siècle.

* * *

Jeff était déçu et cette déception le surprit.

Sur le chemin, une brusque envie l'avait pris de voir Thierry et de passer un moment avec lui. Il lui avait donc téléphoné, ne s'attendant pas à être mal reçu après avoir pourtant ignoré ses appels et ses messages. Il ne fut pas mal reçu, il fut carrément jeté ! Il s'entendit traiter d'enfoiré affectif, de phobique de l'engagement, de handicapé du cœur et se vit invité à aller consulter car visiblement il avait un problème !

Jeff avait souri devant ce flot typiquement gay, et avait fermé le clapet de son téléphone avant de subir le très humiliant raccrochage-au-nez.

Mais il était déçu, et ça le surprenait.

Était-il attaché ? Non. Se sentait-il seul ? Jamais. Souffrait-il dans son amour-propre ? Encore moins.

Il mit ça sur la fatigue, physique comme mentale, et se força à ne pas se masturber le cerveau sur le vide sentimental et affectif qui pesait sur sa vie. Heureusement qu'il avait son travail. Combien de fois lui avait-il permis de se reprendre ! De s'accepter tel qu'il était ! Peut-être même, en poussant un peu, de s'apprécier lui-même !

Il haussa les épaules, il n'avait pas envie de se morfondre dans ces méandres stériles ; ce soir, il avait du travail.

Il se mit en boxer, se prépara un plateau-repas frugal et s'installa devant le poste pour s'abrutir un instant devant un quelconque jeu télé avant de se remettre à la tâche.

* * *

Mozart en était à son premier échec musical dans une Vienne injuste et revancharde quand Hélène se précipita aux toilettes avec l'envie urgente d'uriner. Laurent mit le DVD sur pause, fixant momentanément l'image d'une *Reine de la Nuit* excessivement fardée – on dirait Françoise ! pensa-t-il en souriant – et en profita pour aller nourrir Arthur qui tournait inlassablement dans son bocal.

— On t'oublie un peu en ce moment, pas vrai mon gros ?

Arthur eut un « glop » scandalisé devant l'allusion à son poids mais ne s'en précipita pas moins sur les miettes que Laurent venait de disséminer dans l'eau.

— T'as la belle vie, toi, hein ?

Arthur ne se donna pas même pas la peine de répondre et lui tourna la nageoire en signe de mépris.

— C'est reparti, chéri, dit Hélène en revenant de la salle de bains.

* * *

Assis à son bureau, Jeff passait tout en revue et s'assurait qu'il n'avait rien oublié.

La conférence était une chose, mais il y avait aussi le reste.

Il se renversa sur son siège en cuir, posa les pieds sur le bureau, et savoura les volutes de sa Camel.

Il se rendit compte qu'il n'avait plus fait de sport depuis plusieurs semaines. Pas le sport de salle, il trouvait ça trop typiquement pédé de courir comme un forcené sur un tapis en se regardant dans la glace, à défaut de regarder les autres clones faire de même. Non, il pensait au vrai sport : le footing qu'il faisait normalement chaque matin dans le parc de l'Orangerie juste en face de chez lui, le badminton qu'il pratiquait habituellement deux fois par semaine, et les pompes et abdos journaliers. Ça lui ferait pourtant le plus grand bien de s'oxygéner les neurones. Mais paradoxalement, alors que d'autres pratiquaient le sport pour se vider la tête, lui ne pouvait en faire que quand il avait la tête vide justement.

Pas bien grave, se dit-il, il en referait quand tout cela serait passé.

* * *

Voir un Mozart alcoolique épuisé par la composition de son *Requiem* avait donné soif à Laurent. Il devait en outre prendre ses cachets.

— Tu veux quelque chose, chérie ?

— Oui, je prendrais bien un Coca très frais. Je meurs de chaud là-dessous, dit-elle en rabattant la couette.

Laurent ouvrit le réfrigérateur mais, ne trouvant pas la célèbre mixture brune à la formule secrète que sa femme avait demandée, il prit à la place un Fanta Orange.

Il compléta les victuailles par un paquet de fraises Tagada trouvé dans le placard. Bulles et sucre chimique ! Excellent régime pour une femme enceinte, se dit-il en souriant.

* * *

Après s'être brossé les dents, Jeff avait éteint les spots et les halogènes de son loft et s'était allongé sur le sofa blanc du salon.

Il avait mis sur la platine le *Requiem* de Mozart, seule musique dont il savait qu'elle le revitalisait et le ressourçait. Qu'une messe des morts lui redonne de l'énergie ne l'avait jamais perturbé outre mesure. Il aimait ces chœurs puissants, ces cordes déchirantes, ces cuivres tonitruants. Mais ce qui achevait de le transporter, c'était de savoir que le compositeur s'était tué à la tâche, laissant son travail inachevé, à bout de force.

Il admirait cette abnégation, ce sacrifice pour son œuvre.

* * *

Laurent refermait le placard quand un hurlement lui parvint du salon.

— Laurent !!

Il lâcha Fanta et fraises Tagada et se précipita dans la pièce.

Il vit une Hélène à la mine épouvantée, les yeux écarquillés fixant quelque chose sur le canapé entre ses jambes.

Il s'approcha.

— Merde, annona-t-il.

Une tache liquide imprégnait le tissu, inondait les coussins et ruisselait sur les jambes de sa femme.

— Laurent, lui dit fébrilement Hélène en levant les yeux vers lui, je crois… que je viens de perdre les eaux.

— Merde, répéta-t-il sans pouvoir bouger.

— Appelle le docteur Bliade et cherche mes affaires, chéri.

— Oui… je… j'appelle le docteur Bliade, bredouilla-t-il en se jetant sur le téléphone portable.

* * *

La dernière plage du disque passée, Jeff fuma une dernière cigarette.

La musique avait eu sur lui son effet apaisant. Il se sentait vidé et pourrait passer une nuit réparatrice.

Il se releva pour fermer la fenêtre, vida le cendrier et se glissa sous les draps.

* * *

Quelque part, des mains fébriles avaient tapé un message sur un clavier et appuyé sur l'onglet « envoi ».

Le mail, envoyé par *thalamusproject@free.fr*, circula sur les ondes et atterrit dans la boîte aux lettres électronique des destinataires.

Le message était concis mais néanmoins lourd de sens.

# 8

— Ce n'est pas normal, docteur, c'est trop tôt ! Ça ne devait arriver que dans quinze jours, gémissait Hélène, véritablement apeurée.

Le docteur Bliade tentait comme il pouvait de la rassurer : accoucher de jumeaux à presque huit mois de grossesse était tout sauf alarmant.

Laurent, une heure plus tôt, avait embarqué femme et affaires et, essayant de trouver un juste milieu entre vitesse et prudence, avait conduit jusqu'à Hautepierre dans un état quasi second.

À présent, dans la salle de travail, Hélène subissait la douleur des premières contractions sous le visage impuissant de son mari.

Elle avait failli céder à la panique quand on l'avait munie de capteurs, mais le docteur Bliade, de sa voix bienveillante, lui avait expliqué que c'était une procédure on ne peut plus normale destinée à enregistrer les battements du cœur des bébés et à s'assurer que le travail progressait normalement. Elle voulait se tranquilliser mais les contractions lui vrillaient le dos et, pour l'instant, aucun calmant ne lui avait été administré. L'examen du col n'avait relevé une ouverture que de trois centimètres, bien loin encore des dix à atteindre, et il fallait donc prendre son mal en patience. Et supporter l'inconfort de tous ces capteurs électroniques sur son ventre, jusque dans son vagin.

— Chéri, reste avec moi.

— Ne t'inquiète pas, bébé, je ne te lâche pas, répondit-il en tâchant de sourire.

Bénédicte, la sage-femme qui allait assister le docteur Bliade, passa la tête par la porte pour s'assurer que tout allait bien.

— On peut dire ça comme ça, répondit Hélène avec un pauvre sourire.

Placée en simple observatrice, elle aurait trouvé cette salle de travail très impersonnelle : murs blancs, aucune décoration, du personnel qui passait sans un regard pour la future mère que ses entrailles déchiraient.

— Super l'ambiance ici, dit-elle entre deux souffles.

Elle sentait que Laurent avait autant besoin qu'elle d'être tranquillisé, et elle essayait de ne pas montrer sa douleur. Combien de fois avait-elle entendu amies ou collègues raconter qu'elles avaient été infâmes avec leurs époux au moment de leur accouchement. Elle se promit de ne pas se montrer aussi violente, mais peut-être serait-ce différent au moment fatal de l'expulsion.

Les heures passaient.

*Col à quatre centimètres*. Encore trop tôt. On l'avait perfusée à l'ocytocine, et les contractions étaient de moins en moins supportables et de plus en plus rapprochées. Vagues de douleur comme des couteaux. Hélène et Laurent ne se parlaient plus, elle, se concentrant sur sa respiration, lui, se contentant de serrer les dents à chaque fois que le visage de sa femme se crispait. Vrai moment d'union et de partage.

*Col à cinq centimètres.* La péridurale lui avait enfin été administrée et Hélène, le visage rouge et noyé de sueur, savoura ce moment de répit. Laurent lui essuyait le front d'un linge humide. Gestes tendres et réconfortants. Merveilleux sentiment de l'enfantement. Mais la douleur revint anormalement au bout d'une demi-heure. Regards échangés. Diagnostic du docteur Bliade : péridurale mal faite. On rappelle l'anesthésiste.

*Col à six centimètres.* Deuxième péridurale, et deuxième moment de calme. Sur les instances d'Hélène, Laurent est sorti pour prévenir ses beaux-parents. Brefs échanges. On prendra le premier vol en partance de Montpellier. On sera là dès qu'on peut. Il en profite pour prévenir mère et frère. Il revient au chevet de sa femme et reprend sa place de mari impuissant mais solidaire. Bref sourire, mais les douleurs reviennent.

*Col à sept centimètres.* Troisième péridurale et nouvelle perfusion d'ocytocine. Quelque chose se passait mal. Regard noir du docteur Bliade pour l'anesthésiste. Regard interrogatif d'Hélène. Regard perdu de Laurent. Présence rassurante de Bénédicte aux mots et aux gestes apaisants. Sensation d'un séisme interne. Descente des enfants, explique la sage-femme.

*Col à huit centimètres.* Respiration qui s'accélère. Rythme qui se scande. Corps qui se tord. Râles irrépressibles. Laurent souffre avec sa femme. Il veut crier avec elle.

*Col à neuf centimètres.* Oxygénation. Impossibilité à retenir. Violente envie de pousser, d'expulser. Travail de respiration. L'effet de la péridurale s'efface au profit d'une souffrance intolérable. Présence du docteur et de la sage-femme.

— Poussez quand je vous le dis, Hélène.

Hélène se figea.

— Maintenant !

Elle bloqua sa respiration et poussa autant qu'elle put pour extirper ses entrailles.

— Respirez, Hélène.

Laurent communiait avec sa femme.

Il soufflait, accélérait, se crispait, sans la quitter des yeux.

— Arrêtez de pousser, lui dit calmement Bénédicte de sa voix douce.

Hélène se rejeta en arrière, le visage harassé, les traits défaits.

— Poussez quand je vous le dis Hélène.

Hélène se redressa.

— Maintenant !

Dans un effort surhumain, elle chercha au fond d'elle les forces qu'elle n'avait plus, et poussa.

— Laurent, aidez-la, lui dit affectueusement le docteur Bliade.

Laurent ne faisait que ça, dans une véritable osmose avec sa femme.

Dix minutes passèrent.

Un quart d'heure passa.

— Arrêtez de pousser, Hélène. Laissez-le venir. Gardez des forces pour le deuxième, lui dit-elle tendrement.

Hélène était ruisselante, c'était comme si on lui arrachait les tripes à vif.

— Poussez… maintenant !

Hélène n'en pouvait plus.

— C'est bien, Hélène, comme ça, encore.

Elle n'avait même plus la force de pleurer.

— Ça y est, Hélène, je vois une petite tête qui a envie de voir le jour, déclara Bénédicte en souriant à Laurent.

— Vas-y, bébé, je suis là, lui murmura-t-il en soufflant.

— C'est très bien, Hélène, continuez comme ça. Il arrive, encore un petit effort. Poussez !

Mais Hélène croyait mourir.

— C'est ça, il est presque là, Hélène, encore !

Son visage était congestionné.

— Allez, Hélène, continuez !

Hélène suffoquait.

— Encore un effort, Hélène, vous vous en sortez très bien !

Et, subitement, Laurent ne comprit plus.

Les monitorings qui s'affolent.

Les yeux jusque-là apaisants de Bénédicte qui se voilent.

— Docteur ? s'enquit Bénédicte, le visage tourné vers les écrans, mais le ton rassurant avait disparu.

Le visage du docteur Bliade qui se durcit, d'un coup.

Hélène qui ahane, hagarde.

Les yeux de Laurent passèrent fébrilement des écrans à Bénédicte, de Bénédicte au docteur Bliade, du docteur Bliade aux écrans.

— Docteur ? répéta Bénédicte dont l'affolement commençait à poindre, les yeux rivés sur lui.

Hélène qui n'a plus aucune réaction.

Le docteur Bliade qui essuie une goutte de sueur à son front.

Qui finit par se précipiter.

Et Laurent, pris dans un brusque tourbillon : bousculades, mouvements brusques dans la pièce, le mot « urgences » prononcé dans le flou, sonneries de monitoring, bruits de choc.

Le lit et sa femme qui passent sous ses yeux.

Et enfin la voix du docteur Bliade, comme venue d'un autre monde.

Presque irréelle.

— Il y a des complications, Laurent. On emmène Hélène au bloc.

* * *

Debout dans le couloir, Laurent était comme un fauve en cage.

Il avait perdu la notion du temps.

On était venu lui expliquer qu'une césarienne d'urgence devait être pratiquée et qu'on avait administré à Hélène une anesthésie générale. Pourquoi ? Pourquoi ne pouvait-il être présent ? Il l'avait promis à Hélène ! Tout se déroulait pourtant pour le mieux ! Que se passait-il ?

On l'avait rassuré en lui assurant que les bébés n'étaient pas en détresse, mais qu'ils se présentaient mal et que, pour leur bien ainsi que celui de la mère, c'était une procédure à suivre.

Puis on l'avait laissé là, sans autre forme de procès.

Loin d'être calmé, il ne tenait pas en place et demandait des nouvelles dès qu'un membre du personnel passait.

— Laurent, que se passe-t-il ?

Son frère qu'il venait de prévenir, seule bouée à laquelle il pouvait s'accrocher, accourait vers lui et Laurent, dans un brusque besoin de réconfort, l'étreignit avec force.

— Je ne sais pas, Jeff. Tout se passait bien mais il y a eu des complications. Hélène est au bloc, totalement endormie. Qu'est-ce que cela signifie, Jeff, qu'est-ce que cela signifie ? demanda-t-il en implorant son frère des yeux.

Jeff lui répondit qu'il n'y avait pas forcément lieu de s'inquiéter et tenta de calmer son frère comme il pouvait.

Les deux hommes s'assirent et restèrent là, silencieux mais ensemble, deux frères qui se soutiennent.

Les minutes passaient, longues, cruelles, sans qu'on juge bon de tenir le père au courant. Laurent se levait, s'asseyait, martelait le sol d'un talon nerveux, se relevait, se rasseyait, sous les yeux toujours impassibles de son aîné.

Au bout d'un moment, Jeff se leva.

— Je vais fumer une clope, dit-il après avoir posé une main réconfortante sur le bras de son frère. Ça va ?

Laurent acquiesça vaguement.

— Tu es sûr ?

Laurent parvint à hocher la tête en guise de réponse.

Il suivit son frère des yeux.

Son frère, qui était là, pour le soutenir et partager ce moment avec lui dans un bien trop rare moment de fraternité.

Il parvint à sourire faiblement.

Il était trop jeune pour bien se rappeler la mort de leur père, mais en regardant l'homme qui s'éloignait dans le couloir, il se souvint qu'à ce moment aussi son frère avait eu une présence chaleureuse.

— Ça veut dire quoi « mort », Jeff ? avait-il demandé du haut de ses presque deux ans.

Jeff avait passé un bras autour des épaules de son frère, comme pour le protéger alors que lui-même n'avait que quatre ans.

— Ça veut dire qu'il est parti et qu'il est au ciel.

La scène se passait dans la cuisine, et Laurent se souvenait que sa mère faisait la vaisselle. À cet instant, elle s'était retournée vers ses deux fils.

— Jeffrey, n'apprends pas ce genre d'âneries à ton frère, avait-elle dit de sa voix froide. Laurent, « mort » ça veut dire que tu ne reverras plus ton père. Plus jamais.

Jeffrey s'était mis à pleurer et leur mère avait repris sa vaisselle.

Laurent soupira et reprit son attente fiévreuse dans le couloir de l'hôpital.

* * *

Jeffrey expirait sa dernière bouffée sur le perron de l'hôpital.

Il pleuvait à torrents, et le fond de l'air était frais en cette fin de printemps.

Il frissonna et allait écraser son mégot dans l'énorme cendrier en béton quand des phares l'éblouirent. Il vit à travers les gouttes une Mini Austin qui se garait sur le parking presque vide à cette heure.

Et merde, se dit-il en voyant le véhicule.

Une silhouette familière en sortit et se mit à courir en tentant de se protéger de la pluie. Elle repéra Jeffrey, et se dirigea vers lui d'un pas décidé, l'empêchant de toute tentative d'esquive.

Elle s'arrêta à deux mètres de lui, répugnant comme toujours à un contact plus intime.

— Bonjour, fils.

— Maman, se contenta-t-il de répondre.

Mère et fils se jaugèrent quelques secondes sans autre forme de politesse.

— Laurent m'a prévenue qu'Hélène était en pleines contractions, articula-t-elle en ne quittant pas son fils des yeux. Je suis venue aussi vite que j'ai pu.

Jeff eut un sourire narquois.

Difficile de la croire quand on voyait son brushing d'où aucun cheveu ne dépassait, son fond de teint méticuleusement étalé, et le pli de son pantalon qui aurait fait la joie d'un militaire.

Il lui expliqua rapidement la situation, puis tous deux entrèrent : lui, redoutant une attente prolongée aux côtés de sa mère ; elle, se disant que décidément les femmes d'aujourd'hui faisaient bien des simagrées quand elles accouchaient.

Quelqu'un qui les aurait vus monter les escaliers côte à côte n'aurait jamais pu envisager que c'était une mère avec son fils.

Ils trouvèrent Laurent adossé au mur, les yeux dans le vide, fixant un point invisible sur le linoléum.

Rose salua son cadet en enlevant son imper griffé qui ruisselait.

Jeff cherchait une excuse pour ne pas avoir à subir la présence envahissante de sa mère.

— Du nouveau, Laurent ? demanda-t-il.

— Non, rien.

— Je vais voir si je peux parvenir à savoir quelque chose.

— Oui, merci, Jeff.

Jeffrey s'éloigna, soulagé de mettre un minimum de distance vitale entre sa mère et lui, et compatissant pour son frère d'avoir à supporter cette tuile en plus.

Les minutes continuèrent à s'égrener, inexorablement.

Laurent et sa mère étaient assis, et aucun des deux ne souhaitait briser le silence.

Certes, il était surprenant que Rose se soit déplacée en pleine nuit pour un événement qu'elle jugeait on ne peut plus basique. Expulser deux produits n'était tout de même pas la mer à boire ! Si elle l'avait fait sans sourciller, d'autres qu'elle pouvait y parvenir sans faire autant de complications ! Mais, d'un autre côté, elle trouvait ça savoureux de dire plus tard à ses « amies » – elle ne trouvait pas d'autres termes pour les qualifier – qu'elle avait été là pour l'accouchement de sa bru. « Oh, Rose, vous êtes admirable », entendait-elle déjà. « Rose, vous êtes merveilleuse. » Ça leur en mettrait plein la vue à ses snobinardes guindées qui passaient tous leurs dimanches à cancaner et médire sur d'autres snobinardes tout aussi guindées !

Elle sourit à cette pensée en lissant les mèches impeccables de son brushing.

Elle jeta un œil à Laurent à côté d'elle.

— Fils, ne te mets pas dans de tels états !

— Je n'en peux plus d'être là, sans aucune nouvelle, maman.

— Pas de nouvelles, bonnes nouvelles, répondit-elle négligemment. Inutile de se mettre martel en tête !

— Peut-être, maman.

Elle haussa les épaules.

— Que veux-tu qu'il arrive ? On n'est plus à la préhistoire ! Vous m'avez assez vanté les bienfaits des nouvelles technologies ! lâcha-t-elle non sans une once d'ironie.

— Je sais bien, mais…

— Mon Dieu, ton pauvre père avait autre chose à faire quand moi-même j'étais les quatre fers en l'air en train de souffler comme une vache !

— Ce n'est pas pareil, maman, conclut-il car il n'avait pas envie d'entamer de discussion avec sa mère.

Elle se tut, pianotant nerveusement sur son sac à main de marque.

— Tu veux que j'aille te chercher un café ? demanda-t-elle au bout d'un moment.

— Oui, si tu veux, merci.

— Tu me donnes de la monnaie ?

C'était elle qui avait besoin d'un café, et surtout besoin de bouger et de se dégourdir les jambes, répugnant à se voir assise là comme une vulgaire malheureuse attendant son tour au rayon charcuterie. Comme c'est sordide, se dit-elle en pressant sur les boutons du distributeur qui se trouvait au bout du couloir. Tout ce cinéma pour bientôt entendre un classique et stupide « Félicitations au papa ! » de la bouche mièvre d'une infirmière aux anges !

Elle soupira en hochant la tête, prit les deux cafés fumants et retourna auprès de son fils.

Laurent s'emparait du gobelet que lui tendait sa mère, quand les portes battantes claquèrent à l'autre bout du couloir.

Laurent leva des yeux remplis d'espoir.

C'était Bénédicte.

Oubliant mère et café, il se précipita vers elle.

— Que se passe-t-il ? demanda-t-il avec angoisse.

Bénédicte posa sur son bras une main qu'elle voulait apaisante mais la pression de ses doigts était trop forte.

— Dites-moi comment elle va.

La sage-femme ne répondait pas et semblait éviter son regard.

— Dites-moi comment elle va ! répéta Laurent en s'empêchant de crier.

— Laurent, asseyez-vous.

Il ne bougea pas.

Bénédicte n'insista pas mais la pression de ses doigts ne se relâchait pas, elle le savait.

— Que s'est-il…

— Laurent, la coupa-t-elle, le bébé et la maman vont bien.

Il ne comprit pas tout de suite.

Il posa sur la sage-femme des yeux ronds.

Quelque chose ne collait pas.

Quelque chose dans la phrase qui sonnait mal.

Il secoua la tête et regarda sa mère qui avait porté la main à sa bouche, les yeux fixés sur la femme en blouse.

Elle avait compris.

Que ne parvenait-il pas à assimiler ?

Il tourna un visage hébété vers la sage-femme.
— *Le* bébé ? réussit-il enfin à articuler.
— Laurent, on n'a rien pu faire, asséna-t-elle.
Elle baissa les yeux.
— Je suis désolée. Un des jumeaux n'a pas survécu.

# 9

Le paysage est splendide.

Le ciel est d'un bleu éblouissant, presque divin.

Seuls quelques nuages cotonneux qui cheminent comme de l'écume le dissimulent par endroits.

L'air est pur comme de l'eau, doux comme une caresse.

Hélène marche dans une prairie verdoyante, au bord d'un lac scintillant comme un cristal. Ses pieds nus froissent l'herbe comme on froisse une feuille de papier, et le contact de la rosée est rafraîchissant comme une gorgée de sirop d'orgeat.

Elle s'avance au bord de l'eau.

Sur la surface liquide, une barque est bercée doucement par le clapotis qui chante comme une berceuse. Hélène veut atteindre l'autre rive, bordée d'arbres fruitiers gorgés de fruits colorés. Dans le ciel, des albatros suivent l'embarcation, agitant mollement leurs ailes comme des voiles blanches. *Comme des avirons…*

Hélène pense aux vers baudelairiens. « *Vastes oiseaux des mers. Indolents compagnons de voyage. Rois de l'azur.* »

Elle se sent bien.

La barque avance, presque tendrement
Et…

Hélène papillota, gémit, et essaya difficilement d'ouvrir les yeux.

Elle émergea doucement de son sommeil anesthésique et revint petit à petit à la réalité. Elle avait la bouche pâteuse et ne savait où elle se trouvait.

Autour d'elle, des cloisons blanches, une tablette, des rideaux crème.

Elle ne ressentait rien, si ce n'était une douleur sourde au ventre.

Elle ouvrit totalement les yeux et se réveilla complètement. Elle avait soif.

* * *

Il était là, devant lui, abrité dans son cocon de verre, les yeux clos et les poings serrés. À travers la paroi de la vitre du service de néonatalité, Laurent ne parvenait à détacher ses yeux de ce petit être chétif qui venait de naître.

Son fils.

Son fils à lui.

Il détaillait ses petites mains, ses pieds, son visage, sa bouche, ses fines oreilles, sa peau presque translucide, et il nageait entre joie, ahurissement, et douleur. Joie d'éprouver cette sensation nouvelle au creux de l'estomac, cet amour fou que déjà il déversait sur la petite forme allongée ; ahurissement devant les mystères de la vie humaine qui parvenait à créer de petits hommes miniatures parfaits ; douleur de penser qu'ils auraient dû être deux, là, côte à côte, deux petits êtres identiques, deux frères qui auraient dû être inséparables.

La main posée sur la vitre, Laurent voulait communiquer tout cela à son fils, se fondre en lui, faire un avec son enfant comme son enfant avait fait un avec sa mère pendant neuf mois. Il fit une promesse silencieuse et presque ésotérique à ce petit être : celle de l'aimer, de l'aimer doublement en souvenir de ce fils qu'il avait perdu sans le connaître, qui s'était noyé avant même de nager dans la vie. Oui, il l'aimerait doublement pour lui faire oublier ce frère avec qui il avait sommeillé pendant neuf mois et qui maintenant l'avait abandonné.

Oui, il l'aimerait doublement pour combler un manque que lui-même éprouvait et que le petit homme allongé là-bas devait lui aussi ressentir.

Il souriait tendrement quand une infirmière vint le tirer de sa béatitude.

— Monsieur Dalgrand, votre femme vient de se réveiller. Vous pouvez aller la voir.

Il hocha doucement la tête, lança un dernier regard attendri à son enfant pour se donner du courage, et se dirigea vers les escaliers.

* * *

Jeffrey venait de passer une nuit blanche, et passer des nuits blanches était une des choses qu'il détestait par-dessus tout.

Il n'aimait pas cet état vaguement nauséeux qui annihilait l'acuité et la réflexion lucide dont il avait besoin dans son métier. Car, dans la vie privée comme la vie professionnelle, perdre le contrôle était pour lui le pire qui pouvait arriver. Déjà quelques années plus tôt, les soirs où ses camarades étudiants se lançaient dans des virées qui duraient jusqu'au lendemain, il préférait travailler ses cours et passer une nuit réparatrice. Et passer nuit blanche sur nuit blanche à la veille d'examens, à s'abrutir de café pour tenir le coup et rattraper le retard dans les révisions, merci, très peu pour lui. Pensées claires, réflexes, capacité à réagir, voilà ce qu'il considérait comme les qualités premières ! Les mots « superficialité » et « approximation » ne faisaient pas partie du vocabulaire du professeur Dalgrand.

Il passa sous la douche, se dispensa de l'étape rasage, gomina ses cheveux de jais, déplora les cernes gonflés qui cerclaient ses yeux, et enfila un costume. Dehors, la pluie n'avait pas cessé de la nuit et le soleil printanier faisait rayonner flaques, pare-brise et vitrines. Peu sensible au côté esthétique de la chose, il s'engouffra dans sa 206 rouge. La radio déversait son flot de chimères habituelles : scandales financiers, combats politiques, noces aristocratiques, le tout conclu en beauté par l'éternel point-météo et le soporifique bulletin de la bourse. Agacé par tant de platitudes, il inséra un compact-disc dans le lecteur et se fraya un chemin dans les embouteillages matinaux.

Les sons arythmiques de Portishead l'accompagnèrent jusqu'à Hautepierre pendant sa dernière demi-heure de liberté de la journée. À peine arrivé, il serait pris par son lot quotidien, à savoir un tourbillon de dossiers, de rendez-vous, de patients, et de visites.

Arrivé au huitième étage, il salua le personnel de son service et pénétra dans son cabinet.

* * *

Laurent entra dans la chambre après avoir discrètement frappé.

Il essaya de ne pas montrer l'impression qu'eut sur lui la vision de sa femme, perfusée, sondée, aussi blanche que les draps dans lesquels elle semblait flotter.

— Ma chérie, tu es réveillée, lui dit-il en l'embrassant sur le front. Comment te sens-tu ?

Hélène ignora la question.

— Laurent, comment vont les bébés ? demanda-t-elle et on sentait dans sa voix qu'il n'était pas le premier à qui elle posait la question. On ne me les a même pas encore laissé voir et je ne demande que ça depuis mon réveil.

— Ma chérie, tu dois être encore trop faible.

Il retardait le moment fatidique où il ne pourrait plus esquiver.

— Trop faible ? s'énerva-t-elle. J'en ai bavé toute la nuit, j'ai souffert à en crever, alors j'estime avoir le droit de voir mes fils !

— Hélène, calme-toi. Tu as subi une anesthésie, tu dois te reposer.

— Mais je ne veux pas me reposer. Une mère a quand même le droit de voir ceux qu'elle a mis au monde !

— Ma chérie…

— Si tu ne fais rien, je te préviens que, même si je n'en ai pas la force, je me lève, je trouve une infirmière, ou un médecin, ou le directeur de ce foutu hôpital, ou qui que ce soit, et je me charge de lui faire comprendre qu'il a intérêt à m'amener mes enfants sur-le-champ !

Laurent savait que parlementer avec son épouse quand elle s'était mis quelque chose en tête était inutile et ne ferait qu'attiser sa détermination.

— Chérie, il faut que je te dise quelque chose de…

— Laurent, ça attendra, pour l'instant, amène-moi mes bébés !

Il se lança comme on jette une bouteille à la mer.

— Hélène, un seul des jumeaux a survécu.

Hélène lui lança un regard noir et c'est tout juste si elle ne pouffa pas.

— Chéri, ne fais pas l'imbécile, s'il te plaît.

— Hélène, écoute-moi.

— Quoi ?

— Un des jumeaux est mort, dit-il dans un souffle.

La lueur noire de ses yeux avait disparu et un tremblement nerveux était apparu sur sa joue.

— Laurent, arrête !

Il n'osait plus regarder sa femme, effondrée par la douleur qu'il lui infligeait et que lui-même avait supportée plus tôt.

Il se força à la regarder et à capter son regard.

— Hélène, un des bébés est mort, répéta-t-il.

Le tremblement avait gagné presque tout le visage de sa femme.

— Arrête, Laurent, mais elle savait qu'elle avait bien compris. Arrête ! cria-t-elle.

— Chérie, il n'a pas…

— ARRÊTE !!

Elle hurla.

Elle s'agrippa au col de Laurent comme on s'accroche à une branche pour ne pas couler.

— Arrête ! Pourquoi tu dis ça ! Pourquoi ??

— Hélène, calme-toi !

— Pourquoi tu dis ça ! Pourquoi ? scanda-t-elle en secouant son mari avec le peu de forces qu'il lui restait. POURQUOI ?

— Hélène, je t'en prie.

Elle ne l'écoutait même plus.

— Non ! Non !

— Hélène, bordel, cria-t-il à son tour en saisissant les poignets de sa femme. Ressaisis-toi ! Un des jumeaux est mort ! Tu entends ! Mort !

— Non !!! hurla-t-elle en frappant le torse de Laurent de ses poings. Non !! Tu n'as pas le droit de dire ça ! NON !

Laurent regardait sa femme, les yeux exorbités, les larmes ruisselant sur ses joues blafardes, le frappant avec la folle énergie du désespoir.

— Non, pleura-t-elle. Non !!

Mais la cruelle réalité avait fait son chemin, s'était immiscée en elle comme un serpent sournois et l'avait frappée de plein fouet, brisant toutes les défenses. Elle continuait cependant à la refuser, à l'éloigner d'elle comme un démon.

— Laurent, non !

Mais elle ne croyait plus à ce qu'elle disait, elle savait qu'elle se mentait à elle-même.

Elle enfouit son visage hébété dans les bras de son mari tout en continuant à nier, mais la violence avait laissé place à l'abattement, les sanglots avaient remplacé les coups. Laurent lui caressait les cheveux, tentant d'oublier ses propres pleurs, sa propre douleur.

Il n'y avait plus place que pour le silence.

Il fallait laisser le serpent glisser et capturer sa proie, s'y abandonner et apprendre à vivre avec son venin en soi. Laisser la vie reprendre ses droits, comme toujours, et accepter ce qu'elle daignait nous offrir en contrepartie.

Hélène allait prendre le même cheminement que lui-même avait suivi quelques heures plus tôt. Bientôt, elle comprendrait qu'un des jumeaux était vivant, qu'il avait besoin d'elle, et elle allait l'aimer plus que tout. Laurent le savait.

Ils restèrent là, tous deux unis par le chagrin et la douleur, les minutes n'ayant plus de valeur.

* * *

Jeff fut interrompu par des coups frappés à la porte de son cabinet.

— Entrez !

Il espérait que ce n'était pas un importun du genre une infirmière se plaignant d'un problème de garde, un confrère venant taper la discut' ou encore un de ces insupportables représentants médicaux.

Il fut soulagé en voyant le visage de Jeanne Erard.

— Ah, Jeanne, c'est vous. Ça va ? s'enquit-il.

Jeanne lui jeta un regard entendu.

— Oui, professeur Dalgrand, tout va bien.

Elle déposa sur son bureau des papiers qui nécessitaient le paraphe du professeur et ressortit aussi vite qu'elle était apparue sous le regard amical de Jeffrey.

Jeanne… Heureusement qu'il l'avait !

La conscience professionnelle et l'ambition de son infirmière lui avaient toujours plu, lui qui plaçait ces qualités au rang des plus grandes vertus. Et c'est pourquoi il lui arrivait de lui confier des missions qui outrepassaient parfois ses attributions, mais elle s'exécutait toujours, d'une fidélité sans faille.

Il regarda l'heure, constata qu'il était bientôt 13 heures et réalisa qu'il n'avait toujours pas déjeuné. Il se proposa de s'octroyer une pause d'une demi-heure. Il grignoterait vite fait un sandwich accompagné d'un café et ainsi ne perdrait pas inutilement un temps dont il avait besoin.

Dehors, il constata que le soleil avait chassé la pluie et se dirigea vers le parc de l'hôpital, mais avant de se sustenter de son frugal repas, il décida de téléphoner à son frère pour prendre des nouvelles d'Hélène et du petit.

— Oui, ça y est, Jeff. Je lui ai appris pour… enfin… je lui ai dit, quoi. Ça a été dur pour elle, mais elle a surmonté le choc, tu la connais.

— Elle a vu le bébé ?

— Oui, elle est avec lui en ce moment même. On le lui a exceptionnellement amené compte tenu des circonstances. Et ses parents ne devraient pas tarder à arriver.

— Déjà ?

— Oui, ils ont pris le premier avion et ils arrivent en taxi de l'aéroport.

— Très bien, Laurent.

— Je viens juste de les appeler, rajouta Laurent d'une voix un peu éteinte, pour eux aussi les prévenir que… Qu'ils n'auraient qu'un petit-fils, quoi. Que ce soit moins dur pour eux quand ils seront ici, tu comprends.

— Oui, tu as bien fait. La vue de leur petit-fils les aidera certainement à surmonter le choc.

— Oui, je pense.

— Je tâcherai de passer dans la journée, Laurent. Je suis juste à côté, mais j'ai une journée de fou aujourd'hui et…

— Ne t'inquiète pas, Jeff, on comprend. Et puis, de toute façon, on a restreint les visites, pour Hélène, elle est encore trop faible. Mais tu es bien sûr le bienvenu. Fais comme tu peux.

— J'essayerai. Et toi, ça va tu tiens le coup ?

— Oui, ça va bien.

— Essaye de ne pas trop penser à l'opération pour l'instant, et profite de ton bébé. Hélène aussi a besoin de toi.

— Pas de souci, Jeff, ne t'inquiète pas.

— OK, Laurent, à plus tard.

— Salut, Jeff.

* * *

Marthe et Louis se montrèrent adorables de réconfort et de retenue.

Sitôt arrivés, ils embrassèrent leur fille en évitant les fatals épanchements de larmes et s'extasièrent sur leur petit-fils lové dans la couveuse transparente dont il ne pouvait pour l'instant pas sortir, encore trop chétif. Marthe cherchait déjà des ressemblances, et bien sûr, était contredite gentiment par son mari.

En regardant le petit bracelet bleu de naissance, Marthe réalisa qu'au milieu de tous ces événements le choix du prénom n'avait même pas été abordé dans les conversations, d'autant que les parents avaient tenu à le garder secret jusqu'au dernier moment.

— *Benjamin* ! Comme c'est mignon ! Regarde, Louis !

— Oui, chérie, j'ai vu, merci ! Je sais encore lire !

— Louis, enfin ! le réprimanda Marthe.

Les yeux pleins d'étoiles, elle se tourna vers sa fille et son gendre.

— Je souhaite la bienvenue à notre petit Benjamin, déclara-t-elle.

— Merci, maman, dit Hélène en souriant.

Aucun des deux grands-parents n'eut la morbide idée de demander quel prénom avait été choisi pour le petit jumeau disparu, et personne n'aborderait jamais le sujet. Pour l'heure, c'était un tableau familial émouvant, ces deux grands-parents devenus gâteux devant ce petit être, sous les yeux fatigués de leur fille et le visage souriant de leur gendre.

C'était sans compter l'arrivée en fanfare de Rose Dalgrand.

Après avoir été aux côtés de son fils une partie de la nuit, celui-ci l'avait enjointe d'aller se reposer. Elle ne s'était pas fait prier, non sans avoir au préalable assuré son fils qu'elle le soutenait dans cette épreuve. Il avait été ému d'enfin constater à trente-six ans un semblant d'amour maternel chez sa mère. Sa mine fatiguée par cette dure nuit et ses traits tirés avaient achevé de le persuader qu'il y avait bien un cœur dans la poitrine de sa mère.

Mais là, c'est une Rose reposée, pomponnée et en très grande forme qui fit son entrée dans la chambre.

— Seigneur, je ne m'habituerai jamais à ces transports en commun ! Les gens sont d'une stupidité ! fut sa formule de politesse à la famille réunie autour du lit d'Hélène.

— Bonjour, Rose, parvint à sourire Hélène.

— Oui, bonjour, Hélène ! Seigneur, mais vous avez une mine épouvantable ! Marthe, Louis…

— Bonjour, Rose, répondirent en cœur M. et Mme Boumer.

— Tu t'es bien reposée, maman ?

— Ma foi, comme j'ai pu, fils ! Après cette nuit interminable, j'ai eu bien du mal à fermer l'œil, crois-moi !

La délicatesse toujours fort à-propos de Rose rassura Laurent : oui, sa mère était bien reposée !

— Tu veux voir ton petit-fils, maman ?

Ne sachant trop quelle attitude adopter – on ne devenait pas grand-mère comme ça, merci bien ! –, elle resta plantée là, vaguement consciente qu'elle allait se montrer ridicule si elle ne faisait rien.

Heureusement, Laurent vola au secours de sa mère. Il lui fit signe de s'approcher de la couveuse.

Rose se pencha au-dessus de son petit-fils, le visage comme d'habitude impénétrable.

— Je te présente Benjamin, maman.

Rose faillit se relever.

*Benjamin* ? Benjamin ! Quelle idée ! Appeler Benjamin un enfant qui venait de perdre son frère ! Décidément, les parents modernes n'avaient pas les idées en place.

Elle fit mine de rien, et observa son petit-fils sans rien dire.

— Comment se porte-t-il, ma chérie ? demanda Marthe à sa fille.

— Pour le mieux, maman. Le pédiatre lui a déjà fait passer toute une série d'examens, et tout est normal. Il doit rester pour l'instant dans sa couveuse, le temps de prendre quelques grammes et quelques centimètres. Mais tout va bien.

— Tant mieux, ma puce, répondit Marthe en prenant la main de sa fille.

— Il y aura encore d'autres tests avant qu'il puisse rentrer à la maison, mais on m'a assuré qu'il n'y en aurait pas pour très longtemps

— C'est bien, ma chérie, répondit tendrement Marthe. On est avec toi, tu le sais, avec vous, ajouta-t-elle en se tournant vers Laurent.

— Merci, Marthe, c'est gentil.

— Ne t'inquiète pas, maman. Laurent et moi faisons face.

Elle décida de briser le non-dit pour ne pas qu'un tabou définitif ne s'installe entre eux tous.

— On a un petit à aimer et à chérir. On devait en avoir deux, mais on n'en a finalement qu'un. C'est comme ça, maman, c'est cruel, injuste ou tout ce qu'on voudra, mais c'est la vie qui l'a voulu ainsi. Maintenant Benjamin est là, et bien là. Et il n'est pas question de se morfondre et de le priver de l'amour entier auquel il a droit.

Elle se tourna vers Laurent.

— Même si on aura toujours une pensée pour son frère.

Comme pour confirmer ses dires, elle posa les yeux sur un autre petit bracelet de naissance bleu posé sur la table de chevet à côté d'elle. Celui qui avait été prévu pour le jumeau, et qu'Hélène avait tenu à récupérer.

L'instinct maternel de Marthe lui indiqua que sa fille était prête à craquer, aussi tapota-t-elle énergiquement la main d'Hélène.

— On va le chouchouter notre petit Benjamin, et je te préviens qu'il va être pourri gâté ! dit-elle en riant. N'est-ce pas Louis ?

— Bien sûr, Marthe, quelle question ! C'est notre petit roi maintenant.

Hélène et Laurent se regardèrent.

Ils ne dirent mot mais savaient que maintenant que le tabou était tombé, ils pourraient aller de l'avant.

On frappa quelques coups à la porte.

Ce devait être Françoise qui avait promis de passer si Hélène n'était pas trop fatiguée. Et c'était elle, en effet, qui arrivait, la mine radieuse et les bras chargés de cadeaux pour le bébé : layettes, ensembles apprêtés, chaussons… Elle avait dévalisé les boutiques les plus chères dans la matinée.

Hélène sourit en imaginant son amie dans les boutiques pour enfants à se demander comment fonctionnait une grenouillère !

Elle aussi fut en tout cas exemplaire et son excentricité fut un bol d'air pour tout le monde… Sauf pour Rose, bien sûr !

Celle-ci fulminait. Tous ces cadeaux ! C'était de la dernière indécence ! C'était d'un déplacé ! Vraiment ! De l'argent foutu par les fenêtres, voilà ce que c'était ! Tout ça pour épater la galerie ! Mais quelle grue !

Françoise s'était installée de toute sa longueur dans le dernier siège libre, sous les yeux assassins de Rose qui, elle, se tenait debout dans l'encadrement de la fenêtre.

Ben voyons ! Vas-y, te gêne pas surtout ! Et le privilège de l'âge, tu connais ?

Il fallait lui rabattre son caquet à cette oie d'élevage.

— Seigneur, ces embouteillages m'ont vraiment épuisée. Et la chaleur dans cette chambre ! Il faut absolument que je m'asseye ou je fais un malaise, déclara-t-elle en transperçant Françoise d'un regard genre casse-toi-de-là-morue.

— Oh, vous avez raison, Rose, cette circulation est impossible, se contenta de répondre Françoise en s'enfonçant dans le fauteuil et en croisant nonchalamment les jambes.

Hélène, sentant une guerre mondiale approcher dans la chambre, se redressa un peu malgré sa fatigue.

— Françoise, on aimerait te proposer quelque chose avec Laurent.

Elle tourna les yeux vers son mari qui se trouvait assis au bord du lit et qui hocha la tête en signe d'assentiment.

— On en a parlé dès qu'on a su que j'étais enceinte. Ce n'est peut-être pas le moment indiqué pour parler de ça mais ça nous réconforte d'envisager les choses et de ne pas... disons... nous morfondre.

— Oui ? demanda Françoise qui ne comprenait pas tout.

Rose, elle, comprenait très bien. Elle sentait le coup venir et déjà elle bouillait intérieurement.

— Voilà, on aimerait que tu acceptes d'être la marraine de Benjamin.

Rose en aurait bouffé son sac à main Gucci ! Elle darda des rayons laser supersoniques sur la créature assise devant elle.

— Mon Dieu, mes chéris ! Mais oui, oui, oui ! Bien sûr que j'accepte ! Quelle question !

La joie se lisait dans ses yeux et elle embrassa Hélène et Laurent avant de se pencher au-dessus de Benjamin.

— Mon p'tit chouchou ! T'entends ça ! Mais ils sont fous tes parents de te donner une marraine comme moi ! dit-elle en pouffant.

Ça, tu peux le dire ! ponctua intérieurement une Rose cramoisie de rage.

Une heure après, tout le monde prit congé pour ménager une Hélène qui ne disait plus mot et dont les traits trahissaient l'immense fatigue.

Laurent resta encore un peu avec sa femme et son fils.

Et savoura ces précieux instants de bonheur.

# 10

Jeffrey était en retard.

Il avait promis de passer dans l'après-midi pour récupérer le dossier médical qui lui était nécessaire pour l'opération.

Pour leur permettre de prendre leurs marques avec Benjamin et profiter de lui, il avait laissé Laurent et Hélène loin de ces considérations médicales pendant quinze jours, si ce n'était les entretiens de son frère avec l'anesthésiste et le traitement qu'il devait continuer à prendre.

Mais maintenant, l'opération était dans une semaine et il fallait s'en occuper pour pouvoir la préparer au mieux. Laurent et Hélène en étaient bien conscients et les derniers événements qui avaient perturbé leur vie ne le leur avaient bien sûr pas fait oublier.

Ce premier jour de juin sentait bon l'été et on avait définitivement relégué les habits d'hiver au fond du placard. Il flottait un air d'allégresse dans les rues et les gens semblaient comme revivre avec les beaux jours et ce soleil qui commençait à briller depuis sans discontinuer.

Jeff se gara et fit le reste du chemin à pied, non pour goûter à cette ambiance estivale, mais parce que la Petite France était essentiellement piétonne. Les ruelles étaient déjà envahies par les flâneurs, et les boutiques des commerçants débordaient sur les pavés, étalant présentoirs à cartes postales et rayonnages d'objets souvenirs traditionnels régionaux.

Jeff slaloma entre les touristes qui photographiaient les maisons alsaciennes aux colombages si typiques, les préados acnéiques qui bizarrement se déplaçaient toujours en groupes, et les couples qui faisaient le forcing pour passer avec leurs landaus.

Il prit à gauche et déboucha sur la terrasse bondée du prétendument branché *Golden Gate* : blondes peroxydées tous seins dehors, ados niaiseux affublés de casquettes savamment disposées sur leurs crânes rasés, trentenaires bronzés exhibant lunettes de soleil de marque, tout cela palabrait avec la discrétion et le raffinement de gallinacées sous acide. Au passage, Jeff remarqua quand même quelques beaux spécimens mâles dont les tee-shirts moulants et les pantacourts laissaient entrevoir de quoi se sustenter agréablement.

Il continua sa route, tourna à droite au coin, et longea sur quelques mètres la rive de l'Ill.

Une masse compacte était agglutinée aux balustrades, épiant le passage du premier bateau-mouche qui ferait s'activer le mécanisme de la vieille écluse. Strasbourg se transformait en capitale touristique et allait, comme toujours pendant les deux mois d'été, être prise d'assaut. Les stéréotypes non fondés que beaucoup avaient sur la ville et la région – climat sibérien, froideur des autochtones, parti d'extrême droite puissant – n'effrayaient pas les milliers de touristes qui revenaient ravis de leurs vacances et gardaient le souvenir d'une région authentique et chaleureuse, à mille lieues de la superficialité et de la frivolité méridionales.

Jeff laissa derrière lui la petite place ombragée par un immense chêne, prit l'impasse à gauche et sonna à la porte de son frère.

— Salut, Jeff, lui dit celui-ci en lui donnant une tape sur l'épaule.

— Laurent, répondit simplement Jeffrey.

Son cadet avait la mine fraîche et reposée d'un homme qui vient de devenir père et qui s'adonne avec plaisir au manque de sommeil, aux réveils nocturnes brutaux et aux autres joies paternelles.

Jeff sourit.

— Comment ça va ?

— Bien, Jeff, un peu fatigué, mais ça va.

— Il faut te reposer, tu le sais.

— Ne t'inquiète pas.

Hélène était dans le canapé, en train de donner le sein à son fils.

En femme moderne qui fait passer le bien de son enfant avant la pudeur, elle continua son activité nourricière tout en accueillant son beau-frère d'un large sourire. Son visage avait retrouvé de l'énergie, même si ses traits laissaient encore deviner de la fatigue.

— Bonjour, Jeff.

— Hélène, la salua-t-il. J'espère que je ne dérange pas.

— Pas du tout, mais comme tu vois, le petit est affamé, dit-elle en riant.

Jeff sourit en posant les yeux sur son neveu.

Il n'avait jamais trop su comment réagir avec les enfants, et se serait récrié si on lui avait affirmé qu'il avait là un point commun avec sa mère.

— Laurent t'a tout préparé, rajouta-t-elle.

— Très bien.

On s'affairait dans la cuisine et Jeffrey pensa que c'était Marthe et Louis qu'il savait devoir rester quelque temps chez leur fille pour la seconder mais surtout pour profiter de leur unique petit-fils.

Il vit alors Rose entrer dans la pièce portant un plateau sur lequel elle avait disposé une théière et des tasses. Voir sa mère en hôtesse dévouée ne le surprit pas outre mesure, habitué qu'il était au comportement toujours hors normes et imprévisible de sa génitrice.

— Bonjour, fils.

— Bonjour, maman.

Elle déposa le plateau sur la table de salon, pendant qu'Hélène refermait son chemisier et montait à l'étage avec Benjamin.

— Tu as l'air fatigué, fils, nota Rose qui avait toujours une remarque agréable à faire.

— Beaucoup de travail en ce moment, répondit Jeff.

— Je n'en doute pas, ajouta-t-elle.

Elle allait embrayer sur un sempiternel « et les amours ? » mais étonnamment se ravisa, jugeant peut-être que ce n'était pas le moment ou alors voulant exceptionnellement se la jouer mère modèle.

Dans un cas comme dans l'autre, on pouvait presque crier au miracle.

Hélène revint, un babyphone à la main, et s'installa.

— Voilà, une petite trêve avant la prochaine tétée, dit-elle en s'asseyant.

— Hélène, intervint sa belle-mère, je ne comprends vraiment pas cette obsession de l'allaitement. Je n'ai allaité ni Jeffrey, ni Laurent, et ils ne s'en portent pas plus mal !

Jeffrey faillit lui rétorquer que la remarque était mal venue, compte tenu du fait que son fils cadet allait se faire opérer d'une tumeur dans une semaine et que son fils aîné était incapable de se fixer affectivement. Il ne dit pourtant mot, se contentant de jeter à sa mère un regard las.

Vraiment, jamais il ne la comprendrait.

— Tes parents ne sont pas là, Hélène ? demanda-t-il pour changer de sujet.

— Non, ils se sont octroyés une après-midi en amoureux. J'ai bien cru qu'ils allaient embarquer Benjamin avec eux, tant ils sont sur lui du matin au soir, répondit-elle en plaisantant. Mais ils sont tellement heureux ! Alors ils en profitent autant qu'ils peuvent avant de redescendre dans le Sud.

— C'est normal.

— Tout de même, se permit une Rose subitement métamorphosée en pédopsychiatre de Prisunic, il n'est pas bon que les grands-parents interfèrent ainsi dans les relations parents-enfants. Ne le prenez pas mal, Hélène, mais j'en ai déjà parlé à Laurent et…

— Maman, la coupa celui-ci. Laisse donc Marthe et Louis tranquilles. S'ils veulent gâter Benjamin, je ne vois pas en quoi cela te pose problème.

Il n'y avait aucune animosité dans le ton, mais au contraire une certaine bienveillance dont Laurent faisait souvent preuve avec sa mère. Celle-ci ne s'en offusqua pas moins et jeta un regard noir à Jeffrey qui n'était pourtant pour rien dans la conversation.

Hélène se leva pour prendre le dossier et les papiers dont Jeff avait besoin. C'était l'ancien dossier médical de Laurent qui contenait les résultats des tests et des radios qu'il avait passés à l'adolescence et qui n'avaient à l'époque rien relevé d'anormal du point de vue physiologique. On lui avait alors prescrit un traitement et les crises s'étaient estompées. Hélène, le dossier à la main, ne pouvait s'empêcher de se dire que tout ça était bien loin et qu'aujourd'hui la donne était changée.

Jeffrey leur expliqua en détail, en parcourant le dossier, comment les choses allaient se dérouler.

— L'opération en soi ne dure pas très longtemps, même si elle est assez délicate.

Hélène prit la main de son mari dans la sienne pendant que Rose écoutait en buvant son thé.

— Une ablation partielle de la tumeur aurait pu être envisagée mais, étant donné son étendue, l'ablation complète est nécessaire. Les derniers examens que tu as passés montrent que le traitement préopératoire que je t'ai prescrit a sensiblement fait baisser la pression que la tumeur exerce dans la boîte crânienne, comme je te l'avais expliqué.

— Qu'est-ce que cela sous-entend ?

— En gros, cela va faciliter l'intervention, ou du moins nous permettre d'opérer dans des conditions optimales.

— Comment cela va-t-il se passer ? demanda Hélène.

N'ayant pas apporté les dernières radios de Laurent, Jeffrey sortit un ancien cliché du cerveau de Laurent, pris au scanner à son adolescence, pour pouvoir illustrer ses explications.

— La tumeur s'étend à cet endroit, dit-il en montrant sur l'image la zone concernée, comme je vous l'ai montré sur l'autre radio la dernière fois.

Hélène se souvenait : cette odieuse vague blanche qui inondait le cerveau de son mari.

— Nous allons donc nous concentrer sur cette zone. C'est une région assez accessible du cerveau ce qui permet d'éviter des lésions dans les tissus voisins.

— Comment cela ? demanda Hélène.

— Certaines tumeurs peuvent se trouver dans des zones cérébrales difficiles d'accès, expliqua Jeffrey. Dans ce cas-là, l'opération se révèle très pointue et les risques de lésion sur les régions voisines sont plus importants.

— Qu'est-ce que cela implique ?

— Tout dépend de la lésion et surtout des fonctions qu'elle abîme : vision, motricité, tout est possible.

— Tu es en train de nous dire qu'une opération de ce type peut entraîner une cécité ou un handicap moteur ? demanda Hélène d'une voix sourde.

— Hélène, tu n'as pas à t'angoisser. Comme je l'ai dit, dans le cas présent, la tumeur est assez facile d'accès, et aujourd'hui on maîtrise de plus en plus cette intervention. Les risques que j'évoquais, quoique réels, deviennent de plus en plus minimes. L'assistance par imagerie rend les choses moins complexes.

— Laurent ne risque rien alors ? tenta de se rassurer sa belle-sœur.

Jeffrey se devait d'être franc mais pas non plus alarmiste.

— Le risque zéro n'existe pas, Hélène. Mais dans le cas de Laurent, dit-il en regardant son frère, tout est fait pour que cela se déroule au mieux. Vous n'avez pas à paniquer sur ce point.

Rose écoutait attentivement, les yeux posés sur le cliché dont Jeffrey se servait pour illustrer ses propos. Toujours pragmatique, elle voulait surtout avoir des détails concrets. Elle avait vaguement en tête des reportages télé à sensations qui montraient d'énormes balafres barrant le front d'opérés du cerveau.

— Non, maman, tu retardes de vingt ans, ne put s'empêcher de rétorquer Jeffrey. Aujourd'hui, on pratique de mieux en mieux la craniotomie.

— La quoi ?

— La craniotomie. C'est l'incision de la boîte crânienne qui va permettre le passage jusqu'à la tumeur. Et de nos jours on la pratique juste à la racine des cheveux de manière à ce que la cicatrice reste invisible.

Mais pour Hélène aussi ces termes chirurgicaux avaient quelque chose d'effrayant : incision, cicatrice, boîte crânienne… Son inconscient lui envoyait des images de vieux films de séries B dans lesquels des savants fous ouvraient des cerveaux à la scie électrique et se livraient à des manipulations diaboliques.

Elle pensa subitement à quelque chose.

*Robocop !*

— Et les plaques de titane que Laurent a dans la joue ? Est-ce qu'elles peuvent poser un problème ?

— Pas du tout, Hélène. En aucun cas, la rassura-t-il.

— Bon.

— Et après ? demanda Laurent.

— Après ? répondit Jeffrey.

— Oui, l'opération ?

Jeffrey n'était pas certain que son frère ait pris conscience de l'importance de ce type d'opération.

— Laurent, c'est vraiment une opération lourde. Dans les cas où la tumeur n'est pas encore à un stade avancé, il est de coutume d'opérer le patient « éveillé ».

— Éveillé ?

— J'entends par là qu'il n'est pas sous anesthésie générale mais seulement partielle, pour que l'on puisse bien voir quelles zones du cerveau sont sollicitées ou non.

Laurent sentait bien qu'il y avait un « mais ».

— Mais dans ton cas, Laurent, tu sais que ta tumeur est à un stade assez avancé, ce qui complique les choses. Il va falloir quasiment arrêter la circulation sanguine dans le cerveau pour éviter l'hémorragie.

— Ce qui veut dire ?

— Ce qui veut dire que tu vas subir une anesthésie… assez importante.

Jeffrey savait que les mots qu'il allait prononcer effrayaient immanquablement.

— On va en gros te mettre dans une sorte de… mort… simulée.

Hélène faillit hurler.

— Quoi ?

— Ce n'est pas du tout un coma artificiel, rassure-toi, mais simplement on doit endormir le plus possible toute l'activité cérébrale.

Hélène regarda Laurent, essayant de deviner sur ses traits la tension qui ne devait pas manquer de l'envahir.

— Jeff, demanda celui-ci, y a-t-il… je ne sais pas… des effets secondaires ou des précautions particulières à prendre ?

— Certains patients opérés d'une tumeur cérébrale doivent subir en plus, après leur opération, une radiothérapie qui permet d'augmenter leur durée de vie.

Hélène eut un sursaut, et Jeffrey s'empressa de poursuivre.

— Mais ceci dépend du type de tumeur et de l'âge du patient. Dans le cas de Laurent, précisa-t-il, la tumeur, bien qu'avancée, est dans une région à la dangerosité minime, et Laurent est encore jeune. Je te prescrirai tout de même quelques séances, par précaution.

Rose posa à nouveau les yeux sur l'image.

— En revanche, tu devras suivre un traitement médicamenteux assez lourd après l'opération. Mais à part cela, à ton âge, on se remet assez vite de ce genre d'intervention et le patient peut retrouver une vie tout à fait normale.

— Les crises de Laurent auront donc disparu ? demanda Hélène qui voulait être rassurée à deux cents pour cent.

— Hélène, c'est le but de l'opération, répondit Jeffrey en souriant. Pour l'instant, si Jeffrey n'a plus ces crises, c'est grâce aux neuroleptiques que je lui ai prescrits. Mais bientôt, ils se révéleront inefficaces, tout comme l'étaient devenus les anxiolytiques qu'il prenait depuis des années. Tu l'as toi-même constaté. Leur effet bloquant s'était atténué, et bientôt ce sera la même chose pour les neuroleptiques. L'organisme s'habitue, Hélène, et il est inutile d'augmenter les doses dans une espèce de spirale infernale. Ce serait comme mettre un pansement sur une jambe de bois.

— Oui, je comprends, Jeff.

— Crois-moi, Laurent, après l'opération, tu auras vraiment l'impression de renaître, dit-il avec un sourire bienveillant à son frère.

Un grésillement électronique les interrompit et tous les yeux se tournèrent vers le babyphone qui se manifestait.

Hélène se leva.

— Je crois que la sieste de Monsieur Bébé se finit plus tôt que prévu, dit-elle avec un rire forcé. Excuse-moi, Jeff.

— Pas de problème, Hélène, j'avais fini de toute façon. Et je dois retourner à l'hôpital. Laurent, on se revoit dimanche pour les derniers préparatifs, d'accord ?

— Oui, Jeff, et merci pour tout, répondit Laurent en serrant la main de son frère.

— Et d'ici là, tente de te ménager autant que tu peux.

— Oui, ne te fais pas de soucis.

— À plus tard alors. Maman, dit-il simplement avant de refermer la porte.

Rose répondit d'un vague hochement de tête.

Elle buvait son thé, l'esprit visiblement ailleurs mais les yeux toujours rivés sur le cliché du cerveau de son fils.

Elle se rappelait ces examens, Laurent avait à peine quinze ans et était effrayé comme un gamin devant les appareils qui photographiaient l'intérieur de son crâne.

Et Rose ressentit alors la même sensation étrange qu'elle avait éprouvée la dernière fois en voyant l'autre radio sur laquelle la tumeur était visible.

Quelque chose décidément la gênait.

* * *

La semaine se déroula sereinement entre biberons, tétées, coups de téléphone de félicitations et visites d'amis venus voir le fils tant espéré.

Hélène se remettait petit à petit de ses couches et se familiarisait avec les nouveaux gestes qui rythmaient sa vie, tels que la toilette consciencieuse de bébé, la gestion minutieuse des heures de tétée, ou encore les biberons complémentaires savamment dosés. Jamais elle ne considérait cela comme une corvée, toujours elle le faisait avec soin et attention. Elle avait vaguement conscience que certains gestes devenaient réflexes et se demandait si c'était là l'habitude ou alors un instinct maternel qui s'éveillait et se développait.

Laurent la secondait dans ces tâches qui n'en étaient pas vraiment, et même la devançait souvent avec des inquiétudes touchantes : dis, c'est normal qu'il dorme si longtemps ? C'est normal ces rougeurs ? C'est normal qu'il n'ait pas fini son biberon ?

Ils apprenaient ainsi tous les deux à vivre à un autre rythme, à écrire une musique aux notes inédites, à composer une nouvelle mélodie sur la portée de l'amour inconditionnel.

Mais aujourd'hui, malgré cet attachement, après pratiquement trois semaines sans avoir respiré le grand air, Hélène avait besoin de sortir ne serait-ce qu'une heure ou deux. De s'aérer. De voir du monde. De retrouver une vie sociale.

Le pédiatre avait conseillé d'attendre dix à quinze jours pour organiser la première sortie de bébé et déconseillé de le faire si la chaleur était trop forte. Compte tenu du soleil écrasant qui s'abattait sur la ville aujourd'hui, elle s'autorisa à quitter son fils pour recharger les batteries. Elle en profiterait pour aller à Hautepierre, s'étant promis de passer à la maternité pour remercier l'équipe qui s'était occupée d'elle, et en particulier la sage-femme Bénédicte qui avait été d'une aide aussi réconfortante que professionnelle.

Et puis, elle avait enfin besoin de s'habiller, de se pomponner, de se coiffer, bref, de se redonner apparence humaine.

Après une douche ressourçante, elle enfila une robe légère qui pourrait masquer son ventre pas encore redevenu plat, arrangea comme elle put ses cheveux en notant qu'une bonne séance chez le coiffeur s'imposait, et descendit dans le salon faire une bise à son fils.

C'était leur première séparation et quelque part elle s'en voulait et prévoyait qu'il allait atrocement lui manquer. Mais Laurent serait de toute façon là pour s'en occuper, sans compter ses parents qui se battaient presque pour savoir à qui le prendrait dans les bras.

Elle promit d'être très vite de retour, embrassa Benjamin en empêchant le voile de culpabilité qui l'effleurait de l'envelopper totalement, et ferma la porte d'entrée.

Une fois dans la rue, elle aspira une grande goulée d'air frais.

Tous ses sens furent sollicités en un éclair par un tourbillon de parfums et de sons : l'odeur du marchand de barbes-à-papa qui avait élu domicile juste à côté de la porte d'entrée de leur maison ; la musique du violoniste tzigane à qui elle donnait toujours une petite pièce ; les couleurs bariolées des tenues estivales. Elle savoura le moment et se fondit dans la foule en s'abandonnant totalement à ce qui lui semblait une renaissance.

Elle avait auparavant téléphoné à Françoise pour lui demander si elle était disponible. Mais elle était tombée sur ce qui lui servait de répondeur, à savoir une voix indécente d'hôtesse de téléphone rose et une musique technoïde censée donner envie de laisser un message. Hélène avait souri, n'avait pas laissé de message, et s'était dit qu'elle profiterait très bien toute seule de sa petite escapade.

* * *

Le professeur Jeffrey Dalgrand avait décidé de partir plus tôt de l'hôpital et de s'octroyer une heure de footing.

Il ne voulait pas profiter de la chaleur estivale dans un élan bucolique de communion avec la nature, il avait tout simplement besoin de se vider physiquement. Il devait opérer son propre frère dans deux jours et, même s'il ne l'aurait jamais admis, avait un peu de mal à gérer ce stress. Il lui fallait une bonne heure de défouloir avant de terminer les préparatifs de l'intervention.

À peine arrivé chez lui, il enfila short, tee-shirt, baskets, traversa la rue et s'engagea dans les allées du parc de l'Orangerie.

Les pelouses étaient couvertes de formes allongées se dorant au soleil, les allées fourmillaient de joggers et de cyclistes, et les fontaines étaient envahies par les enfants qui s'arrosaient sous les yeux indulgents de leurs parents.

Tout le parc débordait d'une activité et d'une joie de vivre énergiques.

Jeffrey longea le petit lac sur lequel voguaient des barques dont le prix de location à l'heure défiait toute vraisemblance. Il traversa le petit pont pavé, déboucha sur l'aire de jeux aux attractions bigarrées, et continua sa course jusqu'au manège de chevaux de bois où sa mère ne l'avait amené qu'une seule fois avec son frère quand ils étaient enfants. Certainement pour une occasion exceptionnelle ! nota-t-il intérieurement non sans amertume.

Il parcourut les allées ombragées du sentier botanique aux arbres exotiques importés, traversa le jardin aux fleurs, et atterrit sur le gravier qui entourait le château, réplique improbable d'un château de la Loire lui avait-on dit un jour, mais il n'avait jamais vérifié l'information.

Il ralentit, un peu essoufflé.

Décidément, il avait grand besoin de se remettre sérieusement au sport ! Ses articulations commençaient à rouiller !

Il passa devant le minizoo qui n'avait de zoo que le nom, lieu ridicule et mal entretenu mais qui faisait la joie des bambins : singes, paons, oiseaux vaguement exotiques en cage, mammifères prétendument rares qui sommeillaient dans un coin. Il s'arrêta devant le parc aux cigognes, fierté de l'Orangerie, qui regorgeait de volatiles blancs au bec rouge nichés en hauteur dans leurs écrins de brindilles. Il les observa un moment, méditant sur la capacité de ces oiseaux à migrer sur des milliers de kilomètres, à parcourir plusieurs pays et continents, et à revenir pour retrouver leur nid comme de simples voyageurs revenant de vacances. Peut-être une zone dans leur cerveau qui les conditionnait ?

Jeff sourit pour lui-même de son incapacité chronique et certainement pathologique à oublier son travail et ses recherches.

Il se remit en route.

Il courut encore quelques dizaines de minutes, appréciant la sueur qui ruisselait sur sa peau, ses pulsations qui s'affolaient et ses muscles qui s'activaient.

Ça faisait du bien. C'était libérateur. Jouissif. Presque érotique.

* * *

Ça faisait du bien. C'était libérateur. Jouissif. Non, pas érotique, se disait Hélène, mais le grand air et la foule l'avaient rassérénée.

Après une heure passée dans les rues du centre à flâner et à s'immerger dans le soleil, Hélène se sentait ragaillardie mais en même temps fatiguée. Elle avait présumé de ses forces pour sa première sortie. Vivement qu'elle retrouve complètement la forme car elle avait besoin de se remettre sérieusement au sport ! Ses articulations commençaient à rouiller ! Elle passerait vite fait à Hautepierre, puis rentrerait à la maison retrouver sa famille.

Sur l'autoroute, elle ne put s'empêcher de penser que la dernière fois qu'elle avait pris ce chemin, c'est son mari qui conduisait et elle avait en elle deux petits êtres qui ne demandaient qu'à vivre. Elle chassa ces oiseaux de mauvais augure de sa tête, se gara, et sortit du coffre les fleurs et les assortiments de chocolats qu'elle voulait offrir à Bénédicte, au docteur Bliade et au reste de l'équipe. Elle ne savait pas si ça se faisait, si c'était déplacé ou ridicule, mais n'en avait cure et ça lui faisait plaisir.

Elle gravit les étages, et décida de d'abord passer voir le docteur Bliade.

Rose s'était montrée très surprise de l'absence de ressentiment de sa bru pour son obstétricien. Après tout, il aurait pu prévoir les complications ! lui avait-elle suggéré. Il aurait pu s'arranger pour mieux gérer la situation ! C'est tout de même son métier ! Mais Hélène n'y avait prêté attention et, en effet, n'avait aucune rancœur envers le docteur Bliade dont elle savait qu'il avait fait le maximum.

— Hélène ! Bonjour, dit-il de sa voix accueillante quand il la vit. Vous voilà rétablie !

— Plus ou moins, docteur. Encore un peu faible, mais ça va.

— Et le bébé ? Où est-il ? Vous auriez pu me l'amener, lui reprocha-t-il gentiment.

— C'est peut-être encore un peu tôt pour lui pour les visites de courtoisie, répondit-elle en plaisantant. Mais il va bien, très bien. Il grandit à une vitesse incroyable. Et j'ai même cru déjà déceler un sourire sur ses petites lèvres. Mais mon mari se moque de moi quand je le lui dis.

— Ah, Hélène, ce sont les mystères du nourrisson !

— Oui, et vous m'y avez suffisamment initiée pour que j'y fasse bien attention !

— Bien, Hélène, dit-il en riant. Et comment se porte-il ?

— Benjamin ? Eh bien, comme je viens de vous le…

— Non, je voulais parler de votre mari.

— Bien, docteur, on se prépare tous pour l'opération qui approche mais je crois que tout le monde gère assez bien la situation.

— C'est une bonne chose, Hélène. Vous verrez, après cette dernière épreuve, vous pourrez savourer de chaleureux instants de bonheur avec votre petite famille.

Toujours cette façon vieillotte de dire les choses, nota Hélène en souriant.

— Oui, docteur, vous avez raison.

Ils en profitèrent pour prendre rendez-vous pour l'examen postnatal.

D'ici là, lui expliqua-t-il, elle devrait surveiller son retour de couches dont il lui détailla les symptômes : grande fatigue, écoulement sanglant abondant sur quelques jours… rien de plus normal, lui assura-t-il. Il l'invita aussi à attendre deux bons mois avant d'entamer la gymnastique abdominale et à bien surveiller son alimentation.

Elle le remercia, et traversa les étages pour se rendre au service de natalité.

Elle avait hâte de remercier la sage-femme pour ses gestes rassurants et efficaces.

Elle s'arrêta devant la porte de la salle des infirmières et frappa doucement.

Une infirmière au visage poupin tout rose lui ouvrit la porte.

— Oui ?

— Bonjour, je suis madame Dalgrand. J'ai accouché dans votre service le 17 mai dernier.

— Félicitations, lui dit le poupon en souriant. Et c'est ?

— Pardon ?

— Un garçon ou une fille ?

Des jumeaux, eut envie de répondre Hélène mais elle s'abstint.

— Un garçon. Un petit Benjamin.

— Très bien. Et que puis-je pour vous ?

— Je voulais remercier l'équipe qui s'est occupée de moi et en particulier la sage-femme.

— Oh, c'est très gentil à vous, madame, et tellement rare, s'exclama le poupon avec un sourire un peu puéril.

— Je vous en prie. Donc je venais voir si par hasard Bénédicte était de service aujourd'hui pour lui offrir un petit quelque chose, dit Hélène en désignant les fleurs qu'elle tenait à la main.

Le poupon leva un sourcil étonné peu à sa place dans ce visage enfantin.

— Qui ? demanda-t-elle, le sourcil toujours en l'air.

— Bénédicte, répéta Hélène.

— Et qui est Bénédicte ?

Hélène lui jeta un œil surpris.

— La sage-femme qui s'est occupée de moi, répondit-elle, presque agacée.

L'infirmière leva cette fois les deux sourcils et son expression trahissait un désagréable sentiment d'incompréhension.

— Mais il n'y a pas de sage-femme nommée Bénédicte dans ce service, madame.

Hélène se lança à son tour dans un jeu de sourcils.

— Pardon ?

— Vous devez faire erreur. Il n'y a aucune Bénédicte dans ce service.

Hélène resta stupéfaite.

— Vous en êtes sûre ?

Elle n'était quand même pas complètement folle !

— Tout à fait, lui répondit Poupon.

Hélène ne comprenait pas bien ce qui se passait et cela devait se lire sur son visage car la petite infirmière tenta de la rassurer.

— Vous faites erreur, madame. Mais c'est tout à fait compréhensible. Entre les calmants, la péridurale et l'enfant qui ne demande qu'à sortir, bien souvent les femmes sont dans un état… disons… second, et il est tout à fait normal qu'après coup elles aient oublié un certain nombre de choses.

Hélène ne savait que dire. D'accord pour le bébé qui pousse ! D'accord pour la péridurale ! Passe pour l'état second ! Mais elle n'avait quand même pas rêvé !

— Ce n'est pas possible.

— Ne vous faites pas de bile, ajouta Poupon, je vous assure.

Elle jeta un regard compatissant à Hélène.

— Je ferai quand même passer l'info, au cas où, lui promit-elle. En tous les cas, c'était très gentil de votre part.

Hélène se retrouva seule dans le couloir, vaguement hébétée.

Elle descendit les escaliers d'un pas lent, absorbée dans la réflexion pour trouver une clé à ce mystère. C'est vrai que cette nuit-là avait été particulièrement éprouvante. Vrai aussi qu'elle avait quelques trous noirs, certainement dus à l'anesthésie. Et encore plus vrai que le choc de la mort d'un de ses enfants avait peut-être provoqué un traumatisme plus important qu'elle ne le pensait.

Après tout, cette infirmière avait certainement raison et il n'y avait pas lieu de s'inquiéter. Et elle n'allait sûrement pas en parler à Laurent. Il avait bien d'autres choses plus graves en tête en ce moment pour s'encombrer des délires amnésiques de son épouse, se dit Hélène.

Et puis, pour l'heure, la seule chose dont elle avait envie c'était de rentrer, de se jeter sur le canapé, et de prendre son fils dans les bras.

Elle haussa les épaules, s'engouffra dans sa voiture et prit le chemin de la maison.

# 11

Laurent était allongé sur le lit métallique.

En tournant la tête, il pouvait voir qu'il était entouré de tout un réseau d'appareillages tous moins séduisants les uns que les autres : écrans, instruments de contrôle, respirateur… Le tout semblait irréel et pourtant il savait que dans quelques instants tous ces appareils allaient se mettre à l'œuvre pendant que lui dormirait.

Il était arrivé la veille à l'hôpital.

Avant de partir, il avait longuement embrassé son fils, et ses beaux-parents l'avaient assuré de leur soutien. Hélène avait conduit et le trajet s'était déroulé dans un silence pesant, presque solennel.

La nuit tombait quand ils étaient arrivés. On l'avait conduit dans sa chambre en l'assurant que le professeur Dalgrand allait passer le voir sous peu. Là encore, le silence s'était installé entre Laurent et Hélène, mais Hélène avait tenu la main de son mari en attendant Jeff.

Jeff leur avait alors expliqué les derniers détails de l'opération et tout le processus médical qui allait suivre : le départ pour le bloc, l'anesthésie, l'intervention, et le réveil en salle de soins intensifs.

Laurent et Hélène avaient écouté en hochant silencieusement la tête. Jeffrey leur avait expliqué tout cela sur le ton très professionnel de quelqu'un qui maîtrise cette routine, ce qui les avait quelque peu rassurés. Il avait amené avec lui les radios pour bien expliquer à son frère tout le déroulement de l'intervention en elle-même.

Là, dans la salle d'opération, Laurent se remémorait ces instants pour se tranquilliser et surtout occuper son esprit avant qu'on ne l'endorme.

— La tumeur s'étend dans ton lobe pariétal, comme tu le vois ici, avait expliqué Jeffrey en désignant sur la radio la zone en question.

Il avait tracé un trait au marqueur.

— Je pratiquerai l'incision à partir de cet endroit, juste à la racine des cheveux. Cela aura deux avantages : nous permettre un accès moins délicat, et t'éviter de garder une cicatrice visible. Ensuite, le travail le plus dur consistera à exciser la tumeur, sans léser les tissus voisins, comme je te l'ai déjà expliqué. Puis, nous refermerons la boîte crânienne qui cicatrisera d'elle-même. C'est une tâche difficile et longue, c'est pourquoi l'anesthésie que tu subiras sera assez lourde, je préfère te le rappeler. Tu as des questions ?

Laurent garda les yeux baissés sur les images.

— Vous serez combien ?

— Je préfère les équipes réduites, sinon on se marche sur les pieds et c'est là que les fautes peuvent être commises. L'anesthésiste que tu as rencontré sera là au début. Sinon, on sera quatre avec moi.

— Bien.

— Laurent, tu penses bien que j'ai réuni une équipe de professionnels triés sur le volet. Ce sont tous des spécialistes aguerris de ce type d'interventions. Je ne vais pas laisser mon frère aux mains du premier venu qui passe avec un stéthoscope ! avait dit Jeffrey en souriant.

Les marques d'humour, toujours rares et même exceptionnelles chez son frère, avaient rassuré Laurent.

— Bien, Jeff.

— D'autres questions ?

Ni Laurent, ni Hélène n'avaient eu d'autres questions.

Les explications de Jeff étaient simples et maintenant, sur son lit et en tenue, Laurent attendait.

Il était déjà perfusé et tentait de ne pas céder à la panique.

Il regardait s'agiter autour de lui ces formes en blouses qui allaient avoir son cerveau entre leurs mains, sa vie même. Des mains qui allaient l'ouvrir, le soigner, et faire disparaître cette tache blanche qui s'étalait dans sa tête comme une mauvaise tache de peinture.

Il fronça les sourcils. Eux aussi étaient des artistes finalement, à leur manière. L'analogie l'amusa autant que faire se peut. Même ici, le crâne bientôt ouvert, je pense à la peinture, se dit-il non sans amertume. La peinture qui l'avait toujours passionné, aidé dans les moments de doute, soutenu dans les aléas sinueux de la vie.

Son premier contact avec elle lui revint subitement à l'esprit.

La bibliothèque familiale débordait de livres en tous genres : encyclopédies, livres de botanique, manuels d'histoire. Le petit garçon de dix ans savait que toutes ces pages avaient été achetées, lues et déposées là par un père qu'il n'avait pas assez connu. Il savait juste que ce père avait été un passionné de connaissances quelles qu'elles soient. Sa mère ne lui avait jamais rien appris d'autre sur lui.

Planté en admiration devant les rayonnages surchargés, il remarqua alors un gros livre épais qui l'intrigua. Il monta sur un tabouret et, sur la pointe des pieds, attrapa le livre et alla le feuilleter sur le canapé.

C'était un livre de peintures et jamais le petit garçon n'en avait vu de sa vie, sa mère étant peu soucieuse de l'éducation culturelle de ses deux fils, elle-même peu sensible à l'art sous toutes ses formes.

Les pages lui révélèrent alors des trésors insoupçonnés, des couleurs, des formes, tout un monde qui l'interpella au tréfonds de lui-même.

Les noms défilèrent : Van Gogh, Picasso, Matisse, Schiele, Picabia… Des siècles de talent et de génie s'étalaient devant un Laurent ébahi. Il contemplait les tableaux, s'arrêtait sur un portrait, détaillait un paysage, s'extasiait de sa naïveté toute enfantine. Il tournait les pages, à toute vitesse, incapable de stopper une énergie qu'il n'avait jamais jusque-là ressentie. Comme une frénésie. Il était subjugué, fasciné, presque envoûté. Tous ces traits, ces lignes, ces courbes, ces nuances, tout ce talent que…

Mais subitement il eut le souffle coupé et suspendit son geste, tant ce qu'il vit sur le papier le stupéfia.

C'était magnifique et perturbant à la fois, évocateur et fantomatique.

Sous ses yeux ébahis, c'était un mélange de couleurs, des personnages sortis de nulle part, des visages terrifiés, des mouvements qu'on pouvait presque sentir. Tout un monde torturé et apocalyptique.

Laurent en saisit tout de suite la beauté et le génie. Du haut de ses dix ans, il comprit d'emblée tout ce que le peintre avait voulu exprimer et faire ressentir.

Il baissa les yeux pour lire le nom de ce prodige : Jérôme Bosch, *Le Jugement dernier*, 1504.

Laurent sut à cet instant que c'était ce qu'il voulait faire : peindre.

Et y consacrer sa vie.

Il avait encore le cœur battant et les yeux remplis d'étoiles, quand la porte du salon s'était ouverte violemment.

— Laurent, que fais-tu ici ? Je te cherche partout, lui avait brusquement dit sa mère. Et que fais-tu avec ce livre ? Pose tout de suite ces gribouillages et vient m'aider à la cuisine !

Étendu sur son lit froid dans cette salle impersonnelle, Laurent était fier d'avoir consacré sa vie à ces *gribouillages*. Encore à cet instant douloureux de sa vie, la peinture venait à son secours. Elle lui permettait de vivre sereinement, lui avait apporté une certaine reconnaissance, et surtout lui avait permis de rencontrer son épouse, Hélène.

Hélène, qui lui avait donné un fils, qui l'avait accompagné ici, et qui, en ce moment même, était à ses côtés. Elle avait insisté auprès de Jeffrey qui n'avait pu s'opposer devant l'insistance de sa belle-sœur. Et, en opposition à toutes les règles déontologiques les plus élémentaires, on avait permis à Hélène de rester avec lui dans la salle d'opération jusqu'à ce qu'il s'endorme.

Elle était là, à côté de lui, déguisée en chirurgien, mais ses yeux trahissaient une peur sourde.

— Ça te va bien la blouse, ma puce, dit Laurent en tentant de sourire.

— Autant qu'à toi, bébé, répondit-elle sur le même ton. Ça va ?

— On va dire que ça ira mieux dans quelques heures.

— Oui, répondit-elle simplement.

Jeffrey s'affairait au fond de la pièce, réglant et disposant des instruments qu'Hélène se forçait à ne pas regarder. Une odeur d'éther et de produits aseptiques flottait, entêtante, et Hélène pensa brièvement qu'elle avait été dans la même situation que son mari, ou presque, il y a peu.

Elle balaya rapidement les idées noires qu'elle sentait venir et posa les yeux sur Laurent. Elle l'aimait plus que de raison et tentait de faire passer tout cet amour dans son regard. Elle n'avait jamais été adepte des « je t'aime » mièvres, prononcés toutes les deux minutes par certains couples et privilégiait les actes, les gestes, les regards.

Elle posa sa main sur son bras. Elle sentait son calme, sa réserve, même à cet instant difficile. Toujours ce trait de caractère de son mari l'avait étonnée et à la fois tranquillisée. Et là, elle l'admirait pour ça, tout comme elle l'avait admiré quand elle l'avait rencontré la première fois à cette exposition.

Elle sourit à ce souvenir.

Figée devant la toile inspirée des *Femmes damnées* de Baudelaire, elle était en train d'admirer le coup de pinceau surnaturel de l'artiste quand elle avait senti une présence derrière elle.

— Voilà une jeune femme bien concentrée, lui dit une voix.

Elle se retourna et se trouva nez à nez avec un grand échalas qui lui souriait : trente ans à tout casser, tignasse en vrac, yeux brun profond et visage rieur. Elle le trouva tout de suite charmant.

— Qu'est-ce qui vous plaît tant dans ce tableau ?

— Eh bien, répondit-elle après un court instant de réflexion, je trouve que les traits et les couleurs rendent exceptionnellement bien la folie de Baudelaire. Celui qui a peint cette toile doit être bien atteint ! rajouta-t-elle en riant.

— Vous l'avez devant vous !

Elle jeta sur le jeune homme des yeux brillants.

— Vous êtes donc artiste ?

— Ça, c'est à vous d'en juger !

Elle avait aimé la réplique. Elle aurait été très déçue par une réponse toute fabriquée genre « Oh non je suis plutôt un artisan » ou faussement modeste à la « oh non, je n'ai pas cette prétention ». Ça la changeait des étudiants de lettres modernes qu'elle avait côtoyés jusqu'à peu à la fac, toujours à se la jouer artiste-évaporé-dans-le-coup. Devant ce jeune homme, elle se dit que l'autochtone alsacien méritait d'être connu !

Et cela laissait augurer de bonnes choses dans cette région où elle venait d'atterrir, si loin de chez elle.

Elle avait regardé intensément le jeune peintre qui se tenait un peu maladroitement devant elle.

Et était irrémédiablement tombée sous le charme…

— Pourquoi tu souris, chérie ?

Elle sortit aussi sec de sa rêverie, et la réalité de cette salle d'opération stérile s'abattit sur elle comme un couperet.

— Pour rien, bébé, répondit-elle en clignant des yeux.

Autour d'eux, s'agitaient des silhouettes en blouses vertes et c'était comme dans un rêve, ou plutôt un cauchemar.

Jeffrey dirigeait l'équipe, lançait des ordres, donnait des consignes et disposait des chariots roulants chromés couverts d'appareillages et d'outils.

Il se sentait bien.

Les interventions chirurgicales ne le stressaient jamais ; au contraire, elles provoquaient en lui une poussée d'adrénaline qui agissait sur lui comme un catalyseur : il était dans son élément, dans son univers et c'est là qu'il se sentait toujours le plus maître de lui.

Mais aujourd'hui les données étaient différentes : il opérait son frère, et forcément l'adrénaline qu'il appréciait tant était aussi due à un stress. Il voyait presque littéralement tout le parcours de la substance dans son corps : stimulus, situation de stress, information traitée par le thalamus, dirigée vers le cortex, glandes surrénales mises en branle, création et libération de l'adrénaline dans le sang, accélération du rythme cardiaque. Il connaissait tout cela par cœur et avait même dirigé, diplômes en poche, une série d'études sur la gestion et le traitement du stress, notamment le stress post-traumatique. C'est d'ailleurs à cette époque que s'était développée sa fascination pour l'univers mystérieux du cerveau, et plus particulièrement du thalamus. Et c'est à cette même époque que sa notoriété dans le milieu était née.

Il avait encore les images en tête.

— Messieurs, c'est en travaillant et en expérimentant sur la zone du thalamus que nous parviendrons à mieux traiter et soigner le stress.

Les membres du groupe d'experts réunis par le Cabinet de conseil sur le stress professionnel restèrent bouche bée. Ce qu'il ne fallait pas entendre ! Quelle idée ! N'avait-on jamais entendu une ineptie pareille ! Et d'où sort ce jeune olibrius, ce professeur... quoi déjà ? Dalgrand ?

Un psychiatre vieillissant prit la parole.

— Professeur Dalgrand, comment pouvez-vous affirmer une chose pareille et remettre aussi cyniquement en question des décennies de pratiques et de traitements ?

— Je ne remets rien en question, répondit le jeune homme au regard intense. Je dis simplement que par des moyens modernes et inédits on parviendra à traiter le stress à la racine, et non plus seulement à soigner ses manifestations physiques ou morales.

— Qu'entendez-vous par « à la racine » ? demanda un hypnothérapeute célèbre consulté par tous les sportifs professionnels.

On invitait un peu de tout dans ce type de congrès, du psychiatre à l'hypnothérapeute, de l'homéopathe au simple chef d'entreprise, tant la question du stress était capitale et débordait sur tous les domaines d'activités de la vie courante.

— J'entends par là qu'aujourd'hui nous ne savons soigner que les conséquences du stress, comme la fatigue, la nervosité ou l'insomnie, et ce, à coups d'antidépresseurs, psychanalyses ou autres techniques de relaxation.

— Ces différentes méthodes ont fait leurs preuves, jeune homme, intervint un médecin rondouillard.

— Certes, mais on ne s'intéresse pas assez aux causes, au mécanisme déclencheur. On agit comme l'arbre qui cache la forêt.

Quelques murmures réprobateurs parcoururent l'assemblée.

— Au contraire, en poursuivant les recherches scientifiques dans le domaine, on traitera le mal à sa base, et je reste persuadé que nous pourrons alors stimuler le thalamus de telle sorte à éliminer le stress chez le patient.

— C'est du délire ! s'exclama une autre sommité.

Le jeune professeur Dalgrand l'ignora.

— Et ainsi, conclut-il, même si c'est encore du domaine de l'utopie, nous pourrions tout bonnement éradiquer le facteur stress chez l'individu !

Un concert de réactions scandalisées se leva.

— C'est intolérable !

— Inadmissible !

— Inqualifiable !

— On croit rêver !

Le jeune arrogant avait regardé les participants, un sourire au coin des lèvres.

Oui, Jeffrey maîtrisait parfaitement la question et là, devant son frère allongé, le stress qu'il éprouvait ne le handicapait pas. Bien au contraire, toutes ses facultés étaient en éveil. Un bon stress quoi, comme il disait souvent.

Il regarda l'heure à la pendule murale et se tourna vers son frère et sa femme.

— Dix minutes, Hélène.

Hélène leva la tête et acquiesça en silence.

On avait allumé à droite un tableau lumineux sur lequel étaient accrochées les radios du cerveau de Laurent.

Toujours cette immonde tache blanche, se dit Hélène. Qu'elle disparaisse au plus vite et qu'on reprenne une vie normale !

On vint couvrir son mari d'un drap vert pâle.

Une silhouette manipulait un liquide gélatineux au fond de la pièce ; une autre plaça près de Laurent une tablette à roulettes avec coton, gaze, et seringues.

La tension monta d'un écran.

Dans quelques instants, on ferait l'anesthésie et elle serait obligée de sortir. Malgré les récriminations de Laurent, elle avait décidé de rester dans l'hôpital pendant toute la durée de l'opération, tout comme il l'avait fait pour elle quand elle avait accouché.

Hélène, c'est inutile, lui avait-il opposé.

Ce n'est pas la peine de discuter, avait-elle conclu.

La détermination de sa femme ! avait-il pensé en soupirant.

— Chérie, tu feras un gros bisou à Benjamin pour moi.

— Bien sûr, bébé.

On brancha quelques appareils, puis on alluma le doppler qui envahit subitement la pièce de ses bips angoissants.

Jeffrey ajusta son masque et fit claquer ses gants stériles.

Hélène frissonna.

Les portes battantes s'ouvrirent brutalement, et quelqu'un entra dans la pièce. Hélène reconnut l'anesthésiste qui avait préparé l'opération avec Laurent, et son cœur se mit à battre plus fort.

Le moment était venu, et on ne pouvait faire marche arrière.

L'anesthésiste échangea quelques mots avec Jeffrey, puis se dirigea vers le fond de la salle. Il prit sur un plateau différents ustensiles et commença une préparation dont Hélène connaissait la finalité.

— Je crois que ça y est, bébé, dit-elle à son mari.

Laurent tourna la tête vers Jeffrey qui lui lança un bref regard bienveillant.

— Oui, on dirait bien.

— Tout va bien se passer, chéri.

— Oui, je sais.

— Tu m'épates, vraiment. À ta place, je me serais déjà relevée et j'aurais pris la poudre d'escampette, dit-elle en se forçant à rire.

— Pas évident avec tous ces tuyaux, répondit-il en souriant.

— Oui, c'est vrai.

— Hélène, je sais que tu es morte de trouille, même si tu fais tout pour le cacher. Je te connais. Regarde un peu l'état de tes ongles. Alors, arrête. Que veux-tu qu'il m'arrive ?

— J'ai peur, c'est tout.

— Alors cesse d'avoir peur. Je veux bien que tu restes dans l'hôpital, mais si c'est pour te ronger les sangs et te provoquer un ulcère, je ne suis pas d'accord !

— D'accord, chéri, je vais essayer de me calmer.

— Promis ?

— Promis.

L'anesthésiste avait fini sa préparation, il jeta quelque chose dans ce qui faisait office de poubelle et se tourna vers Jeffrey.

Celui-ci termina ce à quoi il était affairé et jeta un œil à son équipe.

Tous semblaient attendre le mot d'ordre.

Sous leur accoutrement, on ne voyait que leurs yeux mais on y devinait tout le respect envers leur chef d'équipe.

Jeffrey fit un geste à l'anesthésiste qui s'approcha de Laurent.

Les deux hommes, sensiblement du même âge, s'étaient très bien entendus dès leur première rencontre.

— Laurent, je crois qu'on va y aller, dit-il avec une extrême gentillesse.

— Oui, Christophe, pas de problème.

Il s'empara de la perfusion de Laurent et, sur un dernier signe de tête de Jeffrey, inséra l'anesthésiant dans le tuyau.

— C'est parti, Laurent. Laissez-vous simplement emporter, comme quand vous vous endormez.

— OK.

Christophe lui sourit et lui tapota amicalement le bras.

On approcha quelques appareils, on disposa encore quelques instruments.

Les bruits métalliques commençaient à résonner dans la tête de Laurent.

Sa vue s'embua.

Les silhouettes autour de lui se noyèrent dans une brume floue, et le tableau lumineux au fond n'était plus qu'une flaque indistincte de lumière.

— Professeur Dalgrand ? demanda une voix.

Jeffrey hocha silencieusement la tête, s'approcha et posa affectueusement la main sur le bras d'Hélène.

— Hélène, c'est le moment, lui dit-il.

Elle ne pouvait voir que ses yeux.

— Jeff, je te le confie. Prends soin de lui.

Sa voix tremblait.

— Ne t'inquiète pas, Hélène.

Elle se pencha au-dessus de Laurent qui avait déjà les yeux fermés, comme emporté dans un autre monde.

— À tout à l'heure, bébé, murmura-t-elle.

Puis, après un instant :

— Je t'aime.

— Moi… ssi, parvint-il encore à marmonner.

Elle sourit à Jeffrey, se leva, et se dirigea vers les portes battantes.

Elle lança un dernier regard à Laurent, et sortit.

Jeffrey s'approcha de son frère, les yeux brillant d'une lueur intense.

Les autres silhouettes en blouse étaient prêtes.

La porte fermée, Hélène prit une profonde inspiration et se retint de pleurer.

Elle devait garder des forces.

La nuit promettait d'être longue.

Jeffrey se pencha au-dessus de son frère dont la respiration s'était ralentie.

— C'est parti ? demanda-t-il à Laurent.

— C'est... parti... articula difficilement celui-ci.

Puis, ce fut un grand trou noir.

# 12

Et maintenant, il est mort.

Son mari.

Le père de son fils.

Mort.

Hélène le voit, là, devant elle, ou du moins le devine sous le drap blanc dont on l'a recouvert.

Un être sans vie.

Un corps inerte.

Un cadavre.

Voilà ce qu'est devenu l'homme qu'elle a épousé et qu'elle aimait.

Avec lequel elle avait fait sa vie.

Avec lequel elle voulait élever leur fils.

Jeffrey n'avait rien pu faire, et cette ignoble tache blanche avait finalement gagné la partie. Elle avait tout balayé, tout renversé, tout détruit.

Et on était venu lui dire que tout était fini, qu'on était désolé, qu'on n'avait rien pu faire.

Et maintenant Laurent gît là, mort, sur ce lit, dans cette morgue.

Elle veut crier, hurler sa douleur, emplir l'espace carrelé et blanc de ses larmes. Mais elle ne peut pas.

Car il faut qu'elle voie.

Qu'elle regarde.

Qu'elle soit sûre.

Qu'elle sache !

Quitte à en souffrir !

À en mourir à son tour, peut-être !

Alors, elle s'approche, le pas mal assuré, la respiration hachée, le cœur chancelant.

Se penche au-dessus du lit métallique.

Prend une profonde inspiration.

Tend la main vers la forme immobile.

Soulève le drap.

Et…

Son propre cri la réveilla.

Hélène se redressa dans son lit, la respiration oppressée et le front trempé de sueur. Elle s'empressa d'allumer la lampe de chevet et tourna la tête vers l'autre côté du lit.

Il était là, bien là, les yeux fermés et la poitrine soulevée par la respiration apaisée du sommeil.

Elle laissa échapper un soupir de soulagement et essuya les gouttes froides qui perlaient sur son front.

C'était la deuxième fois qu'elle faisait ce cauchemar qui la laissait horrifiée.

Elle se leva en prenant soin de ne pas réveiller Laurent, passa dans la salle de bains et s'aspergea le visage d'eau froide. Elle la laissa couler, longtemps. La fraîcheur lui faisait du bien. Elle but quelques gorgées et attendit d'être parfaitement calmée.

À 4 heures du matin, elle était maintenant complètement réveillée, et la perspective de se recoucher pour se retourner sans cesse dans les draps à chercher le sommeil l'épuisait d'avance.

Elle passa la tête dans la chambre de Benjamin, s'attarda en souriant une dizaine de minutes au-dessus du petit lit blanc, et descendit à la cuisine se préparer un thé vert qui, certes, ne l'aiderait pas à se rendormir.

Pendant que la bouilloire électrique chauffait, elle souleva les rideaux de la fenêtre. L'aurore ne pointait pas encore et pourtant on pouvait déjà sentir la chaleur qui allait s'abattre sur la ville dans la journée.

Cette fin de mois de juillet n'avait pas démenti les prévisions qui alimentaient journaux et conversations de comptoir depuis ce printemps si exceptionnel. On n'en était certes pas à la canicule qui avait meurtri la France il y a quelques années, mais cependant le brumisateur était redevenu l'objet à la mode. Strasbourg débordait de touristes et aujourd'hui encore allait étouffer dans l'air écrasant.

Hélène poussa un soupir, alla se servir son thé et s'assit à la table de la cuisine, dans la pénombre.

Voilà un mois et demi que Laurent avait été opéré : tout s'était bien passé, il se remettait doucement, suivi de près par Jeffrey, alors pourquoi ces cauchemars ? La fatigue ? Un baby blues à retardement qui pointait son nez ?

Tout cela se mélangeait dans l'esprit d'Hélène mais elle pouvait malgré tout mettre le doigt sur une peur qui avait du mal à la quitter : la crainte que les crises de Laurent resurgissent, comme de mauvais démons.

Jeff les avait pourtant rassurés sur ce point, leur affirmant que c'en était bien fini, que tout était rentré dans l'ordre et que, si Laurent prenait le temps de se reposer et de se retaper, il allait enfin pouvoir mener une vie normale.

Et il semblait qu'il ait eu raison.

C'est en repensant à ces mots, là, dans sa cuisine et devant son thé, qu'Hélène eut le déclic : la chaleur oppressante strasbourgeoise, la convalescence de Laurent, le repos qu'elle-même ne s'était pas offert depuis la naissance de Benjamin, ses parents qui devaient repartir après-demain… Bon sang mais c'est bien sûr !

Pourquoi n'y avait-elle pas pensé plus tôt ?

Ragaillardie, elle souriait béatement à son mug quand un bruit derrière elle la fit sursauter.

— Ma chérie, mais que fais-tu là toute seule dans le noir ?

Marthe la regardait depuis l'encadrement de la porte, somnolente, les yeux englués de sommeil et les cheveux défaits.

Un élan de tendresse envahit Hélène pour cette femme si touchante dans sa chemise de nuit d'un autre temps, cette mère qui, même abrutie de fatigue, avait senti que quelque chose tracassait sa fille.

Elle se leva et prit Marthe dans ses bras.

— Que se passe-t-il, Hélène ? Tu m'inquiètes.

Hélène s'arracha à son étreinte et planta ses yeux dans ceux de sa mère.

— Maman, je viens de prendre une décision.

— Dieu tout puissant, il s'est passé quelque chose de grave !

Devant la mine subitement terrifiée de sa mère, Hélène ne put s'empêcher de rire.

— Mais non, maman, rassure-toi.

Puis elle ajouta, prenant des airs de conspiratrice :

— Que dirais-tu de supporter ta fille, ton gendre et ton petit-fils plus longtemps que prévu ?

— Comment ? demanda une Marthe qui semblait dépassée par les événements.

— Parce que, répondit Hélène en ignorant la question, on vous accompagne toi et papa à Montpellier !

* * *

Les préparatifs furent menés tambour battant.

Il faut dire que partir presque du jour au lendemain avec un bébé, une cicatrice de césarienne encore douloureuse et un mari fraîchement opéré nécessitait un minimum de précautions. Et pour quelqu'un qui détestait faire valises et bagages, Hélène fut servie. Mais il leur fallait un changement d'air et intérieurement elle se disait aussi que retourner quelques jours dans sa région natale pour marquer le début de leur nouvelle vie ne pouvait être que de bon augure.

Alors, on regroupa biberons et poussette, on tassa jupes, shorts et tee-shirts dans les valises, on tâcha de ne pas oublier maillots de bain et lunettes de soleil, on rassembla père, mère, bébé et mari, et on entassa le tout dans la voiture.

Il avait fallu prévenir Jeff, bien sûr, mais surtout lui demander si ce voyage n'était pas un peu prématuré pour Laurent.

D'abord réticent, il avait fini par convenir que cela ne pouvait évidemment pas lui faire de mal, à condition de suivre son traitement médicamenteux postopératoire avec le sérieux le plus strict. Le seul problème qu'il voyait résidait dans les piqûres de stéroïdes qu'il avait prescrites après l'opération. Celles-ci, leur avait-il expliqué, étaient purement préventives et devaient aider à gérer l'hypertension intracrânienne qui, même si la tumeur avait été supprimée, avait été perturbée pendant l'opération. Il fallait donc la seconder pendant quelque temps pour qu'elle réapprenne à se réguler d'elle-même, d'où les piqûres qu'une infirmière venait faire à Laurent deux fois par semaine. Mais, celui-ci, pour taquiner son frère, lui avait précisé qu'ils ne partaient pas au fin fond de la Moldavie et que même dans le sud de la France il devait exister des infirmières habilitées ! Jeff n'avait alors pu que se ranger à l'avis unanime et leur avait souhaité de bonnes vacances.

Et maintenant, tout cela était bien loin des préoccupations d'Hélène.

Sur le balcon de la maison qui avait résonné de ses pas d'enfant et qui aujourd'hui se remplissait des babils de son fils, elle oubliait les dernières semaines dont le poids, peu à peu, s'envolait de ses épaules comme par magie. La magie de cette brise salée, de ces odeurs méditerranéennes, de ces paysages littoraux, de ce ciel d'un bleu de rêve, de tout cet univers qui avait bercé son enfance et qui, chaque fois qu'elle y revenait, la revitalisait comme une cure de jouvence.

Elle respira un grand coup et offrit son visage au soleil.

La maison familiale se trouvait un peu à l'extérieur de Montpellier, sur la route qui menait à Palavas-les-Flots, pas très loin des marais salants réputés dans la région. Modeste et à la fois confortable, la propriété comprenait une bâtisse à deux étages et une portion de terrain dont une partie était occupée par les fleurs de Marthe et l'autre par le potager de Louis, que chacun couvait avec soin.

Un vrai stéréotype, pensa tendrement Hélène en parcourant le lieu de son enfance du regard, digne de figurer en couverture de *Meubles et jardins*, chapitre « *La maison idéale du retraité* » !

Mais surtout, elle occupait la place stratégique par excellence : à quelques secondes de la plage, à quelques minutes de la ville et à quelques heures de la montagne. Non pas que ses parents soient de fervents adeptes du farniente façon serviette-de-plage-huile-solaire-mots-fléchés, eux qui étaient toujours par monts et par vaux, mais la Hélène adolescente avait su mettre à profit cet emplacement : les virées interminables en boîte, les séances de shopping effréné à La Grande-Motte, sans oublier les après-midi entre filles sur le sable à mater les abdos de leurs homologues mâles.

Hélène sourit à ces souvenirs et à ces jours perdus d'insouciance.

Elle avait fait ses études à la faculté de lettres de Montpellier et, malgré la proximité de celle-ci, avait tenu à louer un studio pour un peu distendre le cordon qui la liait à ses parents, ne rentrant que les week-ends pour se lover dans le cocon familial… et apporter son linge sale de la semaine !

— Alors bébé, on profite du soleil ?

Elle se retourna.

Laurent portait Benjamin dans les bras et lui donnait le biberon.

Voir les deux hommes de sa vie ici, dans cette maison, sur ce balcon où son père lui avait appris à jouer aux échecs, où sa mère l'avait consolée de ses déceptions amoureuses prépubères, la remplissait d'une joie indicible.

— Oui, comme tu vois, répondit-elle en s'étirant d'aise.

— Je crois que Benjamin va vite se faire au climat d'ici. Hein, bébé ? dit-il en posant un baiser sur le front de son fils.

— J'espère bien, n'oublie pas qu'il a du sang méditerranéen, comme sa mère !

— Eh, se récria Laurent en riant, une moitié seulement. L'autre moitié est alsacienne, je te le rappelle.

— Et ça va former un mélange explosif, j'en suis sûr ! clama Louis qui arrivait, une cruche de thé glacé à la main. Tout va bien, les enfants, vous ne manquez de rien ?

En deux jours, tout le monde avait eu le temps de prendre ses marques, mais Louis, en bon père poule qu'il était, ne pouvait s'empêcher de poser la question quinze fois par jour.

— Tout est très bien, Louis, affirma Laurent. Franchement, on fait bien de dire que vous avez la belle vie ici ! Regardez-le, le petit père, ajouta-t-il en faisant un signe de tête à un Benjamin qui sirotait goulûment son biberon, les bras grands ouverts. Je crois que même lui se sent comme un coq en pâte ici.

Hélène pouffa.

— Je vois un autre coq tout aussi en pâte ! dit-elle en désignant le coin du balcon.

Là, affalé sur un petit matelas, les quatre fers en l'air, Ulysse se dorait carrément la pilule. Indifférent aux trois paires d'yeux qui le dévisageaient en riant, le chien à l'âge improbable somnolait et goûtait la chaleur qui devenait enfin supportable en cette fin d'après-midi.

— Louis, ajouta Laurent, si un jour je dois me réincarner, je veux que ce soit en chien chez vous !

Louis lui tapa paternellement dans le dos quand la sonnerie de la porte d'entrée retentit.

— Déjà ta mère, Hélène ? D'habitude, quand elle va chez le coiffeur, elle en a pour une éternité !

— Je crois plutôt que c'est l'infirmière de Laurent, papa, lui répondit sa fille. Elle devait arriver à 17 heures.

Le jeune homme se redressa subitement et se mit alors à rouler des mécaniques dignes d'un Aldo Maccione de supérette.

— Eh eh, on va enfin la voir cette infirmière aux courbes généreuses. Dis, chérie, tu crois que c'est vrai ou que c'est un mythe ? demanda-t-il en prenant un mauvais accent italien.

— Quoi donc, mon chéri ?

Il lui adressa un clin d'œil coquin de série B.

— Pardi, qu'elles n'ont rien sous leur blouse !

Hélène lui donna une tape en prenant Benjamin.

— T'as le droit de rêver, baby. Je crois que tu fréquentes trop Françoise, toi ! plaisanta-t-elle en passant devant lui.

Arrivée à la porte-fenêtre qui donnait sur le salon, elle s'arrêta brusquement et écarquilla les yeux.

Elle se retourna, scruta son mari et fut prise d'un brusque fou rire.

— Que se passe-t-il, chérie ? demanda Laurent.

— Rien, rien, mon amour, mais je te laisse car ton infirmière vient d'arriver. Tu me raconteras… pour la blouse ! se gaussa-t-elle en tentant de se cacher derrière son fils.

À ces mots, Louis arriva sur le balcon, accompagné de Terminator en personne : un mètre quatre-vingt-dix de testostérone, des battoirs en lieu et place de mains, le crâne luisant comme un œuf, le tout se déplaçant avec la grâce et la légèreté d'un taureau transgénique.

— Bonjour, je suis l'infirmier. Je viens pour la piqûre.

* * *

Jeffrey n'en pouvait plus.

Strasbourg s'était transformée en four depuis quelques jours et pas un seul filet d'air ne parvenait à pénétrer dans l'appartement malgré les fenêtres grandes ouvertes et le ventilateur qui tournait à plein régime. Assis à son bureau en caleçon, Jeff transpirait à grosses gouttes, ce qui n'était pas pour évacuer l'humeur maussade qui l'avait cueilli dès le saut du lit.

Passe encore que son frère se fasse la malle avec femme et enfant chez les beaux-parents ; certes, ça le tracassait mais ce n'était que pour quelques jours. Passe aussi que les deux heures qu'il venait de perdre au sauna gay ne lui aient pas apporté ce qu'il était venu y chercher, à savoir un plan et une éjaculation dignes de ce nom ; certes, ça ne lui était pas venu à l'esprit que macérer dans un sauna par cette chaleur n'était pas l'idée la plus subtile qui soit. Passe enfin que son voisin d'en face inonde la rue de Johnny Hallyday depuis 9 heures du matin ; certes ça n'avait pas contribué à démarrer la journée de la manière la plus sereine.

Mais cette conférence qui approchait et qui était loin d'être prête, voilà ce qui l'irritait au plus haut point.

Deux semaines.

Il lui restait deux semaines pour peaufiner son plan, terminer les PowerPoint à projeter, rassembler les rapports et envoyer les invitations de dernière minute. Il devait aussi contacter son ami Charles Dorling qui devait intervenir et rentrait des États-Unis tout exprès, mais impossible de le joindre.

Jeff maugréa, jeta son crayon sur le bureau jonché de papiers et livres en tous genres, alluma une énième Camel et entama son troisième Coca Zéro.

Peut-être devrait-il prendre deux ou trois jours de congé ?

Après tout, Jeanne était capable de gérer le service sans lui. Il ne savait même plus à quand remontaient ses dernières vacances.

Non.

Non, il devait se montrer capable de tout contrôler, comme il en avait l'habitude. Il n'avait jamais faibli, jamais. Cette conférence était une nouvelle étape dans son parcours professionnel, un nouveau barreau sur l'échelle qu'il s'était donné pour mission de gravir. Mis à part le commun des mortels et les étudiants, la fine fleur scientifique et l'élite des neurosciences y assisteraient, et c'est lui, Jeffrey Dalgrand, qui ferait aux yeux de tous le bilan des connaissances en la matière, qui exposerait les résultats des dernières expériences, et qui anticiperait sur les traitements et les technologies du futur.

Il voulait briller et être admiré.

Non, oh non, il n'allait pas faillir et il allait préparer un exposé parfait, quitte à y passer des nuits entières et à oublier ses hormones que la moiteur titillait fiévreusement.

Il sourit et écrasa sa cigarette dans le cendrier rempli en jetant un œil vers la fenêtre. Il pouvait supporter tout ça, oui, mais les beuglements de Johnny Hallyday, ça, non, c'était définitivement au-dessus de ses forces.

Il se leva et claqua rageusement les volets : mieux valait étouffer sur place que d'avoir à supporter les braillements inaudibles de l'*idole des jeunes* !

Il allait se rasseoir quand son portable se mit à sonner.

Il saisit le téléphone et posa les yeux sur l'écran.

Charles.

Enfin !

* * *

— Tu quoi ?

Hélène, portable vissé à l'oreille dans une main, poussette dans l'autre, n'avait pu s'empêcher de crier, faisant se retourner plusieurs passants.

Elle était partie flâner dans les rues du centre-ville, abandonnant mari et parents dans une folle partie de belote, et c'est aux abords de la place de la Comédie bondée de touristes que son portable avait sonné.

C'était Françoise qui venait aux nouvelles, ou pour être plus précis, qui donnait de ses nouvelles. Une Françoise au top de sa forme, d'ailleurs, qui profitait de deux semaines passées au Maroc pour faire une visite minutieuse et approfondie de l'autochtone mâle local.

— Comme je te le dis, baby, répéta-t-elle.

— Cette fille est folle ! se scandalisait Hélène en entendant les derniers exploits physiques nocturnes de son amie.

— Oh, je t'en prie, ne fais pas ta choquée. T'as fait vœu d'abstinence depuis que tu maternes ou quoi ?

— Quand même ! À trois ! Tu as réussi à te dégoter deux mecs dans un pays étranger ?

— Oh tu sais, la baise c'est une langue internationale, et j'aime être polyglotte, précisa Françoise dont Hélène imaginait parfaitement le sourire malicieux croulant sous deux bonnes couches de rouge à lèvres même sous la canicule marocaine. En tout cas, ajouta-t-elle, le Marocain, c'est pas mal, j'avais jamais testé mais je te le recommande !

— Tu frôles les propos racistes là, ma chérie.

— Racistes ? Bien au contraire, je dis qu'un bon coup de Marocain là où il faut, y a rien de tel ! Alors imagine deux Marocains !

— Tu sais qu'il y a des lois sur le tourisme sexuel quand même, pouffa Hélène.

— Je ne vois pas en quoi le tourisme peut se révéler intéressant s'il n'est pas justement sexuel !

— À part ça, tu visites un peu ?

— Visiter quoi ? Les souks ? Tu m'imagines en touriste, tongs de supermarché aux pieds, bermuda fleuri au vent et guide touristique sous le bras, à m'extasier sur la première poterie qui me passe sous les yeux ? Ma pauvre fille, je préfère m'intéresser de près à d'autres types de… hum… moulures, si tu vois ce que je veux dire…

— Irrécupérable !

— Comme vous dites, très chère, ajouta Françoise pour clore le sujet. Et vous alors, tout va bien ?

— Écoute, oui, ça va nickel. Laurent rayonne et est en pleine forme, je n'osais plus y croire. Ton filleul pousse à une vitesse incroyable, tu ne le reconnaîtras déjà plus. Et mes parents sont aux anges de nous avoir à la maison, comme tu peux t'en douter.

— Tu m'étonnes ! En tout cas, je suis contente pour Laurent.

— Et moi donc, je revis, vraiment.

— Cool, ma grande.

— Bref, on en profite tous un maximum.

— T'as bien raison, ma chérie. Les vacances, c'est fait pour ça et tu l'as bien mérité.

— Je pense oui. J'essaye de reprendre autant de forces que je peux car dans un mois, c'est reparti. Ça va vraiment me faire drôle de retourner au bahut et de reprendre les cours.

— Bon, si c'est pour dire des choses désagréables, je préfère raccrocher !

— OK, excuse, dit Hélène en riant.

— De toute façon, je dois te laisser. Je viens de voir un collier, ma fille, une merveille. Il est en train de me crier « achète-moi, achète-moi », et tu sais que je ne peux résister à ce genre d'appels.

— OK, sur un marché local ?

— Un marché local ! Un marché local ! Et pourquoi pas sur Mars aussi ! s'offusqua Françoise. Non, je suis à la bijouterie de l'hôtel.

* * *

Marthe et Louis avaient invité à dîner leur voisine, Mme Perranges, pour la remercier d'avoir arrosé les plantes et bien voulu s'occuper d'Ulysse pendant leur absence. Hélène l'avait toujours connue et, sans la détester, ne l'appréciait pas plus que ça.

Soixante ans, vieille hippie sur le retour qui ne s'habillait que de fripes et pour qui la mode consistait à porter un chemisier à rayures violettes sur un pantalon à imprimés bleus et jaunes. Elle se massait tous les soirs à l'huile de foie de morue (« ça permet de bien faire circuler les fluides dans l'organisme »), participait à des ateliers de conversations végétales (« c'est important pour le karma de communiquer avec les arbres ») et écoutait du matin au soir des CD de cris de baleine (« ça apaise les chakras »).

Et, bien entendu, avait des idées bien arrêtées sur tout, et en particulier, sur l'éducation des enfants.

La soirée fut un festival.

— Tu dois être consciente, ma petite Hélène, qu'il est nécessaire pour l'enfant qu'il se sente roi au sein du foyer.

Hélène entrevit le clin d'œil de sa mère qui, toujours bienveillante et tolérante, passait outre les excentricités un rien encombrantes de sa voisine.

Hélène lui sourit.

— Mais oui, je sais, répondit-elle poliment à une Dominique qui était à la pédopsychiatrie ce qu'un cheeseburger était à la diététique.

— L'enfant doit savoir qu'il est aimé et chéri. Rien de plus horrible pour lui que de pleurer tout seul pendant des heures dans le noir en attendant que ses parents daignent bien s'en inquiéter.

— Oui, Dominique.

— Sinon, ça le déstabilise et ça déséquilibre son énergie vitale constructrice. Et à l'adolescence, il aura une réaction de rejet.

— Oui, Dominique.

— Et ça pourra perturber les ondes de la cellule familiale.

— Oui, Dominique.

— Si les jeunes d'aujourd'hui sont si difficiles, c'est bien parce que les parents modernes occultent les fondements mêmes d'une éducation consciencieuse.

Hélène se retint de rire. Oui, Dominique ! C'est tout à fait ça ! L'énergie vitale machin-chose de Benjamin va être perturbée parce que je veux un peu l'habituer à pleurer tout seul !

— Et, bien entendu, dans cette éducation, le père doit rester le référent suprême, symbole d'autorité et de hiérarchie. Je ris en voyant ces pères prétendument modernes qui pensent que c'est à eux de s'occuper de couches et de biberons.

Ben non, bien sûr ! L'homme c'est la virilité, et les femmes c'est casseroles et compagnie !

Hélène détestait ces poncifs éventés.

— C'est comme pour l'allaitement.

Nous y voilà, le couplet favori des postsoixante-huitardes en mal de reconnaissance !

— La mère oublie que l'allaitement est avant tout un partage symbolique. C'est le transfert de fluides entre elle et son enfant. Et elle ne doit pas l'interrompre de son propre chef, elle doit laisser l'enfant s'en détourner de lui-même et c'est donc à lui de décider s'il ne veut plus téter sa mère.

Ben tiens ! Pour sûr ! Et s'il ne le décide pas, je me pointe tous seins dehors à la cour de récré du lycée pour lui donner son quatre-heures !

Hélène commençait à perdre patience.

Elle n'aimait pas faire ça, mais il fallait rabattre son caquet à cette vieille bique, et heureusement, avec Françoise pour amie, elle était à bonne école.

Elle afficha son plus beau sourire et lâcha sa bombe.

— Dites-moi, Dominique, avec toutes ces idées sur l'éducation, comment se fait-il que vous n'ayez jamais eu d'enfants ?

La vieille hippie faillit s'étouffer dans sa tarte aux fraises.

Laurent pouffa dans sa serviette en jetant un regard surpris à sa femme tandis que Louis toussotait pour faire diversion.

— Heu… quelqu'un prendra du café ? demanda Marthe en fusillant sa fille du regard.

* * *

Dans la salle de bains, Hélène et Laurent se préparaient pour la nuit, à savoir qu'il s'adonnait à son traditionnel arrachage de poils d'épaules tandis qu'elle vérifiait dans le miroir qu'elle perdait bien ses rondeurs de grossesse.

— Tu sais quoi, chéri ?

— Hum ?

— Je crois qu'on ne reverra pas de sitôt la mère Perranges !

Laurent ricana en se levant du rebord de la baignoire pour enlacer sa femme par-derrière.

— Tu l'as bien mouchée, en effet. Vilaine ! ponctua-t-il de baisers posés dans le cou d'Hélène.

— Elle l'avait bien cherché en même temps !

— Hum… hum… marmonna-t-il tout en passant ses mains sous la nuisette d'Hélène qui se tourna vers lui.

— Dites-moi, monsieur Dalgrand, je vous sens bien excité ce soir.

— Et encore, tu n'as rien vu ! répondit-il en attrapant ses seins. Laisse-moi deux minutes me brosser les dents, et tu verras après si je ne suis qu'excité !

— Prétentieux, va !

Elle déposa un baiser sur son front et lui caressa les cheveux tandis qu'il entamait un énergique brossage de dents. Elle le regarda avec une tendresse infinie dans la glace.

— Tu sais quoi ?

— Chwoi ? répéta-t-il, la bouche pleine de dentifrice.

— Je crois que je peux dire, là, à cette minute, que je suis heureuse.

Il cracha dans le lavabo et lui rendit son regard dans le miroir.

— Moi aussi, bébé.

Elle se pressa dans son dos.

— Je t'aime.

— Moi aussi, je t'aime.

Il se pencha pour se rincer la bouche, se releva et c'est là qu'Hélène ne put retenir un cri.

Elle porta la main à sa bouche, et sentit quelque chose se briser en elle.

— Chérie, qu'est-ce qui t'arrive ?

Elle ne disait rien.

Son visage s'était crispé tandis qu'elle regardait son mari.

— Chérie, réponds-moi, que se passe-t-il ? répéta-t-il en voulant la prendre dans les bras.

Elle esquiva, et c'est d'une voix tremblante qu'elle parvint à lui répondre.

— Laurent… tu saignes…

— Quoi ?

Laurent tourna les yeux et vit le sang mélangé au dentifrice qui maculait le lavabo.

Il sourit.

— Ben oui, bébé, tu sais bien que j'ai toujours les gencives qui saignent quand je me brosse les dents, remarqua-t-il nonchalamment en se retournant vers Hélène. Tu n'as pas à t'inquiéter pour ça.

Elle avait toujours une lueur de panique dans le regard.

— Non, répondit-elle faiblement. C'est pas ça…

Sa voix trembla.

— Chéri… tu as du sang… qui coule de l'oreille.

# 13

Un rayon de soleil tentait depuis quinze minutes, en perçant à travers les persiennes, de tirer Françoise d'un sommeil qui s'apparentait davantage à un coma. La lumière jouait malicieusement avec la face défaite de la jeune femme, titillant plus particulièrement ses paupières qu'un burin n'aurait pas réussi à décoller tant elles étaient soudées par des kilos de khôl séché.

Il faut dire que la soirée de la veille avait été plus que mouvementée, au même titre que la nuit qui suivit d'ailleurs.

Depuis son retour du Maroc, Françoise avait les hormones survoltées, hormones qui déjà en temps normal étaient toujours sur le qui-vive. Ses émois exotiques avaient exacerbé une sensualité – pour ne pas dire plus – qui ne demandait qu'à l'être. Aussi, la veille s'était-elle parée de sa tenue de combat personnelle, à savoir une jupe qui n'avait de jupe que le nom, les éternels talons à triple étage, un petit top façon « moulage mammaire », le tout dans une couleur que même un peintre sous mescaline n'aurait osé imaginer. Et c'est ainsi, sobrement vêtue, tous seins et toutes fesses dehors, qu'elle s'était rendue à l'*Offshore*.

Certes elle trouvait ce genre de discothèque complètement surfaite, genre boîte pseudo-branchée provinciale qui tente lamentablement de se la jouer boîte pseudo-branchée parisienne. Avec, cela va sans dire, sa faune : ados surexcités, bimbos survoltées, blaireaux cocaïnés ; et sa flore : alcool, ecstas, et poppers. Une jungle oisive qui tente désespérément d'oublier le vide de sa vie en mimant une euphorie superficielle aussi pathétique que risible.

Françoise détestait ce genre d'ambiance où tout le monde se connaît et s'embrasse mais où tout le monde médit de tout le monde. Elle trouvait pitoyable ce besoin de se bourrer de substances artificielles pour s'amuser et jouer au petit rebelle à trois sous. Mais, parfois, une envie de s'encanailler la prenait et surtout, elle voulait tester son quotient séducteur auprès du jeune public. Alors elle s'armait de sa tenue de combat et descendait dans l'arène, s'autorisant ainsi quelques heures de frivolité ainsi que quelques verres alcoolisés, et se mettait à l'affût d'un mâle un peu moins halluciné que les autres, tâche beaucoup plus ardue qu'il n'y paraissait.

Elle réussit enfin difficilement à soulever une paupière, s'étira avec délectation, et ce qui acheva de la sortir de sa torpeur matinale fut son bras qui heurta une masse molle à ses côtés.

Mince alors, on dirait bien un corps !

Elle se redressa d'un coup et ses yeux découvrirent l'objet de la résistance : un mâle nu ronflait sur l'oreiller à côté d'elle.

Et là, elle se dit comme à chaque fois que la chose lui arrivait : plus jamais d'alcool quand je sors !

Elle ne se demanda pas qui il était, quelle nuit ils avaient passée, ni comment elle l'avait abordé. La seule pensée qui lui vint et qui acheva de la réveiller entièrement fut qu'elle devait avoir la tronche complètement défaite. Parce que pour Françoise, la règle primordiale dans son manuel personnel de féminité était d'être au top de la séduction en toutes circonstances. Ce qui, reformulé, donnait : lève-toi, ma fille, et refais-toi une beauté !

Qu'on puisse la voir au réveil ? Le visage à l'envers et le maquillage passé ? Plutôt se faire greffer une troisième jambe !

Elle retint sa respiration, se glissa avec précaution hors du lit, et entra dans ce qui semblait être la salle de bains.

Un œil non avisé aurait pu se méprendre et se croire dans le laboratoire d'un savant fou : partout des flacons livraient bataille à des pots multicolores, les poudriers guerroyaient avec les pinceaux, fioles et tubes se disputaient la place. La pièce aurait rendu fous d'envie chirurgiens plastiques, thanatopracteurs et peintres en bâtiments. Une caverne d'Ali Baba de l'esthétique ! Et pourtant, pour Françoise, ce n'était là que le minimum vital de toute femme qui se respecte.

Elle ferma doucement la porte, ne voulant pas réveiller le mâle qui sommeillait encore dans son lit, et se regarda dans la glace.

Elle retint de justesse un cri d'épouvante

Elle évalua les dégâts avec dégoût, et entreprit de se refaire une beauté, mais vraiment trois fois rien : s'imbiber de lait démaquillant, s'hydrater d'une crème de jour, se tartiner d'un baume aux actifs autobronzants, se décongestionner les yeux, se plâtrer d'un fond de teint discret, se brosser les cils, s'étaler le fard à paupières, s'ombrer les pommettes, et pour finir s'inonder de parfum.

Une publicité vivante pour L'Oréal… parce qu'elle le valait bien !

Elle finissait le ravalement de façade quand des borborygmes lui parvinrent de la chambre.

Ah, le mâle se réveillait !

Elle réajusta sa crinière, plaqua sa moue aguicheuse sur ses lèvres et entra dans la chambre.

Le mâle se redressa sur un coude.

— Hum… salut, bébé, roucoula-t-il.

— Salut… heu…

Merde, comment s'appelait-il déjà ? Impossible de se souvenir !

— Bien dormi ? répondit-elle pour faire diversion.

— Hum… Très bien, et toi ?

— Bien aussi.

Le vide du dialogue commençait déjà à l'agacer, mais le mâle rejeta les draps et découvrit sa nudité sans gêne ni pudeur. Françoise put alors vérifier non seulement que celui-ci semblait en très grande forme mais aussi qu'elle avait ramené un morceau de choix : vingt-cinq ans d'âge environ, un mètre quatre-vingt-cinq au garrot, le poitrail musclé, le cuissot saillant, et le poil lustré.

Bon, d'accord, la bête arborait un sourire bovin qui collait parfaitement à son physique et qui cachait certainement le QI d'une huître à l'agonie. Toujours était-il que Françoise s'estimait assez satisfaite d'avoir ramené cette chose chez elle, preuve s'il en fallait de l'acuité de ses facultés de prédatrice.

Mais, pour l'heure, elle voulait surtout se débarrasser de l'animal, détestant par-dessus tout ces instants matinaux postcoïtaux.

— Café ? demanda-t-elle.

— Hum… répondit le bovin qui décidément avait un vocabulaire très varié, je pensais plutôt à autre chose.

Le tout agrémenté d'un clin d'œil aussi raffiné qu'une lanceuse de disque allemande.

— Heu… je suis désolée mais j'ai pas mal de choses à faire aujourd'hui.

— Ça va, j'ai compris, dit-il en enfilant caleçon et chaussettes. Je suppose qu'il est inutile de te demander si on va se revoir.

— Oui, en effet.

— Hum… OK… ben merci quand même pour la nuit.

— Mais je t'en prie, répondit laconiquement Françoise, se retenant de soupirer devant la lenteur pachydermique qu'il mettait à enfiler son tee-shirt et son jean de marque.

— Bon… hum… ben à plus.

Le bovin parti, Françoise ouvrit fenêtres et volets pour chasser les derniers miasmes érotiques qui flottaient dans la pièce, quand son portable se mit à vibrer. Hélène.

— Salut, ma chérie. Ça va ?

— Salut Françoise. Oui ça va bien, je voulais juste m'assurer que tu ne seras pas en retard.

— En retard ??

— C'est bien ce que je pensais, répondit Hélène en riant. Je te rappelle que tu dois venir me chercher dans une heure. On va à la conférence de Jeff aujourd'hui.

— Oups !! J'avais complètement oublié.

* * *

Ça y était.

C'était le grand jour.

Jeff, en boxer et torse nu, en était à sa troisième série d'abdominaux.

Il avait peaufiné les détails jusque tard dans la nuit et s'était levé tôt : tout était maintenant prêt, classé, ordonné, et il avait même réussi à enfin joindre Charles qui le rejoindrait directement à la faculté.

Jeff ne ressentait ni peur ni angoisse, seulement une excitation et une impatience qu'il essayait de déjouer par l'exercice physique. Il voulait surtout être au top de sa forme aujourd'hui et malgré la sueur qui perlait sur son torse et les abdominaux qui commençaient à tirer, il continuait ses mouvements.

Des mois.

Voilà des mois qu'il attendait ce moment.

Pour lui, cette conférence était le Graal qui assiérait, s'il le fallait encore, la renommée internationale de ses recherches. Des projets pourraient être lancés, des fonds se débloquer, des avancées se confirmer. Il savait par des indiscrétions que des chercheurs américains avaient apprécié ses derniers travaux sur la douleur et avaient entrepris certaines démarches pour le débaucher. Certes, Jeff ne comptait quitter ni le CHU de Hautepierre ni la France, mais savoir que des sommités étrangères lorgnaient de son côté lui procurait un sentiment de toute-puissance qui lui plaisait.

Bien sûr, tout ce qu'il faisait était au nom de la science, cette science qu'il plaçait au-dessus de tout telle une déesse qu'il fallait honorer et adorer, quitte à lui faire des sacrifices, au sens propre comme au figuré. Bien sûr, il souhaitait plus que tout être un des pionniers à s'aventurer dans les contrées encore vierges du cerveau. Bien sûr, l'homme de sciences en lui prenait le pas sur l'homme tout court. Mais il ne pouvait s'empêcher d'envisager avec une certaine délectation les retombées sur son prestige personnel. Il se pardonnait bien vite ce penchant à l'autosatisfaction, se disant qu'après tout un chercheur sans orgueil est un navigateur sans gouvernail.

C'était sa vision de la recherche et si certains pontes poussiéreux ne l'approuvaient pas, il n'en avait cure. Il se voulait le représentant de cette nouvelle génération de chercheurs, le parangon de ces jeunes loups avides qui œuvraient avant tout pour le bien de l'humanité, mais aussi pour leur épanouissement personnel, et Jeff ne voyait pas le mal qu'il y avait à cela. Bien au contraire, il en tirait une fierté d'autant plus grande qu'il l'estimait mal reconnue. Il voyait bien qu'on vivait dans une société où les exploits d'un joueur de foot devenaient événement national alors que des chercheurs trimaient sang et eau pour éradiquer le cancer. Où le deuxième mariage du chef de l'État contaminait les colonnes des journaux alors que l'on touchait du doigt les remèdes contre la maladie d'Alzheimer. Où les scandaleuses indemnités de banquiers pourris s'étalaient sur les premières pages alors que les laboratoires se battaient pour trouver des fonds.

Pourquoi n'aurait-il pas le droit de s'octroyer cette reconnaissance que certes les médias spécialisés lui accordaient, mais que les grands médias populaires lui refusaient ? Heureusement qu'il se sentait plus utile qu'un niaiseux joueur de foot ! Heureusement qu'il s'estimait plus indispensable qu'un acteur hollywoodien sous amphet ! Heureusement qu'il se jugeait plus intéressant qu'une bimbo liftée sur son plateau télé ! Et que ceux qui trouveraient cet état d'esprit d'une vanité puante passent ne serait-ce qu'une après-midi dans un laboratoire ou un service de soins. On en reparlerait alors !

Il chassa rapidement ces pensées qui le rendaient immanquablement amer et qui faisaient toujours naître en lui une certaine forme d'aversion pour la nature humaine, aversion qui, s'il y réfléchissait un peu, cadrait assez mal avec sa vocation de scientifique.

Mais aujourd'hui, amertume et aversion ne devaient être de mise.

Aujourd'hui, c'était la sérénité et le sentiment d'accomplissement qui devaient primer.

Sa sixième série d'abdos terminée, il se releva et se servit un verre bien frais de Coca Zéro.

Le voisin d'en face avait à nouveau poussé le volume de sa stéréo à fond et à nouveau Johnny Halliday inondait le quartier de son dégueulis inaudible. Mais pour une fois, Jeff passa outre et fut d'humeur clémente envers le papy du rock. La journée était trop belle et ce mois d'août lumineux était de bon augure.

Jeff pouvait entendre par la fenêtre ouverte le bruit de la foule grouillante qui envahissait les pelouses et les allées du parc de l'Orangerie. Les Strasbourgeois étaient de sortie et se mêlaient aux touristes dans une insouciante convivialité, emplissant l'air d'une joie de vivre tout estivale. On profitait des rayons de soleil et on faisait le plein de chaleur en oubliant tout le reste.

Jeff entra dans la salle de bains.

Comme d'habitude, il ne put s'empêcher en passant de s'admirer physiquement dans la glace, tout comme il s'admirait intellectuellement. Il passa sa main sur ses pectoraux, sur son ventre plat et enleva son boxer en entrant dans la douche.

Sous le jet brûlant, il ne peut retenir un sourire.

Oui, le grand jour.

C'était bien le grand jour.

* * *

Laurent alla ouvrir la porte, Benjamin dans les bras.

— Salut, baby.

— Salut, Françoise. Entre, Hélène est bientôt prête, répondit-il en lui claquant deux bises amicales sur les joues.

— Quoi ? Madame me fait une scène au téléphone, et c'est maintenant moi qui dois attendre ? Mon chéri, chuchota-t-elle en prenant des airs de conspiratrice, fais attention, ta femme devient infréquentable. Ça ne lui réussit pas de se faire tripoter les muscles du périnée par son kiné !

Laurent éclata de rire en s'effaçant pour la laisser entrer.

— Peut-être, ajouta-t-il malicieusement, en tout cas elle, elle ne laisse pas son périnée à l'air quand elle sort.

Et en effet, la tenue du jour de Françoise aurait mérité une place dans le Livre Guinness. Record battu du vêtement ayant nécessité le moins de tissu ! Le bronzage marocain fraîchement acquis ne faisait qu'ajouter à la chose. Ce n'était plus de la séduction, même pas de l'érotisme, mais carrément un paquet de phéromones lancé à la face de tous les mâles environnants.

Arthur lui-même, en voyant la chose, faillit s'étouffer dans son bocal.

— Je te rappelle que tu vas à une conférence scientifique, pas à un peep-show !

— Mais je ne vous permets pas, très cher, répondit-elle faussement outragée. Ça leur fera justement beaucoup de bien à tous ces rats de laboratoire de sortir de leurs pipettes ! Et de voir sous leurs yeux ébahis la perfection faite femme ! J'œuvre pour le bien de la science, moi, monsieur !

Laurent secoua la tête.

— Allez, donne-moi tout de suite mon filleul !

Laurent obtempéra et Françoise prit si consciencieusement Benjamin dans les bras qu'elle en oublia jusqu'à son rôle de vamp allumée.

Ils s'assirent tous deux sur le sofa.

— Alors, mon zigouigoui, qu'est-ce que tu racontes à ta marraine préférée ? demanda-t-elle en frottant son nez contre celui de Benjamin.

Celui-ci, dans l'insouciance de ses deux mois et demi, émit un monumental bâillement, indifférent aux ridicules sobriquets dont il était constamment affublé par son excentrique marraine.

— Alors, ces vacances ? demanda Laurent sur un ton complice.

— Hum… intéressantes, et je dirais même… prenantes, répondit-elle sur le même ton. Mais et toi alors, comment tu te sens ? demanda une Françoise qui avait repris son sérieux.

— Bien, bien.

— Hélène m'a tenu au courant des derniers événements.

— Oui, mais heureusement, il y a eu plus de peur que de mal.

— Et ces saignements ?

— Rien de bien grave. On a tout de suite prévenu Jeff qui nous a expliqué que mon cerveau avait été sollicité d'une manière qui lui était inconnue pendant l'opération et que c'est sa manière à lui de réagir. Mais tout se remet en place, petit à petit.

— Tu prends bien ton traitement postopératoire ?

— Oui, je continue les piqûres, je prends aussi mes cachets, et je termine la radiothérapie la semaine prochaine. Comme tu le vois, j'ai dit adieu à ma magnifique chevelure, plaisanta-t-il en passant la main sur son crâne quasiment chauve.

— Tu es quand même très pâle, mon chéri.

— Oui, et je me sens aussi très fatigué, mais tout est normal, je vais bien, ne t'inquiète pas.

— Bon me voilà rassurée alors. Hein, mon shcrougnougnou, dit-elle à Benjamin en lui chatouillant le ventre.

Elle n'eut droit qu'à un nouveau bâillement pour toute réponse.

— Alors, ma fille, remise de tes débauches marocaines ? demandait Hélène en descendant l'escalier qui menait au salon.

— Salut, ma chérie, répondit Françoise en embrassant son amie. Seigneur Jésus Marie Joseph, mais tu as l'air radieuse. Il faudra que tu me donnes l'adresse de ton kiné.

— Tss... tss... n'y compte même pas !

— Ben quoi ? demanda Françoise d'un air exagérément innocent.

— Pour que tu le vampirises toutes les nuits, non merci ! pouffa Hélène.

— Pff… Tu as vu Benjamin comme je suis traitée dans cette maison, dit-elle en prenant le nourrisson à témoin.

Hélène posa un baiser sur le front de son fils, et prit les clés sur la commode de l'entrée.

— Trêve de plaisanterie, on va devoir y aller.

— Alors, tu restes vraiment ici avec Benji ? demanda Françoise en rendant le bébé à son père. Tu ne viens même pas voir ton frère ?

— Bah, tu sais, entendre parler pendant deux heures de cerveau après l'opération que je viens de subir, non merci. Et puis, je reste avec mon p'tit chou, expliqua-t-il en caressant le ventre de Benjamin. Jeff ne m'en tiendra rigueur.

— Bon, très bien.

— Et puis ma mère va arriver d'une minute à l'autre.

— Ahhh, tous aux abris ! hurla Françoise en feignant une attaque terroriste. Allez, allez, on y va, Hélène, qu'est-ce que tu glandes ?

Le jeune couple échangea un regard amusé, s'envoya un baiser et les deux femmes sortirent.

* * *

Jeff s'installa et son regard parcourut l'immense amphithéâtre de l'université Louis Pasteur de Strasbourg.

La salle était bondée et il y régnait une incroyable cacophonie : connaissances qui se saluaient, sièges qui se rabattaient, mains qui se serraient, séants qui se levaient pour laisser passer d'autres séants, un désordre étourdissant qui pourtant ne perturbait aucunement l'extrême concentration de Jeff.

Ses yeux se portèrent sur le premier rang, réservé aux plus grands pontes de la recherche scientifique actuelle. Il y reconnut les grands noms des neurosciences, les références en la matière, ceux qui en quelque sorte lui avaient ouvert la voie : le professeur américain Jack Lauzy, de la Brown University de Providence, inventeur du dispositif Braingate, cet ensemble de microélectrodes qui permettent de traduire les intentions de patients paralysés en actions ; le neurologue français Stéphane Zimmard, le pionnier du traitement de la maladie de Parkinson par stimulateur électronique ; le docteur Karl Svensson, coordinateur suédois de l'équipe d'épileptologie qui avait réussi à identifier les zones épileptogènes du cerveau. Et bien d'autres qui, tous, avaient fait le voyage pour entendre les bilans des travaux du jeune prodige Dalgrand.

Il se retint de bomber le torse, et posa ses yeux un peu plus haut sur ses étudiants, les encore novices, ceux qu'il tentait presque tous les jours de passionner et de rallier à sa cause, tel un Pygmalion de la science.

Peut-être y avait-il parmi eux son futur successeur ? Son héritier ?

Il prit son souffle et tapota sur le micro.

La salle était comble quand Hélène et Françoise prirent place.

Sommités, étudiants, curieux se côtoyaient dans une promiscuité qui, sans cette occasion, aurait été inenvisageable. Et toute cette masse avait retenu son souffle quand enfin le professeur Dalgrand avait fait son entrée sur l'estrade quelques minutes plus tôt.

Les étudiants en médecine ressentirent une certaine fierté à voir ainsi un de leurs prestigieux enseignants s'avancer sous l'œil concentré de chercheurs et autres scientifiques. Ils se donnaient des coups de coude complices tout en s'échangeant des œillades satisfaites.

Hélène, quant à elle, se sentait surtout intriguée d'entendre son beau-frère habituellement mutique se livrer à un exercice oratoire.

De son côté, Françoise, après une mise au point dans son miroir de poche, balayait la salle du regard en s'attardant plus particulièrement sur la gente féminine.

— Non mais regarde-moi ces pimbêches, dit-elle à Hélène en désignant d'une main dédaigneuse les étudiantes qui dardaient des yeux enamourés sur Jeffrey. Elles font pipi dans leurs culottes !

— Françoise ! la morigéna Hélène qui ne put pourtant retenir un petit rire.

— Quoi ? Mais regarde-les ! Elles bandent carrément sur lui ! J'espère que l'équipe de maintenance a prévu les serpillières car c'est en train de bien mouiller sous les banquettes !

Quelques têtes devant elles se retournèrent pour jauger l'intruse qui se permettait de proférer de telles insanités dans un amphithéâtre de faculté de sciences. Mais non seulement Françoise n'avait jamais eu cure du qu'en-dira-t-on, mais surtout elle avait elle-même essuyé les bancs de ce même amphi quand elle était étudiante, et elle s'estimait par là exonérée de toute bienséance.

Mais des « chut » vinrent mettre un terme à l'algarade car le professeur Dalgrand tapotait sur son micro et commençait son exposé.

Après de brefs remerciements et une courte annonce de ce qui suivrait, il présenta les personnes à ses côtés derrière la table, en particulier le professeur Charles Dorling, son homologue qui travaillait aux États-Unis, ainsi que quelques autres personnalités scientifiques qu'il avait conviées pour illustrer et développer le propos.

La salle ne pipait mot, et Françoise elle-même se concentrait sur les mots du jeune homme.

Il précisa qu'après son exposé, un temps assez conséquent serait consacré aux questions de l'assistance.

— Dis donc, chuchota Hélène à Françoise, je ne connaissais pas mon beau-frère si éloquent. Il sait y faire, tu ne trouves pas ?

— Hum… hum… S'il est aussi à l'aise dans un lit, je me ferais bien à l'idée d'être ta belle-sœur !

Elles pouffèrent comme deux gamines.

— Vous le savez tous, le cerveau entretient les fantasmes de tout un chacun depuis la nuit des temps, commença Jeffrey. Pas une époque, pas un chercheur, pas un artiste qui ne se soit intéressé à ce grand mystère humain. Aujourd'hui même se développe un nombre incalculable d'activités et autres jeux qui montrent l'attirance de monsieur Tout-le-monde pour cette région de notre personnalité. Qui d'entre vous ne s'est pas encore acharné fiévreusement sur son sudoku ? Sur sa console de jeu et le fameux programme d'entraînement cérébral du docteur Kawashima ?

Quelques rires parcoururent l'assemblée.

— Et pourtant, derrière l'anecdote, qu'est-ce que cela révèle sinon l'intérêt, et je dirais même la fascination, que nous portons à nos propres cerveaux ? Cette petite chose spongieuse de presque un kilo et demi, capable d'établir des connexions grâce à des impulsions électriques de plus de quatre cents kilomètres à l'heure et, par là, de faire circuler des milliards d'informations, tel un véritable orchestre interne ?

Des murmures étonnés se firent entendre chez les néophytes, impressionnés par ces chiffres.

— Alors, bien sûr, comme je viens de le dire, que de fantasmes à propos du cerveau et du coup, que de contes également ! Le cerveau des femmes serait plus petit que celui des hommes. Le poids du cerveau serait synonyme d'intelligence. La légendaire bosse des maths, et pour couronner le tout, le mythe universel du quotient intellectuel !

Quelques sommités du premier rang sourirent à l'évocation de ces billevesées qu'ils savaient depuis longtemps absurdes.

— Eh non, mesdames et messieurs, le quotient intellectuel tel que vous le connaissez n'existe pas ! Vous pensez bien qu'étant donnée la complexité de notre cerveau, il est tout autant utopique que risible de croire que l'on peut calculer son intelligence à partir de simples questions de magazines. Le vrai test du quotient intellectuel existe certes, mais sachez que sa véritable formule est tenue secrète. Pour faire simple, elle consiste en une hyperéquation entre l'âge mental et l'âge réel et seule une solide formation peut permettre de l'interpréter.

Un mélange de surprise et de suspicion se fit ressentir dans l'assistance.

— Dis donc, il rue dans les brancards ton Jeffrey. Bon, d'accord, tout ce qu'il dit est depuis longtemps étayé, mais il n'y va pas de main morte, le bougre.

— Ben il a raison de mettre les choses au point et de casser certains clichés. C'est un peu le rôle d'un scientifique je pense, avoir une vision cartésienne.

— Certes, mais il y a une façon de le dire. Imagine la déception de toutes les rombières qui sont ici, habituées à évaluer leurs capacités mentales dans les tests à la con du dernier *Voici* !

Hélène fit mine d'acquiescer en riant.

— Quant au poids du cerveau, ajouta Jeffrey, je clorai le sujet en précisant que le cerveau d'Einstein ne pesait qu'un kilo virgule deux !

Les étudiants échangèrent un regard entendu, tant cette anecdote commençait à se faire poussiéreuse dans les facs de médecine.

— Je terminerai ce préambule en vous citant un exemple qui vaut tous les discours. Celui de la tribu des Fores qui vit en Papouasie-Nouvelle-Guinée, au nord de l'Australie. Cette peuplade occupe les régions les plus difficiles d'accès et, dans le cadre de rites funéraires, pratique le cannibalisme. On dépèce le défunt et on en consomme certaines parties, comme les abats, mais aussi et surtout le cerveau. Cette ingestion étant pour eux symbole de courage et de force. Ce que je veux vous faire comprendre par là, c'est que même les tribus les plus primitives et les plus isolées ont compris le rôle et l'importance du cerveau.

Quelques chuchotements s'élevèrent parmi les scientifiques, certains d'entre eux n'étant pas friands de ce genre de digressions sociologiques.

— En tout cas, plaisanta Françoise, rappelle-moi de ne plus jamais manger de rognons !

Hélène ne répondit pas, tant ce qui se passait sur l'estrade l'étonnait.

Certes les mots de Jeffrey avaient de quoi choquer et passionner les foules novices, mais surtout elle découvrait chez son beau-frère des talents insoupçonnés d'orateur, et même un quelque chose qu'elle ne parvenait à formuler ; une lueur dans le regard, une intensité dans la voix, une ferveur dans les gestes, qui lui rappelait Laurent quand il se mettait à parler peinture. Jamais encore elle n'avait noté cette passion commune des deux frères pour leur art respectif, et elle avait vaguement l'impression de découvrir Jeffrey aujourd'hui.

Et, pour tout dire, cela lui faisait plaisir.

Celui-ci poursuivait.

— Mais ce n'est pas au cerveau que je veux me consacrer aujourd'hui. Ou du moins pas au cerveau dans son entièreté. En effet, vous le savez, c'est le sujet de l'émotion qui nous a rassemblés dans cette salle. L'émotion… concept très vague estimeront certains. Indéfinissable même préciseront d'autres. Eh bien, moi je corrigerais en disant : quoi de plus scientifique qu'une émotion ?

Le discours savamment pensé de Jeffrey fonctionnait à plein.

Les étudiants, qui pourtant connaissaient assez bien le sujet vu qu'il faisait partie de leurs enseignements, étaient pendus aux mots de leur professeur.

Les curieux, plutôt passionnés par le côté sensationnel que Jeffrey parvenait à donner à la chose, ne disaient non plus mot.

Hélène était heureuse d'apprendre toutes ces informations de la bouche de son doué de beau-frère, même si sa déformation professionnelle de pédagogue ne pouvait l'empêcher d'analyser toutes les stratégies oratoires de Jeffrey. Françoise, quant à elle, rompue de par sa formation à tous ces sujets, parvenait à la fois à s'intéresser, à observer les réactions de l'assistance, à jauger la tenue vestimentaire des femmes, et à chercher parmi la gent masculine des spécimens mâles dignes d'attention.

Pendant un quart d'heure, transparents et documents PowerPoint à l'appui, le professeur Dalgrand détailla les régions du cerveau, leurs caractéristiques, leurs fonctionnalités, et leurs rôles dans le métabolisme. Certains étudiants prenaient consciencieusement des notes, tandis que certains scientifiques dodelinaient de la tête avec approbation.

Puis, par un savant tour de passe-passe, Jeffrey revint à son sujet.

— Et c'est là, au cœur de notre cerveau, plus précisément dans cette région entourée en rouge, que se logent les émotions. Nos émotions. Ce secteur cérébral précis, découvert au XVI^e^ siècle, est aujourd'hui encore le plus mal connu. C'est un endroit mystérieux, un lieu quasi secret, un territoire encore presque vierge, que mon équipe et moi-même défrichons au fur et à mesure. Cette zone énigmatique se nomme… le thalamus.

Il désigna l'endroit en question sur l'écran qui représentait un schéma du cerveau. Le thalamus consistait en une structure nerveuse constituée de deux masses situées dans l'encéphale, en plein centre de la boîte crânienne, juste en dessous du cortex.

— Le cortex, comme certains d'entre vous le savent, poursuivit Jeffrey en regardant plus particulièrement les premiers rangs, est cette zone cérébrale où ont lieu les opérations les plus complexes du cerveau. Pour faire simple, il se présente comme un puissant ordinateur qui fait fonctionner notre mental. Eh bien, sans le thalamus que je viens de vous citer, le cortex ne pourrait rien. Le thalamus est en quelque sorte la porte d'entrée du cortex, et donc tout ce qui se passe dans ce dernier dépend de ce qui arrive dans le thalamus.

Jeffrey perçut alors des remous d'incompréhension dans l'assemblée, et prit alors conscience qu'il avait un peu tendance à oublier que pour la plupart des auditeurs tout ce vocabulaire équivalait à du patois médiéval.

— Je vais vous donner un exemple. Vous vous promenez en forêt et en face de vous, sur le chemin, vous voyez une forme que vous identifiez à un serpent. Ce stimulus visuel va alors solliciter votre thalamus qui va faire naître une réaction émotionnelle, en l'occurrence la sensation de peur. Puis, l'information est véhiculée jusqu'au cortex, et celui-ci va analyser l'information pour vérifier que la peur est justifiée, si vous avez vu un vrai serpent, ou pour neutraliser la réaction de peur si ce serpent s'avère en fait n'être qu'un simple bout de bois. Pour résumer, il faut voir le thalamus comme la centrale émotionnelle du corps qui sert de relais aux influx sensoriels et leur permet d'atteindre le cortex où là ils seront analysés. En fait, c'est grâce au thalamus que nous éprouvons des émotions, et c'est grâce au cortex que nous pouvons les décrire et les verbaliser. Le thalamus nous fait ressentir la peur, le cortex nous permet de dire « J'ai peur ». Pour revenir sur la métaphore que j'ai employée plus haut, le cortex est l'ordinateur et le thalamus est la clé USB : le premier ausculte les informations que lui transmet le second.

Dans l'assistance, et même parmi les étudiants aguerris, on préférait ce genre d'analogies qui rendait les données plus visuelles, et par là plus compréhensibles.

— Ainsi, c'est le rôle du thalamus de nous permettre, dans certaines situations, de réagir rapidement sans réfléchir, autrement dit sans mettre en branle le cortex. Par exemple, il n'est pas très utile de réfléchir longuement quand une voiture arrive sur vous à toute vitesse et met votre vie en danger. Vous tournez le volant pour l'éviter, point à la ligne. Et ce geste instinctif, c'est le thalamus qui le permet. Dans ce cas précis, sans le thalamus et sa capacité remarquable à analyser rapidement l'information, vous seriez morts. Pour résumer, tout ressenti, tout feeling, est d'abord analysé par le thalamus dans le but de mettre en marche une réaction physique instantanée. Et donc, pour en revenir à mon sujet, c'est bien lui qui gère nos émotions.

Il se tourna vers son homologue américain.

— Le professeur Charles Dorling, ici présent, est d'ailleurs bien placé pour vous en parler.

Celui-ci se leva et rejoignit Jeffrey devant l'écran.

Jeff n'avait pas tort en le présentant comme son homologue : même taille, même carrure, même charisme, et même beauté, mais version blond.

Il sourit à Jeffrey et, après s'être éclairci la gorge, enchaîna.

Sa voix était teintée de cet accent américain qu'Hélène trouvait tout aussi agaçant que séduisant.

— En effet, mon équipe a pu récemment prouver ce rôle émotionnel du thalamus. Nous menons depuis quelques années des expériences visant à apporter un fondement scientifique et concret à ces données. Ainsi, nous avons constaté qu'en excitant certaines régions du thalamus au moyen d'électrodes, nous étions capables de créer chez le sujet diverses réactions physiques en fonction de la zone sollicitée, comme des cris, des gestes, des tremblements. Ainsi, on comprend mieux aujourd'hui pourquoi les animaux possèdent eux aussi un thalamus, mais pas de cortex : en effet, eux aussi peuvent sentir, souffrir, mais ils ne peuvent ni réfléchir, ni analyser. Les rats, par exemple, peuvent repérer de la nourriture dans une maison, mais, bien sûr, ne peuvent faire le plan de cette même maison. C'est pour cette raison que le thalamus est plus connu sous le nom de « cerveau primitif » ou « cerveau reptilien ».

— Et pour cette raison aussi, compléta Jeffrey, que les émotions sont passées depuis quelque temps maintenant du domaine de la philosophie à celui des neurosciences. Et que le thalamus s'est donc placé au centre de nos recherches.

Ce fut le moment qu'il choisit pour proposer une première pause à l'assistance qu'il monopolisait depuis presque une heure, en précisant qu'il répondrait à la reprise aux éventuelles questions.

Pendant vingt minutes, les vessies allèrent se soulager, les gorges se rafraîchir et les poumons se remplir de tabac à l'extérieur.

Dans les conversations, on pouvait déceler de l'étonnement, de l'interrogation, de l'admiration, autant de réactions qui prouvaient les dires du jeune professeur : les mystères du cerveau passionnaient les foules.

Françoise et Hélène prenaient un bol d'air, ou plus exactement Hélène prenait un bol d'air et Françoise un bol de nicotine.

— En tous les cas, dit Françoise, ton beau-frère n'a pas volé sa réputation de petit génie. Il maîtrise bien la question.

— C'est vraiment quelque chose que je découvre aujourd'hui, admit Hélène. Lui habituellement si réservé.

— Ça montre encore plus son côté passionné justement. Le mec dévoué corps et âme à sa cause. Et quel corps ! ne put s'empêcher d'ajouter Françoise en riant.

— Mesdames, je vous souhaite bien le bonjour, prononça une voix derrière elles.

Les deux femmes se retournèrent et se trouvèrent face à face avec un nœud papillon vert criard et un complet caca d'oie qui n'auraient pas détonné dans un défilé de carnaval.

— Docteur Bliade, s'écria Hélène en identifiant son praticien à ses manières toujours aussi surannées, bonjour ! Je ne vous avais pas vu !

— Il faut dire que dans cette masse c'eût été un exploit, ma chère Hélène. Votre beau-frère parvient à déplacer les foules, plaisanta-t-il.

— Oui, c'est vrai, admit Hélène. Je vous présente ma meilleure amie, une ancienne de vos élèves d'ailleurs. Françoise Saural.

— Bonjour, docteur. Cela ne nous rajeunit pas, mais j'ai effectivement suivi vos cours ici même, il y a…

Elle fit mime d'oublier en posant savamment un doigt manucuré interrogateur sur sa joue.

— … hum… cela ne se dit pas, conclut-elle en minaudant.

Le docteur Bliade rit de bon cœur et s'entretint avec les deux femmes quelques minutes.

Puis, il s'excusa, sans faire de baisemain mais presque, et s'éloigna.

— Bon, on y retourne ? demanda Françoise en jetant négligemment son mégot dans le cendrier.

Deux étudiantes qui passaient devant elles pour rejoindre l'amphithéâtre jaugèrent cette créature plus déshabillée qu'habillée, et échangèrent un regard lourd de sous-entendus, genre t'as-vu-la-vieille-pétasse ?

Le démarrage au quart de tour de Françoise ne se fit pas attendre.

— Elles ont un problème, les pucelles ? lança-t-elle en entrant à son tour dans le hall avec la discrétion d'un marteau-piqueur un dimanche matin.

Hélène ne put que la suivre en secouant la tête. *Irrécupérable !*

# 14

Laurent se tenait devant sa toile.

Blanche.

Désespérément blanche.

Benjamin faisait sa sieste au premier et Rose avait prévenu qu'elle ne passerait finalement que dans la soirée. Mais rapidement hein, car elle avait des tonnes de choses à faire ! Tu ne te rends pas compte, mon fils, la vie que je mène ! J'y laisserai ma peau !

Voilà ce qu'elle avait clamé au téléphone, oubliant certainement que ledit fils sortait fraîchement d'une lourde opération chirurgicale.

Rose Dalgrand et sa légendaire subtilité !

Aussi, dans la tranquillité momentanée de la maison, Laurent voulait-il en profiter pour vérifier quelque chose qui le gênait.

Quelque chose qu'il avait toujours craint et qui semblait se réaliser depuis quelque temps : la panne d'inspiration.

Bien sûr, il connaissait ce fléau de l'artiste, ce fameux « syndrome de la page blanche » comme le nommaient les écrivains ; mais jamais encore il n'en avait été victime. Bien au contraire, son activité artistique avait depuis toujours été mue par une force indéfinissable qui rendait son œuvre intarissable. L'artiste prolifique par excellence. Jamais il ne s'était demandé d'où lui parvenait cette facilité à exprimer par son pinceau ses angoisses, ses obsessions, ses pensées. Ça c'était plutôt des interrogations pour son frère, le scientifique. Mais Laurent ne faisait pas partie de ces artistes prétendument torturés qui se masturbent inlassablement le cerveau pour trouver l'origine de leur art. Non, il se contentait de s'y adonner, s'y abandonner même, point à la ligne.

Mais aujourd'hui, la donne était changée.

Voilà quasiment deux mois que pas une ligne, pas une forme, pas un trait n'était sorti de son pinceau. Et c'était pareil avec les sculptures. Pareil avec les moulages. Et pareil aujourd'hui. Il était planté devant son chevalet et rien ne venait. Il essayait alors de maîtriser la sombre angoisse qu'il sentait poindre en lui, craignant de devoir à nouveau subir ses attaques de panique, au grand dam de son frère à qui il en avait parlé et qui lui avait certifié que plus aucune crise d'angoisse ne le paralyserait jamais plus. Et il fallait bien admettre que depuis l'opération, c'était le cas.

Oui, mais justement, c'était précisément depuis cette opération que l'inspiration lui faisait défaut. Comme si la suppression de cette tumeur avait entraîné l'annihilation de sa fibre créatrice. Comme si le fait de tuer la maladie en lui avait tué en même temps sa sensibilité artistique. Comme si l'artiste était mort en même temps que le malade.

Bien sûr, Jeffrey l'avait rassuré sur ce point et lui avait démontré par *a plus b* que ce genre de conséquences était tout bonnement surréaliste. Il faudrait du temps, voilà tout, du temps pour retrouver la forme, l'énergie, et par là même, ses facultés de peintre.

Juste être patient.

Cela avait apaisé Laurent, mais, là, devant sa toile vierge, il se prenait sa stérilité créatrice en pleine face. Dans ces moments, il pensait parfois à un ami peintre qu'il avait connu pendant ses études à l'Institut supérieur des arts appliqués et qui avait une conception très personnelle de l'art : dès qu'il finissait une toile, il la recouvrait de peinture noire, détruisant par là l'œuvre qu'il venait d'enfanter. D'ailleurs il s'était suicidé, parachevant ainsi l'analogie entre sa vie et ses convictions artistiques.

À l'époque, Laurent avait trouvé cela absurde, mais aujourd'hui il considérait cette anecdote avec un peu de souffrance, lui qui ne parvenait plus à accoucher de quoi que ce soit. Dans ces moments d'infécondité, Laurent finissait toujours par abandonner et tentait de se tranquilliser en pensant aux mots de son frère. *Du temps. De la patience.*

Son frère.

Son frère qui, en ce moment même, concrétisait des années de recherche et touchait à la gloire pendant que lui, l'artiste, reposait son pinceau stérile. Laurent sourit à cette pensée. Il ne ressentait aucune amertume, aucune jalousie, des sentiments qui lui étaient étrangers, mais plutôt de la fierté et de l'admiration pour la réussite méritée d'un frère qui lui avait d'une certaine façon sauvé la vie.

Il poussa un soupir, se servit un jus d'orange, donna à manger à Arthur qui le dévisagea d'un œil vide, et alluma la télé.

* * *

Jeffrey répondait avec ferveur aux questions qui se bousculaient.

— Professeur, demandait un jeune étudiant à lunettes, vous placez finalement le thalamus au centre de tous les mystères. N'est-ce pas une vision un peu réductrice de l'ensemble complexe qu'est le cerveau ?

Jeffrey sourit. Il connaissait Vincent, un jeune élève, certes doué, mais qui justement savait qu'il était doué et n'hésitait jamais à pousser son professeur dans ses derniers retranchements.

— Réductrice, non, je ne pense pas. Il y a quelques années, j'ai mené toute une série de travaux sur le stress, travaux qui m'ont mené tout droit vers le thalamus justement. Qui aurait pu dire que celui-ci gérait aussi le stress ? Preuve en est que le thalamus est vraiment au centre de toute activité humaine.

— Oui, professeur, enchaîna au premier rang un scientifique qui, depuis quelques minutes, ne cachait plus sa désapprobation aux dires de Jeffrey, je me rappelle de votre petit scandale, il y a quelques années, lors du conseil sur le stress professionnel auquel je participais moi-même. Vous prétendiez alors que stimuler le thalamus permettrait de supprimer le stress chez l'individu.

— Et je le prétends toujours, répondit laconiquement Jeffrey qui connaissait bien son interlocuteur, un chercheur de la vieille école.

— Mais vous oubliez que le stress est une composante essentielle de nos vies ! C'est le stress qui nous fait nous dépasser dans certaines circonstances ! C'est le stress qui permet à certains sportifs de réaliser leurs exploits ! C'est le stress qui permet à un animal d'échapper à son prédateur ! Et vous voulez l'éradiquer ?

Des murmures firent vibrer l'assistance, toujours friande de ce genre d'altercations.

— Ce que je dis, très cher professeur Louda, répondit-il en dardant ses pupilles ténébreuses sur son opposant, c'est qu'en maîtrisant mieux cette zone qu'est le thalamus, de nombreux problèmes et même déviances pourraient être résolus.

— Des déviances, professeur ? enchaîna un autre ponte qui s'avérait être un défenseur acharné de la psychothérapie.

— Oui, en effet. J'ai moi-même mené une batterie d'expériences sur la dépendance au tabac et je peux affirmer aujourd'hui que c'est bien le thalamus qui est « responsable » de cette addiction. Je peux même ajouter que le GHB, plus connu sous le nom de « drogue du violeur », agit directement sur le thalamus.

— Et comment l'expliquez-vous ? lança le psychothérapeute qui en tant que tel n'envisageait les dépendances que sous l'angle psychologique.

— Tout simplement car c'est le thalamus qui gère la notion de plaisir. C'est lui qui entraîne les réactions que nous connaissons tous quand nous mangeons du chocolat, quand nous voyons un spectacle ravissant ou, plus prosaïquement, quand nous faisons l'amour : les poils qui se hérissent, les pupilles qui se dilatent, la respiration qui s'accélère… Tout cela est créé par le thalamus.

— Est-ce à dire, professeur, qu'en tant que scientifique, vous pourriez être capable d'influer sur le plaisir humain ?

L'assistance retint son souffle, tant la question semblait surréaliste.

— En tous les cas, remédier à certaines pathologies, oui. Par exemple l'obésité, entièrement liée à cette sensation de plaisir, pourrait être soignée de cette façon, et non plus par des soins cliniques ou simplement psychologiques.

Quelques récriminations se firent entendre parmi les analystes et autres psychologues présents dans la salle.

— Professeur, prononça une étudiante qui levait la main, si je vous suis, le thalamus serait également à l'origine du sentiment amoureux ?

Quelques rires fusèrent de part et d'autre, faisant bien vite se rasseoir la jeune fille, le rouge aux joues.

— On peut, en effet, déceler le sentiment amoureux dans le cerveau.

Des « oh » un peu outrés se firent entendre et Jeffrey attendit que le calme fût revenu pour poursuivre.

— Une expérience récente a été menée : une vingtaine de couples ont été exposés à différentes photographies, dont celle de leur conjoint. On a alors noté que quand les yeux se posent sur les photos de l'amoureux, certaines zones du thalamus s'activent, les mêmes que pour le plaisir, la drogue, etc. De là à dire que l'amour n'est qu'une question de chimie, il n'y a qu'un pas. Vous constatez alors que le mythe littéraire du philtre d'amour n'est pas si absurde que ça !

On se lança des regards suspicieux dans les rangs.

— Ben dis donc, plaisanta Françoise, les magazines pour gamines postpubères peuvent mettre la clé sous la porte avec leurs tests à la con du genre « *M'aime-t-il vraiment ?* ».

Un homme à la stature imposante se leva pour prendre la parole. Jeffrey reconnut le professeur Jack Lauzy qu'il savait être un de ses partisans.

— Professeur Dalgrand, êtes-vous conscient que vous venez en quelques mots de tuer toute la tradition française du romantisme et de la séduction ? demanda-t-il non sans malice.

Toute la salle explosa de rire et Jeffrey lui-même sourit.

Content de son petit effet, l'érudit américain reprit.

— Plaisanterie mise à part, je m'intéresse depuis longtemps à vos travaux, cher confrère, et sachez que vous avez en moi un fidèle admirateur.

— Je vous en remercie, répondit humblement Jeff.

— Aussi, je voudrais que vous nous expliquiez aujourd'hui ce que tout cela implique concrètement, dans la recherche, les remèdes, les soins. Et plus particulièrement dans le domaine de la douleur.

Jeffrey leva un sourcil surpris.

Bien sûr, le professeur Lauzy ne voyait pas à mal en soulevant cette question, mais était-il vraiment conscient qu'il abordait là un sujet dérangeant pour certains, et même tabou pour d'autres ?

*LE* sujet à polémique dans le monde scientifique.

— Oui, enchaîna Jeffrey en se raclant la gorge, là encore le thalamus est peut-être la clé. Lors de la Première Guerre mondiale, nombre de soldats racontaient qu'ils avaient perdu une jambe sans avoir ressenti de douleur. Mais à l'inverse, certains amputés ressentent la fameuse douleur fantôme dans leur membre absent. Ces témoignages ne sont pas des mythes et ont permis de diriger nos vues vers le thalamus, véritable centre de traitement de la douleur. N'est-ce pas, professeur Dorling ?

Le scientifique blond poursuivit sans temps mort.

— Oui, Jeffrey, la recherche de remèdes dans des maladies comme Parkinson, Alzheimer ou même l'épilepsie a avancé et on peut aujourd'hui affirmer que le thalamus sera la clé. Sinon, comment expliquer que certains patients atteints d'Alzheimer se souviennent parfaitement d'une musique qu'ils ont entendue pendant leur enfance ? Dans le cas de patients parkinsoniens, par exemple, il a été démontré que la stimulation thalamique par électrodes permet de juguler les tremblements. Récemment, mon équipe et moi-même avons découvert que, dans le cas de certaines épilepsies rebelles, l'ablation chirurgicale d'un des deux hémisphères cérébraux semblait la solution.

— Comment est-ce possible ? lança une voix suspicieuse.

Le professeur Dorling lança un regard entendu à Jeffrey qui, après un court temps, répondit.

— Tout simplement parce que le cerveau parvient à s'adapter à la perte d'un hémisphère en faisant travailler davantage l'hémisphère restant.

Une vague de rumeurs fit frémir l'assistance.

Certains se croyaient en plein film futuriste, dans un univers de savants fous capables de manipuler le cerveau humain à des fins peu honnêtes.

Le professeur Louda, jusque-là assez posé, ne put se retenir davantage.

— Je passe sur votre petit effet théâtral, très bien préparé, je l'admets, sous-entendit-il, mais si ce que vous dites est avéré, ce dont je n'ai jamais eu vent jusqu'ici, quel est le rapport avec votre précieux thalamus ?

— Le rapport, très cher, est que, quand nous saurons stimuler les zones appropriées du thalamus, nous serons capables de faire entièrement disparaître certaines pathologies…

Il fit une pause.

— … et, plus généralement, d'éradiquer la douleur.

Là, la rumeur s'amplifia en un brouhaha qui envahit toute la salle.

Les étudiants eux-mêmes, habitués pourtant aux espoirs parfois un peu utopiques de leur professeur, se regardèrent, à la fois gênés et dubitatifs.

— C'est une mascarade, professeur, clama le psychothérapeute hors de lui. Mesurez-vous vraiment la portée de vos propos ? Éradiquer la douleur ? Oubliez-vous que dans l'assistance se trouvent nos futurs soignants, nos futurs médecins ? Êtes-vous inconscient de planter des fariboles dangereuses dans leurs jeunes esprits ?

— Mon cher ami, interpella Jeffrey en s'avançant calmement au bord de l'estrade, vous êtes psychologue, n'est-ce pas ?

— Oui, et j'en suis fier. Et ce n'est pas en…

— Très bien, le coupa Jeffrey, et comment a été perçu votre cher Freud quand il commença à faire circuler ses théories ?

— Heu… je…

— Je vous en prie, docteur Louda, nous sommes suspendus à vos lèvres.

— Eh bien, il fut accueilli…

— … de la même façon que vous m'accueillez moi ! Avec des œillères, des clichés, des pensées toutes faites et rétrogrades !

— Je ne vous permets pas, s'énerva le praticien, noyé dans le bruit de la foule qui elle aussi s'animait.

— Mais vous savez sûrement, enchaîna Jeffrey sans écouter son interlocuteur, que Freud n'avait cure des critiques et des attaques, et se comparait lui-même à un conquérant. Eh bien, j'agis de même, et ce ne sont pas des années d'obscurantisme, véhiculées par des esprits obsolètes comme le vôtre, qui freineront la recherche scientifique !

Jeffrey savait qu'il s'emportait, mais ce professeur Louda incarnait à ses yeux tous les obstacles et les bâtons dans les roues que l'éthique bien-pensante mettait dans ses travaux.

— C'en est trop, vous allez trop loin, professeur Dalgrand.

Et, joignant le geste à la parole, il prit sa veste, sa serviette et quitta l'amphithéâtre.

D'autres sommités firent de même, au milieu des huées et des apartés de la foule électrisée par cet échange musclé.

— Eh bien, je confirme ce que je disais, murmura Françoise à Hélène, il en a dans le pantalon ton beauf ! C'est quand il veut !

— Je ne le connaissais vraiment pas ainsi. C'est presque un autre homme.

— Moi, je dis « vive le professeur Dalgrand » ! Enfin un mec qui n'a pas peur de poser ses couilles sur la table !

— C'est vrai, il est vraiment habile pour avancer ses idées et évincer les contradictions. Un vrai champion de la pirouette !

— Hum... J'espère qu'il est aussi le champion de la galipette !

— En tous les cas, poursuivit Hélène sans faire cas des allusions salaces de sa nymphomane d'amie, tout cela me rappelle la discussion que nous avions eue au sujet des travaux sur la douleur du docteur Bliade, tu te rappelles ? dit-elle en cherchant des yeux son gynécologue, un peu plus bas sur la droite.

— Oui, et je comprends maintenant pourquoi Jeffrey et lui sont si proches, comme tu me l'as dit. La même passion, le même désir de faire progresser la science, et aussi la même éloquence. Je croirais entendre Bliade quand il venait nous faire ses cours sur la douleur.

— S'il vous plaît, s'il vous plaît, tenta d'apaiser le professeur Dorling en tapant sur le micro. Il ne nous reste que quelques minutes. Reprenons le débat, si vous le voulez bien.

L'assistance mit du temps à retrouver un semblant de concentration et à calmer son esprit échauffé.

— Oui ? enjoignit-il à une main qui se levait.

C'est le fameux Vincent qui reprit la parole en se levant de son siège.

— Professeur Dalgrand, dit-il en se tournant vers son enseignant, sauf votre respect, je trouve votre vision de l'homme très techniciste. Si l'on vous écoute, on en vient à croire que tout dans nos émotions, nos pensées, nos réactions, n'est que pure chimie régentée par le thalamus. Mais si je vous suis dans ce raisonnement, serait-il alors déplacé de croire que vous êtes capable de manipuler notre cerveau ?

La question n'était pas faite pour préserver le calme fragile de l'assemblée qui se remit à remuer sur les sièges.

Jeffrey savait où voulait le mener le jeune insolent et décida de le remettre à sa place.

— Il serait prétentieux, et même surréaliste, d'asséner une telle chose. Je vous citerai le cas de ce patient qui, suite à un terrible accident de voiture et un coma d'une semaine, réalisa en se réveillant qu'il était incapable de ressentir quelque émotion que ce soit. Il n'éprouvait plus rien, ni joie, ni larmes, ni peur, ni même souffrance. Après examen, on constata une courbe plate dans son cerveau émotionnel : le thalamus ne présentait plus aucune activité électrique, alors que l'intelligence du jeune homme n'avait pas été altérée. C'est ce qu'on appelle la perte d'affect. Eh bien à l'heure actuelle, aucun moyen chirurgical n'existe pour pallier cette déficience. Donc, non, jeune homme, manipuler le cerveau n'est pas encore possible.

Il sourit à son interlocuteur pour lui faire bien comprendre que le sujet était clos et détourna les yeux, prêt à répondre à d'autres questions.

— Je m'excuse, professeur Dalgrand, insista Vincent qui n'allait pas se faire rembarrer de la sorte. Vous dites « à l'heure actuelle ». Est-ce à dire que vous espérez un jour être apte à manipuler le cerveau, et même à l'influencer ?

La question, ouvertement provocatrice, fit réagir l'assemblée et tous les regards se tournèrent vers le professeur Dalgrand.

Jeffrey savait le sujet brûlant et il se devait de marcher sur des œufs, tant en face d'étudiants encore novices que devant des scientifiques qui avaient fait leurs armes. Sans compter sur la presse spécialisée qui ne manquerait pas de rapporter ses propos, sans se gêner pour les déformer et les rendre un peu plus sensationnels.

— Mais on manipule déjà le cerveau ! Que croyez-vous que font les publicitaires ? N'avez-vous pas encore entendu parler de ce qu'on appelle le neuromarketing ? Ne soyez pas naïf, attaqua-t-il en lançant sur le jeune homme les flèches noires de ses iris, nombre de marques très célèbres, comme Coca Cola pour n'en citer qu'une, font appel à nos recherches pour pouvoir parfaire leur impact et, en fait, cibler cette fameuse zone du plaisir dont nous parlions tantôt. Et je n'évoquerai même pas les nouveaux détecteurs de mensonge !

— Professeur, ne me dites pas qu'un éminent spécialiste comme vous prête foi à l'efficacité des détecteurs de mensonges !! demanda, sardonique, le futur praticien en prenant la foule à partie.

— Le détecteur de mensonge tel que vous l'envisagez avec votre jeunesse encore inexpérimentée, non, ironisa Jeffrey tout en discréditant son attaquant. Mais sachez qu'un nouveau système vient d'être mis au point par les Américains, et ce ne sont pas les professeurs Lauzy et Dorling qui me contrediront.

Les deux hommes opinèrent en effet du chef.

— Les chercheurs en neurosciences américains viennent de prouver qu'il est possible de détecter le mensonge, tout simplement car le cerveau ne ment jamais. En effet, mentir demande plus d'efforts cérébraux que de dire la vérité, et les tests enregistrent alors chez le suspect une activité élevée dans la zone cortico-thalamique. Sachez que les IRM sont depuis peu utilisées par la justice américaine. Je pense réellement que l'on se dirige peu à peu vers ce que l'on pourrait appeler… la *neurocriminalité*.

Jeffrey avait réussi son petit effet et les auditeurs échangèrent des regards appréciateurs.

Mais le jeune Vincent, arrogant, ne s'en laissa pas compter aussi facilement et tira sa dernière balle.

— Ainsi, professeur, pour vous le thalamus est vraiment la panacée et il faut y placer tous nos espoirs.

Ce n'était pas une question et donc Jeffrey se contenta de hocher la tête.

— Dans ce cas, puisque grâce au thalamus nous sommes capables d'influencer et de manipuler le cerveau, et même de le réparer, comme vous nous l'avez expliqué précédemment, pourquoi ne serions-nous pas en mesure de… hum… créer un cerveau ?

— Je vous demande pardon ?

— Oui, nous connaissons tous la notion d'intelligence artificielle, d'interface. L'ordinateur qui battit Kasparov aux échecs en 1997 n'est pas un conte, il a bel et bien existé. Les électrodes et autres puces implantées chez certains paralytiques non plus. Alors ma question est très simple, professeur : l'homme est-il au moment où je vous parle capable de créer un cerveau qui penserait, aurait une conscience ?

— Il est bien évident que non, jeune homme. Le thalamus est une chose trop complexe pour pouvoir être imité par des mains humaines. Si cela se pouvait, il n'y aurait plus de maladies de Parkinson, d'Alzheimer, de paralysies, d'épilepsies. Tout cela est encore du domaine du rêve mais moi, mon équipe et mes confrères ne désespérons pas et poursuivons nos recherches dans ce sens.

— Professeur, une dernière question. Vous avez évoqué dans un de vos cours auxquels j'assiste régulièrement l'existence de certaines cellules cérébrales appelées « cellules omnipotentes » nouvellement découvertes et bouleversant toutes les données sur le cerveau. Pouvez-vous nous en dire plus ?

Il est assez rare pour le souligner, mais Jeffrey resta bouche bée tandis qu'un murmure indigné s'éleva des premiers rangs parmi les scientifiques.

Visiblement le jeune homme avait touché un point chaud.

Jeffrey tourna la tête vers Charles Dorling, un peu hésitant, mais reprit bien vite de sa superbe, ne voulant pas laisser s'installer un malaise gêné.

— En effet, nous venons de découvrir ces cellules dites omnipotentes, capables de produire d'elles-mêmes des neurones et qui tendent donc à démontrer que le cerveau serait capable de se régénérer.

— Ce serait merveilleux de pouvoir les isoler, cela ouvrirait de nouvelles perspectives, n'est-ce pas, professeur ?

— En effet, et nous y travaillons. Elles pourraient offrir des solutions pour réparer des systèmes nerveux lésés par exemple. Ce serait un véritable espoir pour les patients atteints de maladies neurodégénératives comme la sclérose en plaques notamment.

— Professeur, pour finir, vous nous dites souvent, à nous, étudiants, qu'en fait l'homme n'a pas encore appris à utiliser correctement le cerveau ; que le cerveau est un outil merveilleux mais qu'il nous a été livré sans mode d'emploi.

— Il est vrai, confirma Jeffrey en souriant à cette analogie qu'il utilisait en effet souvent, mais c'est surtout valable pour le thalamus.

— J'aimerais pour finir, citer une phrase que tout étudiant en médecine a déjà entendue et qui, finalement, résume assez bien tout ce que vous nous avez appris aujourd'hui : *« Le cerveau est le seul organe humain qui ne se remplace pas. »* Confirmez-vous, professeur, ou est-ce pour vous un poncif dépassé ?

Et voilà, se dit Jeffrey.

*LA* question.

Le fantasme par excellence de tout chercheur qui se respecte.

De tout chirurgien qui se passionne.

De tout scientifique qui s'interroge.

Mais Jeffrey ne voulait pas passer pour un Frankenstein des temps modernes, certainement pas.

Il parcourut du regard l'assemblée qui semblait attendre une réponse.

Que leur dire ?

Les effrayer ? Les rassurer ? Les inquiéter ?

Le premier rang lui-même était suspendu aux lèvres du jeune surdoué.

Jeffrey prit sa décision.

— Oui,asséna-t-il, le cerveau est, dans l'état actuel des choses, irremplaçable.

* * *

Hélène et Françoise se garèrent devant la maison de la Petite France en devisant et en commentant la conférence.

Elles furent accueillies par Laurent et Benjamin.

— Coucou, mes chéris, dit Hélène en voulant prendre son fils dans les bras.

— Non, non, non, s'interposa Françoise qui s'empara littéralement du petit corps. Il ne voit déjà pas souvent sa marraine alors j'en profite. Hein, mon chloufougnou ?

Et elle alla s'asseoir en faisant des mamours à son filleul.

Hélène remarqua alors l'humeur maussade de son mari.

— Ça va, mon amour ?

Devant l'absence de réponse, elle jeta un œil dans le salon et ne put que remarquer la toile toujours blanche.

Son regard croisa celui de son mari, un regard où brillait une lueur de désespoir, presque de désarroi, comme un appel à l'aide.

— Ça va aller, bébé, crois-moi, lui dit-elle en aparté, et tous deux s'apprêtaient à rejoindre la marraine et son filleul quand des pas dans l'escalier les firent se retourner.

Un œil non averti aurait pu croire à une statue de cire télécommandée, tant le visage était dur et impénétrable.

Mais c'était tout simplement Rose qui faisait son arrivée dans la cage d'escalier, comme à son habitude aussi souriante qu'un pain complet rassis.

— Bonjour vous deux, dit-elle en s'engouffrant dans le salon sans prendre la peine d'attendre qu'on l'y invite, il faut que je m'asseye, je suis ér…

La vue de Françoise pouponnant sur le sofa de son fils la stoppa dans son rôle de *working woman* overbookée.

— Oh… heu… Bonjour Françoise.

— Rose, répondit vaguement la jeune femme sans faire l'effort de lever les yeux.

— Laurent, je suis éreintée, déplora-t-elle en s'effondrant dans un fauteuil, sans remarquer l'impolitesse qu'il y avait à ignorer les autres personnes présentes dans la pièce.

Mais Françoise n'était pas du genre à s'en faire conter et on pouvait compter sur elle pour réparer l'affront.

— C'est vrai, Rose, que vous avez les traits très tirés aujourd'hui, vous avez vraiment mauvaise mine… lança-t-elle de l'air le plus hypocritement compatissant qui soit.

Ne sachant si c'était du lard ou du cochon, Rose Dalgrand préféra ne pas relever pour l'instant mais se promit de rétorquer dès que l'occasion se présenterait.

— Alors, maman, que se passe-t-il ? s'enquit Laurent.

— Ce qu'il se passe, fils ? J'ai une vie de folie, voilà ce qu'il se passe ! Courir à droite et à gauche, récupérer des affaires au pressing, prendre rendez-vous chez le coiffeur qui a eu la lumineuse idée de prendre une stagiaire – soit dit en passant, elle ne touchera pas une seule de mes mèches celle-ci ! –, contacter mon acupuncteur… Je n'ai pas arrêté de la journée ! J'ai même failli rater ma séance de bridge, tu te rends compte ?

Françoise avait rendu Benjamin à sa mère qui allait lui donner le sein, et n'avait donc plus aucun dérivatif pour la détourner de la logorrhée irritante de Rose. Aussi se livra-t-elle à son occupation favorite en pareil cas : l'attaque implicite.

— Oh, Rose, mais vous avez vraiment une vie trépidante ! s'exclama-t-elle, mais là encore, le sarcasme était si bien tourné que Rose ne pipa mot.

Tu ne perds rien pour attendre, pimbêche !

— Bon, les filles, demanda Laurent pour faire diversion, et cette conférence alors ?

— Quelle conférence ? demanda Rose que cela ne gênait pas de s'immiscer dans les conversations d'autrui.

— C'était aujourd'hui la conférence de Jeffrey, à l'université.

— Oh, c'est vrai, j'avais oublié. Mais, Seigneur Dieu, j'ai de toute façon bien mieux à faire que d'écouter les débats d'intellectuels qui ont pour seul but de savoir lequel d'entre eux pisse le plus loin !

Rose Dalgrand et son mélange des genres, pensa Françoise. Capable de passer en deux secondes du style le plus coincé-du-bulbe au langage de charretière. Mme de Fontenay n'avait qu'à bien se tenir !

Elle réprima un sourire.

— Eh bien, répondit Hélène, tu aurais vraiment dû venir, tu aurais été fort surpris.

— Ah oui ?

— Oui, j'ai découvert en ton frère un orateur hors du commun, capable de passionner des foules et de les intéresser aux sujets les plus ardus. Vraiment, j'ai été très impressionnée.

— Pardon, Hélène, la coupa sa belle-mère, vous parlez bien de Jeffrey ?

— Heu... oui...

Rose éclata d'un rire tonitruant.

— Jeffrey ?? Un orateur ?? Mais vous plaisantez ! Mon fils n'est pas capable d'aligner trois mots quand plus de deux personnes se trouvent dans la même pièce que lui !

— Maman, tu es injuste, intervint Laurent.

— Laurent a raison, Rose. Jeffrey s'est montré plus que passionnant aujourd'hui, et il a réussi à vulgariser des notions très complexes. Un vrai pédagogue, sans parler de son érudition et de l'intelligence de ses travaux.

— Eh bien voilà que l'on m'a transformé mon fils !! ironisa-t-elle.

Françoise avait bien quelques pointes venimeuses à lancer à la marâtre, mais elle préféra faire avancer la discussion.

— Franchement, Laurent, je confirme. Ton frère a un sacré charisme !

— Là, tu ne m'apprends rien, dit-il en souriant. Quand on était ados, c'était toujours devant lui que les filles bavaient !

— Et ça n'a pas changé, crois-moi. Tu les aurais vues toutes ces midinettes ! En pleine extase devant leur professeur. À peine si la bave ne leur coulait pas de la bouche !

Hélène s'esclaffa.

— Pour une fois, je ne peux qu'affirmer.

— Il y a tout de même quelque chose qui m'a gênée dans cette conférence, ajouta Françoise, plus sérieuse.

— Ah ?

— Oui, pas une fois au cours du débat n'a été soulevé le problème de l'éthique.

— Que veux-tu dire ? demanda Hélène.

— Eh bien, Jeffrey a quand même soulevé des questions brûlantes et des sujets sur le fil du rasoir, comme ces allusions sur les manipulations cérébrales, la possibilité d'éradiquer certaines dépendances, la capacité à « contrôler » le cerveau, ou plutôt, le fameux thalamus.

— En effet, et… ?

— Et jamais le mot « éthique » n'a été prononcé. Jamais n'ont été évoquées les dérives sous-jacentes.

— Car ce n'était pas le sujet, certainement.

— Certes, mais cela m'a mise assez mal à l'aise.

— Hum… Peut-être… Mais de toute façon il sait que les comités de bioéthique veillent au grain et qu'ils contrôlent toutes ces avancées.

— Mouais, tu as sûrement raison, Hélène. Hein, mon choupinet que maman a raison ? dit-elle à Benjamin dans ses bras.

Rose qui ne perdait pas une miette de la discussion, et qui surtout gardait à l'esprit les deux piques que la vamp de pacotille assise devant elle lui avait lancées, saisit l'occasion et affûta sa flèche.

— Ma chère Françoise, heureusement que le débat ne portait pas sur l'éthique vestimentaire, persifla-t-elle en jetant un regard appuyé sur la tenue « estivale » de la jeune femme.

Le ton était volontairement « *à la Françoise* », c'est-à-dire à mi-chemin entre la boutade bon enfant et l'attaque à main armée.

L'assaillante afficha une mine satisfaite et l'assaillie prenait déjà sa respiration pour riposter, mais c'est le moment que choisit Benjamin pour dérider l'atmosphère et rappeler sa présence aux adultes en pleurant et en criant de toutes ses petites forces.

— Ben que se passe-t-il, mon grognogno ? demanda une Françoise alarmée, peu habituée à décrypter le langage bébé.

— Ne t'inquiète pas, je pense que Monsieur Bébé a une petite faim, répondit Hélène en prenant Benjamin. Hein, petit glouton ?

— Je crois qu'il veut surtout que tu lui changes sa couche, rectifia Laurent.

— Tu crois ?

— J'en suis même sûr.

Hélène vérifia en passant, comme toutes les mères, un doigt sous la cuisse du bébé pour soulever la couche.

— Ah oui, en effet, constata-t-elle, un peu surprise. Mon chéri, je ne savais pas ta fibre paternelle aussi perspicace !

Laurent, malgré son humeur triste, parvint à sourire.

— Ben dis donc, mon Laurent, compléta Françoise en riant, il fallait nous le dire que tu savais parler le bébé !

## 15

La fin des vacances avait sonné pour Hélène qui avait repris le chemin du lycée le matin même, et Laurent lambinait dans la maison.

Il reposa le pack de jus de fruits, referma le frigo et se traîna jusqu'au canapé.

La chaleur persistante qui prolongeait sa chape jusque dans les bras de l'automne ne l'aidait pas à retrouver la forme. Loin de là.

Du matin au soir, il avait l'impression que ses muscles étaient enlisés dans une glu tenace et que ses jambes étaient faites de plomb. Sans parler de ses migraines auxquelles ni cachets, ni piqûres ne faisaient rien. Jeffrey l'avait prévenu que c'était là les effets secondaires normaux *a posteriori* des séances de radiothérapie qu'il avait subies cet été, mais quand même.

Son frère se montrait d'ailleurs de plus en plus présent, soucieux de suivre l'état de Laurent au plus près, et ce dernier parvenait donc à relativiser. À la différence d'Hélène qui devenait un peu soucieuse, même si sa rentrée scolaire et la reprise de ses anciennes habitudes l'en détournaient.

Des pas dans l'escalier qui menait au premier le sortirent de ses pensées peu joyeuses.

— Allez, mon Benji, on fait un bisou à son papa avant de partir à la sieste.

C'était Christel, la nouvelle nounou, qui arrivait, le bébé dans les bras.

Compte tenu de l'extrême fatigue de Laurent, ils avaient engagé cette ancienne élève d'Hélène pour s'occuper de Benjamin. Ils avaient pris cette décision d'un commun accord, et depuis quinze jours, Christel venait régulièrement à la maison s'occuper du bébé, histoire que chacun s'habitue progressivement à l'autre.

À trois mois et demi maintenant, Benjamin était le rayon de soleil qui parvenait à donner un tant soit peu de chaleur à son père. Le petit commençait depuis quelques jours à ouvrir la main devant les objets tendus et à véritablement suivre des yeux l'activité autour de lui. C'était toute une joie pour le père de voir ces développements et il se sentait parfois en osmose totale avec son fils, même s'il lui arrivait souvent de plaisanter en disant que, si ça continuait ainsi, Benjamin serait plus évolué que son propre père ! Ce à quoi Hélène répondait invariablement par de petites remontrances.

— Viens là, mon p'tit chou, dit-il en embrassant Benjamin sur le front. Fais une bonne grosse sieste pour être bien en forme. À tout à l'heure.

Christel avait à peine tourné le dos que le nourrisson dans ses bras se mit brusquement à vagir.

— Là, là, t'inquiète pas, mon Benji, papa sera là quand tu te réveilleras.

Mais rien n'y faisait et les pleurs allaient grandissant, allant jusqu'à provoquer des « glop glop » mécontents chez Arthur.

— Chut, ça va aller. Je suis désolée, monsieur Dalgrand, je pense qu'il est très fatigué, c'est tout.

— Vous n'avez pas à vous excuser, Christel, mais je crois surtout qu'il meurt de chaud dans sa gigoteuse.

— Vous croyez ?

— Mais oui.

Elle reposa le bébé dans le transat et lui enleva l'habit incriminé.

Comme par magie, les pleurs cessèrent.

— Oh, merci, monsieur Dalgrand, dit-elle en direction de Laurent. Allez, mon p'tit chou, cette fois on y va.

* * *

Dans la salle des professeurs du lycée Couffignal de Strasbourg, on voyait que la prérentrée avait sonné.

Le lieu vibrait de cette électricité que seuls des professeurs reprenant leurs cours après quasiment deux mois de congés peuvent connaître : ça s'embrassait, ça découvrait ses nouveaux collègues, ça se plaignait déjà de son emploi du temps, ça comparait ses classes, le tout dans une ambiance bon enfant qui, logiquement, rappelait celle d'une cour de récré. Les nouveaux arrivés, souvent débarqués d'une autre académie, observaient tout ce manège, un peu gauches, tandis que les syndicalistes confirmés beuglaient déjà leur désaccord avec le système.

Il faut dire que cette année les réformes proposées par le gouvernement, et plus précisément par le ministre de l'Éducation nationale (certains s'amusaient à le surnommer le Sinistre !... Humour de prof !), avaient jeté beaucoup d'huile sur le feu, déjà bouillant de nature, du monde enseignant. Et le lycée Couffignal n'avait pas été épargné : il était l'établissement alsacien le plus touché par les suppressions de postes, en perdant neuf, et avait subi en dix ans une baisse d'un tiers de ses effectifs.

Mais pour l'heure, ces considérations n'étaient pas de mise, heureux et à la fois malheureux qu'on était de reprendre les cours.

Et d'autant plus pour Hélène qui retrouvait ses collègues et son lieu de travail après près de six mois d'absence. Et tout le monde y allait de sa bise en lui souhaitant un bon retour : Philippe, le professeur de mathématiques et son éternel sous-pull en jersey ; Manu, le professeur de lettres, *fashion victim* à l'arcade percée ; Martine, la professeur d'anglais et ses improbables robes imprimées à fleurs ; sans oublier, Bernie, ahhh ! Bernie ! La professeur de philosophie que toute salle des professeurs qui se respecte se doit de posséder : lesbienne vieillissante, faussement réactionnaire, le poing levé sur tous les fronts, mais paradoxalement aussi tolérante qu'un terroriste tchétchène.

La jeune femme remerciait tout le monde quand Françoise fit enfin son entrée dans la salle. Hélène la soupçonnait d'arriver sciemment après tout le monde pour focaliser tous les regards. Elle observa son petit manège, à savoir embrasser ceux qui avaient l'extrême privilège d'être dans ses faveurs et ignorer superbement les autres qu'elle n'appréciait pas. Françoise Saural n'était pas du genre à se soucier du politiquement correct, et l'hypocrisie obligée de certaines circonstances lui était inconnue : quand elle n'aimait pas, elle le montrait.

— Ma chérie, s'exclama-t-elle en fonçant droit sur Hélène, bon retour dans la cage aux loups ! Et je ne parle pas forcément des élèves, ajouta-t-elle avec un clin d'œil.

— Merci, Françoise, répondit-elle en riant.

— Comment te sens-tu ?

— Ma foi, bien. Cela me fait bizarre de me retrouver ici, mais moins que je ne l'appréhendais. Je reprends doucement mes marques.

— Bah, tu es enseignante, donc la routine, tu t'y réhabitueras vite ! ironisa la vamp qui ne se gênait jamais pour égratigner la corporation dont elle-même faisait partie, sa phrase fétiche étant « si tu entends quelqu'un se plaindre, c'est forcément un prof ! ».

— Tu n'as pas eu trop de mal pour laisser Benjamin ? s'enquit-elle.

— Si, un peu, mais je sais qu'il est en de bonnes mains.

Les deux femmes devisèrent encore quelques instants, puis se dirigèrent avec la foule de leurs collègues vers la salle de réception où le protocolaire discours du proviseur les attendait.

Elles s'assirent dans les derniers rangs, laissant les places de devant aux frotte-manches de service, imitant par là l'attitude traditionnelle des élèves.

Ambroise Jacquet, le proviseur, les attendait, brushing impeccable, cravate au garde-à-vous, et visiblement aussi réjoui qu'une limace neurasthénique.

Il attendit que le silence se fît et enchaîna avec son mot de bienvenue qui n'avait pas changé d'un iota depuis quatre ans, preuve s'il en était de son incroyable esprit d'innovation.

— Et allez, c'est parti pour trois quarts d'heure de néant, chuchota Françoise.

— Bah, peut-être va-t-il se montrer plus impliqué cette année, espéra Hélène. Avec la conjoncture actuelle, ce serait bienvenu.

— Mais, bien sûr, pouffa Françoise, autant demander à une poule unijambiste de danser la gigue !

— Hum… C'est à craindre, oui, déplora Hélène.

Loin d'être aussi critique que son amie, elle avait tout de même conscience de l'incompétence notoire de son supérieur hiérarchique et, pour tout dire, avait beaucoup de mal à le voir se pavaner en prétextant porter sur ses épaules un établissement qui était, dans les faits, dirigé par le proviseur adjoint.

— Bon, dit Françoise, puisque nous avons du temps à tuer devant nous, jetons un œil sur les nouveaux arrivants. Voyons, voyons, y aura-t-il quelque chose à se mettre sous la dent cette année ?

La matinée se poursuivit comme toutes les matinées de prérentrée : présentation des nouveaux collègues, bilan sur les résultats du baccalauréat du mois de juin précédent, coups de gueule du conseiller principal d'éducation toujours en mode hystérique, et pour finir, l'inébranlable pot de rentrée.

* * *

Dire que Charles Dorling était le pendant masculin de Françoise aurait été exagéré, mais il n'était pas mal non plus dans son genre.

Conscient de son *sex-appeal*, le jeune neuropsychiatre ne se gênait nullement pour en jouer, tout comme il ne se gênait nullement pour darder des regards équivoques sur les femmes attirantes qu'il pouvait croiser. Aussi, faire un jogging avec lui se transformait-il en surenchère d'œillades à tout va et de remarques typiquement masculines du genre pas-mal-le-canon-en-minijupe-à-droite.

Jeff lui aussi risquait quelques coups d'œil discrets sur les joggeurs qu'il croisait, mais s'il avait pu s'exprimer sur ses préférences, cela aurait plutôt été par des jugements du genre pas-mal-le-jeune-gars-en short-à-gauche.

Les deux hommes couraient côte à côte dans les allées du parc de l'Orangerie, près de chez Jeffrey. Charles était en effet resté sur Strasbourg depuis la conférence, quelques semaines plus tôt, et devait repartir pour les États-Unis dans trois jours. Aussi en avaient-ils profité pour se voir régulièrement et aujourd'hui, profitant de cette belle journée de septembre, avaient décidé d'aller se dégourdir les jambes.

Ils passèrent devant la miniferme devant laquelle s'extasiaient des écoliers en sortie pédagogique, longèrent les allées bordées d'arbres centenaires et s'arrêtèrent pour souffler devant le pavillon Joséphine, construit au XIXe siècle en l'honneur de l'impératrice Joséphine qui, selon la légende, aimait à fouler ces mêmes allées en compagnie de Napoléon.

Jeffrey sortit une bouteille d'eau de son sac à dos et but goulûment avant d'en proposer à Charles qui avait profité de l'arrêt pour s'asseoir et souffler un peu, la tête entre les jambes.

— Merci, ahana celui-ci en s'emparant de la bouteille. Eh bien, tu es en grande forme, dis-moi. J'ai du mal à te suivre.

— Je m'entretiens, c'est tout, répondit Jeffrey aussi laconique qu'à l'accoutumée.

— Et tu t'entretiens bien, visiblement ! On va boire un coup ?

Ils se remirent en route et, après avoir contourné le petit lac et sa cascade pompeusement appelée « cascade romantique », s'attablèrent à la terrasse du restaurant gastronomique qui jouxtait une des entrées du parc.

Jeffrey put alors s'adonner à l'activité qu'il préférait par-dessus tout après le sport : la cigarette.

— Et en plus il fume, s'exclama Charles. Dois-je te rappeler, cher collègue, qu'après le sport tes poumons sont complètement ventilés et que leur balancer une dose de nicotine maintenant, c'est prendre rendez-vous directement avec ton croque-mort !

— Boire une bière avec cette chaleur n'est pas plus recommandé, je crois, répondit malicieusement Jeffrey en désignant le demi mousseux de son ami.

— Rhôô, je m'hydrate après l'effort, c'est tout !

— Et moi, j'évite à mon cerveau d'envoyer à mon corps les signes du manque !

— Toujours le dernier mot, ce Jeffrey ! conclut Charles en riant. Jamais tu n'enlèves ton habit de scientifique ?

— Rarement, se contenta de répondre Jeffrey.

— Mais, décoince-toi mon pote ! Décoince-toi ! Enlève le stéthoscope que tu as vissé dans le cul ! Regarde, s'extasia Charles en faisant de grands gestes, il fait beau, la nature est accueillante, l'air sent bon, et les filles exhibent leurs formes généreuses, ajouta-t-il en reluquant deux joggeuses qui passaient devant eux. N'est-ce pas, mesdemoiselles ? les alpagua-t-il sans discrétion, ce à quoi elles ne répondirent pas, casques de MP3 vissés sur les oreilles.

Il les suivit des yeux, la moue appréciatrice.

Le mâle à l'état brut, dans toute sa splendeur ! Ne manquait que le grattage de couilles, et le portrait était complet !

— Allez, quoi, Jeffrey, c'est pas la vraie vie, ça ?

— Et comment va ta femme ? demanda Jeff ironiquement.

— Rhôô ! Mais quel rabat-joie ! Elle va très bien, figure-toi. Et elle sait parfaitement qu'un homme a des… hum… besoins. C'est vrai, quoi, c'est pas parce qu'on est au régime qu'on n'a pas le droit de regarder le menu ! précisa-t-il, clin d'œil grivois à l'appui. Sois donc heureux, Jeff.

— Mais je suis heureux !

— Ouais, ben tu as une façon de le montrer ! On dirait un string après l'amour !

— Très joli.

— N'est-ce pas ? Bon, on rigole, on rigole, mais raconte-moi, demanda-t-il tout à coup plus sérieux. Comment s'est passé ton entretien ?

Suite aux retombées positives de sa conférence, Jeffrey avait en effet été approché par la prestigieuse FMSN, la Fédération mondiale des sociétés de neurochirurgie. Fondée en 1955, et réunissant toutes les sociétés et associations de neurochirurgie dans le monde, cette ligue se concentre essentiellement sur l'enseignement, la formation et la promotion de cette spécialité médicale, en collaboration étroite avec l'OMS, l'organisation mondiale de la santé.

Jeffrey avait été plus que surpris d'avoir été contacté, non seulement en raison de son jeune âge, mais surtout car il se refusait depuis toujours à adhérer à quelque association que ce fût, refusant tout corporatisme et toute contrainte. Mais il était bien conscient que la nomination récente d'un neurochirurgien belge, avec qui il avait déjà travaillé, à la présidence de la FMSN, n'était pas étrangère à cette prise de contact. Le professeur Broti, en effet, admiratif des travaux de Jeffrey, souhaitait lui proposer de participer au comité d'éthique de la fédération avec, à la clé, une intervention lors de l'exceptionnel congrès qui se tiendra en 2013 à Séoul. Une vraie consécration pour le jeune neurochirurgien.

— Bien, bien, mais je reste prudent et je marche sur des œufs.

— Pourquoi cela ?

— D'après toi ? lui lança Jeffrey, le ton lourd de sous-entendus.

— Hum… oui… Je vois, tu crains que ce fameux comité d'éthique ne te mette des bâtons dans les roues.

— Oui. Tu n'as qu'à te rappeler de la réaction du comité en 1987 quand Stéphane Zimmard commença à pratiquer la stimulation cérébrale par électrodes.

— Ouais, ils étaient frileux.

— Frileux ? C'est rien de le dire ! Ils ont mis des semaines avant de donner leur feu vert, tout cela parce qu'ils avaient peur de faire rentrer la psychochirurgie dans les pratiques. Rappelle-toi comment toi-même tu as été reçu quand tu as expérimenté la greffe de neurones de fœtus dans le traitement contre la maladie de Parkinson. Et pourquoi ? Parce que ces pseudo-praticiens en sont encore à la préhistoire et sont contre toute idée de changement et d'évolution.

— Tu prêches un converti. Tu sais bien, depuis le temps, que je t'approuve. Certains pensent cependant qu'il faut des garde-fous pour…

— Tu parles ! Si on les écoutait, aujourd'hui on soignerait le cancer avec des saignées ! Ils ne pensent pas à toutes ces personnes atteintes de Parkinson, de scléroses, de TOC, qui mettent tous leurs espoirs en nous et nos avancées. Le comité d'éthique, ce n'est qu'un immense bâton dans nos roues !

— Je dirais même plus, c'est carrément un tronc ! ajouta son ami, en ne plaisantant qu'à moitié. Et donc, que vas-tu faire ?

— Cela demande réflexion.

— Entièrement d'accord, lui lança Charles, un regard plein de connivence à l'appui.

— Bon, on y retourne ? proposa Jeffrey qui ne voulait pas s'éterniser sur la question.

* * *

Quand Hélène et Françoise rentrèrent, Laurent sommeillait sur le canapé, tandis que la nounou révisait ses cours de psycho sur la table de la salle à manger. Les bises et serrages de mains effectués, Christel fit un rapide compte rendu de la journée de Benjamin à Hélène, tandis que Françoise se vautrait littéralement dans le premier fauteuil venu.

— Ouf ! Que ça fait du bien, soupira-t-elle en étirant ses interminables jambes et en enlevant ses escarpins à échasses.

Arthur sursauta, autant que faire se peut pour un poisson rouge, dans son bocal.

— Je ne sais pas comment tu fais pour marcher avec ces trucs, lui dit Laurent.

— Parce que tu n'es qu'un homme, mon cher, lui lança-t-elle, taquine.

Elle eut le tact, toute grande gueule qu'elle était, de ne pas demander à Laurent comment il allait, tant la réponse était évidente. Elle préféra plaisanter avec lui, sa façon à elle de l'aider et de le soutenir dans cette épreuve.

— Vous voulez boire quelque chose de frais ? proposa la jeune nounou.

— Oui, avec plaisir, Christel, c'est très gentil à vous.

La jeune fille partie dans la cuisine, Françoise lança des yeux admiratifs à Hélène.

— Ben dis donc, tu l'as bien dressée, plaisanta-t-elle. J'adore !

— N'importe quoi, répondit Hélène. Christel est adorable, une vraie perle. Heureusement qu'on l'a.

— C'est vrai qu'elle a l'air très bien. Dommage qu'elle s'habille comme une demandeuse d'asile !

— Françoise !

— Mais c'est vrai, quoi ! Qu'est-ce qu'elle est coincée, la fille ! Aussi radieuse qu'une laitière auvergnate ! Va falloir que je prenne ça en main !

— Dieu l'en préserve ! riposta Hélène en donnant une petite tape à son amie.

Christel apporta les rafraîchissements, puis Hélène la remercia chaleureusement pour tout. Rendez-vous fut pris pour le surlendemain, Hélène n'ayant pas besoin d'elle le lendemain car elle n'avait pas cours l'après-midi. M. Dalgrand parviendrait à s'occuper de Benjamin la matinée.

Les deux jeunes femmes purent alors raconter leur première journée de travail à Laurent, surtout pour lui changer les idées et le sortir, virtuellement au moins, de ses quatre murs. Bien évidemment, on en profita pour déblatérer sur les collègues, déplorer les classes surchargées et détailler par le menu les nouveaux enseignants.

On en était au sujet de cette nouvelle prof de maths que Françoise trouvait louche, façon de dire qu'elle voyait en elle une rivale potentielle à évincer, lorsque le babyphone se fit entendre.

— Ah, ton filleul se réveille, Françoise, constata Hélène. Tu montes avec moi ?

— Bon, les filles, je vais commencer à préparer à manger, dit Laurent en se levant. Ça me fera un peu bouger. Qu'est-ce qui vous ferait plaisir ?

— Heu… je ne pourrai pas rester, Laurent, désolée, répondit Françoise.

— C'est quoi cette histoire ? demanda Hélène.

— Ben… c'est que… tu vois le nouveau professeur d'espagnol ? Le jeune, assez sexy…

— Non, pouffa Hélène qui voyait très bien où son amie voulait en venir, ne me dis pas que…

— Mais je ne dis rien, la coupa Françoise. Je préviens juste ton mari que j'ai prévu de manger autre chose ce soir !

Laurent et Hélène éclatèrent de rire, et les deux jeunes femmes s'engouffrèrent dans les escaliers en pouffant comme deux adolescentes.

* * *

Hélène mit quelques jours à trouver son rythme de croisière entre cours à préparer, premières copies à corriger, biberons à donner, couches à changer et abdominaux à reconsolider. Mais, fin septembre elle avait trouvé ses marques.

Pour couronner le tout, elle avait eu son retour de couches, et sortait tout juste du cabinet du docteur Bliade. Celui-ci, après examen, l'avait rassurée sur les quelques appréhensions qui lui restaient. Ils en avaient profité pour deviser un peu, une réelle sympathie s'étant depuis longtemps installée entre eux, et Hélène lui avait confié ses inquiétudes à propos de Laurent.

Et là, au volant de sa voiture arrêtée dans les embouteillages de 17 heures qui paralysaient invariablement les artères strasbourgeoises, elle repensait aux mots réconfortants du praticien, à ses paroles bonhommes, à son ton apaisant et cela lui remontait le moral.

Elle jeta un œil dans le rétroviseur pour s'assurer que Benjamin dormait toujours dans le baby-relax à l'arrière et, constatant que la circulation ne comptait pas se débloquer, fut subitement prise de l'envie d'entendre la voix de sa mère.

Au bout de deux sonneries, la voix chaude et enveloppante de Marthe se fit entendre.

— Bonjour, ma chérie !

— Bonjour, maman. Comment vas-tu ?

— Mais bien, très b… Oui, Louis, je te la passe après ! Oh, ton père est insupportable en ce moment !

Hélène rit de bon cœur. Elle retombait immanquablement en enfance quand elle entendait les petites chamailleries de ses parents.

— Alors, raconte, ma puce. Comment se porte mon petit-fils adoré ?

— Comme depuis la dernière fois que je t'ai eue au téléphone, c'est-à-dire avant-hier ! plaisanta Hélène.

— Oh, ma chérie, ne sois pas dure avec moi. Tu sais que ça me manque de ne pas le bichonner le bout de chou.

— Un peu de patience, maman, vous montez bientôt.

— Oui et il me tarde vraiment d'être à Noël parce q... Rhôô, oui, Louis, je te la passe tout à l'heure ! Mais c'est pas vrai, ça !

— Bon, et tout va bien dans le Sud ? Ici, ça y est, le froid commence à pointer son nez.

— Eh bien, quelle chance vous avez. Moi, je n'en peux plus de cette chaleur !

Brusquement, sans savoir pourquoi, Hélène pensa à cette pauvre Mme Perranges qu'elle avait si durement rembarrée il y a près de deux mois.

— Et comment se porte Dominique ?

— Oh, ne m'en parle pas. Elle ne nous adresse plus la parole ! Elle a même été dire à la boulangère que tu l'avais insultée, tu te rends compte ? Je trouve ça hont... Quoi ? Oui, Louis ! Bon, ma chérie, ton père est quasiment en train de m'arracher le téléphone des mains, alors je te laisse avant qu'il ne m'étrangle. Bisous, ma puce.

Hélène écouta avec tendresse le récit des aventures paternelles entre les tomates qui ne prenaient pas cette année, le prix du pain qui était bien trop cher pour ce que c'était – ah, de mon temps, quand j'étais boucher, c'était autre chose ! –, le chien Ulysse qui se faisait bien vieux, et la maquette qu'il avait entreprise pour Benjamin et qui serait terminée pour Noël.

Hélène les embrassa tous deux et raccrocha, ragaillardie par ce vent de sud qui, comme à chaque fois, lui redonnait force et optimisme.

Enfin, la situation routière se débloqua, et elle put arriver à temps pour le bain de Benjamin.

— Tiens, Jeff, bonsoir, dit-elle en arrivant et en voyant son beau-frère assis avec son mari.

— Bonsoir, Hélène.

— Chéri, je suis désolé d'être si en retard mais j'ai été prise dans les bouchons.

— Pas de problème, baby, Jeffrey me tenait compagnie.

— Bon, je vous abandonne, le bain de bébé n'attend pas.

— Laisse, je vais m'en occuper.

— Tu en es sûr ?

— Mais oui, ne t'inquiète pas, la rassura-t-il en prenant un Benjamin encore un peu endormi dans les bras.

Hélène jeta clé, sac, et veste sur la table et s'effondra dans le canapé.

— Ça va, Hélène ? lui demanda simplement son beau-frère.

— Oui, Jeffrey, ça va.

Mais elle mentait.

Malgré le réconfort que lui avait procuré la discussion avec ses parents, de rentrer et de voir son mari, là, avachi dans le canapé, toujours aussi fatigué, toujours plus pâle, les cheveux qui ne repoussaient toujours pas, ayant renoncé à ses pinceaux et à ses toiles, ça la fit craquer.

Là, d'un coup, sans crier gare.

Elle lâcha prise.

Elle ne gérait tout simplement plus

— Non, Jeffrey, ça ne va pas, ça ne va pas du tout, dit-elle en éclatant en sanglots. Là, je n'arrive plus à assumer. C'est trop dur, Jeff, trop dur !

Et alors les larmes qu'elle retenait depuis des semaines prirent le dessus.

Elle laissa exploser la tension qui la rongeait et s'abandonna totalement, désorientée, perdue.

Face à ce déferlement d'émotions, exceptionnel chez sa belle-sœur qu'il avait toujours vue égale à elle-même, solide comme un roc dans la tempête, Jeffrey était mal à l'aise et ne savait trop comment réagir. Il posa sa main sur le bras de la jeune femme, seul signe d'affection dont il se sentait pour l'instant capable.

— Que se passe-t-il, Hélène ?

— Ce qu'il se passe ? cria-t-elle presque. Tu me demandes ce qu'il se passe ? Mais tu as vu ton frère ? Toi qui le suis de près depuis maintenant des semaines, as-tu vu un changement ? Une amélioration ? Un seul progrès ? J'ai l'impression qu'il va de mal en pis ! Alors, c'est moi qui te le demande : que se passe-t-il, Jeffrey ?

— Hélène, Laurent a subi une très lourde opération, avec une anesthésie maximale, les soins postopératoires sont prenants, il est devenu père. Tout cela est très traumatique, Hélène, ça va demander du temps. Le corps et le mental doivent reprendre leurs marques, petit à pet…

— Jeff, le coupa Hélène, on ne fait même plus l'amour.

Jeffrey, décontenancé par cette brutale incursion dans l'intimité du couple, bredouilla. Il comprenait que sa belle-sœur ait un besoin irrépressible de s'épancher, mais il n'avait pas l'habitude de ce genre de situation.

— Sois patiente, Hélène. Quand tout aura repris sa place, l'envie reviendra et Laurent sera le même qu'avant.

— Tu ne comprends pas, Jeffrey. Laurent m'en a parlé car je suis sa femme, mais comment pourrait-il aborder le sujet avec son frère ?

— Mais de quoi parles-tu, Hélène ?

La jeune femme essuya ses larmes et respira un grand coup.

— Il n'a plus… d'érection, Jeffrey, lâcha-t-elle. Laurent n'arrive plus du tout à bander.

Abasourdi, Jeffrey planta ses pupilles dans celles éteintes de sa belle-sœur. Comment était-ce possible ?

Il resta un instant interdit, sans mot dire.

— Heu… c'est sûrement passager, bafouilla-t-il enfin… c'est… ce n'est pas physiologique… et…

— Cela fait maintenant des semaines, Jeffrey, et ça ne revient pas.

— Tu sais, se reprit-il, c'est sûrement encore un contrecoup de la radiothérapie. Je vous ai expliqué que ses effets secondaires peuvent survenir jusqu'à six mois après l'arrêt des séances. Le corps a été exposé à des radiations, il n'en a pas l'habitude, c'est sa façon à lui de réagir et…

Un babil derrière eux les fit presque sursauter.

Laurent arrivait dans le salon avec un Benjamin tout frais lavé dans les bras.

— Alors, les comploteurs, qu'est-ce qu'on manigance ? demanda-t-il en voyant l'air coupable d'Hélène et Jeffrey.

Exceptionnellement, Jeffrey accepta de rester à dîner et s'autorisa même à prendre Benjamin dans les bras. Une grande première affective qui méritait d'être notée dans les annales de la famille Dalgrand, mais qui égaya autant que faire se peut le reste de la soirée.

Mais le lendemain, en se réveillant, Hélène commença à réellement déchanter.

Elle était en train de s'étirer mollement dans la couette quand elle sentit quelque chose d'humide à ses côtés.

Surprise, elle souleva les draps et réprima un cri.

Elle appela Laurent qui se brossait les dents dans la salle de bains.

— Chéri !

Entendant le ton angoissé dans la voix de son épouse, il courut dans la chambre.

— Que se passe-t-il, mon cœur ?

Hélène le regarda brièvement et lui désigna quelque chose dans les draps.

— Regarde, se contenta-t-elle de dire.

Il s'approcha et eut un bref mouvement de recul.

— Ben ça alors, qu'est-ce que c'est ?

Hélène avait bien compris ce que c'était et surtout tout ce que cela impliquait.

— Mon chéri, dit-elle simplement, je crois qu'il va falloir rappeler Jeff au plus vite… car… cette nuit… tu as uriné au lit.

# 16

L'état de Laurent se dégrada petit à petit.

Deux mois avaient passé et l'éternel adolescent insouciant, toujours léger et souriant, avait disparu, laissant place à un homme apathique et inerte qui ne parvenait pas à se défaire d'une torpeur dans laquelle il s'enlisait un peu plus chaque jour. Son aspect physique même trahissait ce changement : le dos voûté, les épaules tombantes, le pas traînant, la voix monocorde.

Son crâne désespérément chauve ne faisait qu'ajouter à ce triste portrait.

Aussi Hélène s'alarma-t-elle réellement.

Passant outre les explications rationnelles et rassurantes de Jeffrey, et sur les conseils de Françoise, elle décida que Laurent devait consulter.

Son amie conseilla alors un psychiatre très compétent qu'elle avait vu il y a de cela quelques années, quand elle avait entrepris de régler certains malaises familiaux. Certes, cela n'avait pas été probant, mais plus de la faute de Françoise elle-même, assez réfractaire à mettre ses névroses à nu devant un spécialiste qui, pourtant, lui avait semblé tout à fait qualifié.

Jeffrey, dont on avait requis l'avis, n'y avait vu aucune objection ni contre-indication et avait même écrit un mot informatif pour le praticien.

Rendez-vous fut pris avec le docteur Roncaux.

La salle d'attente portait mal son nom : affiches jaunies, tapisserie défraîchie, moquette délavée, meubles d'une autre époque ; Hélène se dit que c'était une stratégie assez étrange de faire attendre des patients déjà déprimés dans une ambiance aussi glauque.

Elle rongea son frein, rognage de doigts à l'appui, et posa le regard sur Laurent à ses côtés.

Où était-il l'homme qui l'avait séduite ? Où était-il l'artiste qui l'avait fait rêver ? Où était-il ce grand enfant qui la faisait rire ?

Laurent, se sentant observé, tourna les yeux vers son épouse et lui sourit faiblement en prenant sa main.

Hélène parvint de justesse à retenir ses larmes.

— Monsieur et madame Dalgrand, je vous prie ?

Le psychiatre avait accepté de les recevoir tous deux, du moins pour le début de la séance. Hélène, adepte assez fidèle d'idées reçues et de clichés en tous genres, s'était attendue à une créature mystérieuse à lunettes, inquisitrice, méfiante, assise à l'affût derrière son canapé dans une pièce calfeutrée à souhait. Dans le cabinet du docteur Roncaux, on était à mille lieux de ce stéréotype : la pièce était spacieuse, baignait dans la belle luminosité de décembre, ne révélait aucun canapé à l'horizon et, en fait de créature mystérieuse, le praticien prenait plutôt la forme d'un homme prévenant.

Il fit asseoir le jeune couple à son bureau, prenant lui-même place dans son large fauteuil. Le cliché aurait voulu qu'à cet instant il chaussât ses lunettes, mais il n'en avait pas.

— Bien, dit-il sans autre forme de préambule, j'ai pris connaissance du mot que le professeur Dalgrand a écrit à mon intention. Mais je souhaiterais dans un premier temps faire un rapide bilan de votre entourage familial et amical, ajouta-t-il en s'adressant à Laurent, afin de pouvoir me faire une idée du milieu dans lequel vous évoluez.

Laurent se redressa sur son siège et tenta de lui faire un résumé de la situation, Hélène n'intervenant que très peu pour ajouter des détails.

— Et quel âge à votre enfant, maintenant ? demanda le praticien.

— Heu… sept mois.

— Très bien. Et donc, madame, reprit-il en se tournant vers Hélène, vous avez perdu un bébé lors de l'accouchement, c'est bien cela ?

— Oui, nous attendions des jumeaux, mais malheureusement, un des deux n'a pas survécu.

— C'est une expérience douloureuse pour une mère, et pour un père, ajouta-t-il en regardant Laurent.

— Oui, très douloureuse, docteur, répondit Hélène.

— Bien. Pardonnez-moi de revenir sur des blessures que, sûrement, vous tentez d'oublier, ou du moins de cicatriser, mais ces éléments sont pour moi importants et certainement primordiaux.

— Bien sûr, docteur, nous comprenons.

Puis, le docteur écouta les raisons qui les avaient fait venir dans sa consultation. Bien sûr, il les connaissait globalement, ayant lu le mot de Jeffrey, mais il aimait à entendre les patients eux-mêmes s'en expliquer. Il considérait cela comme une première implication, un premier investissement, un premier lien entre le patient et lui.

Le jeune couple tenta alors de dresser un tableau fidèle de la vie qui était la leur, et surtout celle de Laurent, depuis tous ces mois. Le docteur Roncaux les interrompait le moins possible, sollicitant seulement de temps à autre des précisions, et prenait des notes sur une fiche cartonnée. Il avait cette qualité rare de mettre en confiance d'un regard, d'un sourire, d'un hochement de tête et, même s'il était bien sûr payé pour ça, émanait de lui une empathie qu'Hélène considérait avec soulagement.

Quand Laurent et Hélène eurent fini, il posa doucement son stylo devant lui et joignit les mains en s'adossant dans son fauteuil.

— Je crois que nous voilà en présence des symptômes typiques de la dépression.

Hélène se tourna vers Laurent qui ne bougea pas.

Ces mots n'avaient rien de bien surprenant pour elle, elle voyait bien que Laurent s'enfonçait jour après jour, mais les entendre de la bouche d'un expert la délestait d'un poids qu'elle ne parvenait plus bien à porter.

— Vous confirmez que l'opération de Laurent et la perte du bébé sont la cause de son état ?

— Madame Dalgrand, dit-il avec gentillesse en se penchant vers elle, je ne peux pour l'instant rien confirmer. Après seulement un quart d'heure de discussion, cela serait une gageure, comprenez-le.

— Oui, docteur, je suis désolée, répondit-elle, un peu penaude.

— Ne vous excusez pas. Votre réaction est bien compréhensible. Je me contente pour le moment de constater des signes, d'observer des manifestations comportementales. Mais pour répondre tout de même partiellement à votre question, il me semble évident que ces deux événements sont à considérer. Bien sûr.

Puis, comme convenu, il invita Hélène à le laisser seul avec Laurent, non seulement pour permettre à celui-ci de se confier et peut-être même évoquer des sujets intimes, mais surtout pour commencer à créer avec lui la confiance nécessaire à des entretiens suivis et réguliers.

Il la rappellerait dans une vingtaine de minutes.

* * *

La chaleur était humide et la buée rendait les formes alentour floues.

Tout baignait dans une brume moite, presque suffocante.

C'était là la définition même d'un sauna, mais aujourd'hui Jeffrey goûtait mal cet abandon que lui procurait la vapeur d'eucalyptus.

Il revenait de la gare où il avait accompagné Charles Dorling qui prenait le TGV pour Paris où il devait rester quelques jours avant de rejoindre sa femme et son travail aux États-Unis. L'Américain s'était d'ailleurs hâté de rejoindre sa place quand il avait constaté que les deux sculpturales Danoises qu'il reluquait depuis cinq minutes sur le quai voyageraient dans le même wagon que lui. Un clin d'œil salace à Jeffrey en guise d'au revoir et le jeune praticien taillait déjà une bavette avec les deux poupées nordiques.

Sur le retour, la tentation du sauna gay *l'Équateur* qui faisait face à la gare avait été la plus forte. Jeffrey avait surtout besoin de décompresser et de relâcher la soupape. Trop de choses se bousculaient dans sa tête. Trop de pression comprimait son esprit. Trop d'événements parasitaient ses facultés de penser. Et ce que

Jeffrey Dalgrand détestait au plus haut point c'était de n'être pas maître de ses réflexions et de ses déductions.

Assis sur le banc en mosaïques, la sueur lui coulant dans les yeux et sur le torse, il tentait autant que possible de faire le vide. Avant de le quitter, Charles avait quand même pris le temps de l'enjoindre au calme et à la détente. Cela ne servait à rien de stresser ! Cela n'avait jamais réglé les problèmes ! C'était juste bon à se choper trois ulcères à l'estomac ! Déjà que Jeff fumait comme un pompier !

Jeff sourit un peu en pensant à l'inamovible joie de vivre de son ami. L'antagonisme entre les deux hommes perdurait depuis les bancs de la fac de médecine : d'un côté la joie solaire, de l'autre la retenue plus sombre ; d'un côté la blondeur exubérante ; de l'autre, la noirceur taciturne. Et, paradoxalement, c'est ce contraste qui avait rapproché les deux étudiants, curieux qu'ils étaient l'un de l'autre, à s'épier du coin de l'œil sur les bancs des amphis. Et aujourd'hui encore, c'est lui qui soudait une relation que Jeffrey peinait à qualifier d'amitié.

Il allait se lever car décidément l'air nébuleux devenait irrespirable quand il sentit des doigts sur sa cuisse. La vapeur était si dense qu'il ne put identifier à quoi était reliée cette main. Celle-ci entreprit une ascension sur les abdominaux de Jeff, puis sur son torse mais, loin de l'exciter, ce contact moite l'agaça. Il n'avait pas donné son accord tacite pour se laisser ainsi palper. Et il y avait de fortes chances qu'elle appartienne à un de ces quinquagénaires ventripotents qui hantaient le lieu en quête de chair fraîche et qui cachaient leur laideur derrière l'écran de vapeur pour saisir leur chance.

Il repoussa brusquement la main aventurière, récupéra sa serviette et quitta le hammam. Il s'engouffra, sous les regards concupiscents, dans le labyrinthe de pièces et de cabines obscures d'où s'échappaient des râles de plaisir. Au bout, sur de larges canapés en cuir noir, des corps enlacés s'activaient sous des écrans qui déversaient sans impunité leur pornographie.

Jeffrey tourna à droite et tenta de discerner des formes dans la petite backroom adjacente, mais la pénombre était trop dense.

Et puis, en fin de compte, il n'était pas excité.

Habituellement, l'atmosphère chargée d'arômes et de testostérone piquait toujours sa libido au vif, mais aujourd'hui, rien n'y faisait. Même le petit gars qui le suivait depuis deux minutes dans les couloirs obscurs : la vingtaine, crâne ras, fin collier de barbe, muscles secs. En temps normal, c'était le genre de gibier que Jeffrey goûtait, déclenchant inévitablement chez lui une érection tenace. Mais aujourd'hui, rien de tel. Cette chasse le fatiguait par avance. Toute cette séduction artificielle, cette sensualité de supermarché le laissait de marbre. Mais Jeff n'était pas du genre à somatiser et ne s'en formalisa pas outre mesure. Il faillit même sourire en repensant à ce qu'Hélène lui avait dit à propos de Laurent. Décidément, les deux fils Dalgrand faisaient de bien piètres amants ces derniers temps !

Il entra dans les vestiaires, s'habilla et sortit.

Dans la rue, il constata que la première neige de décembre avait saupoudré les toits strasbourgeois. Mais ce n'était pas le genre de détails esthétiques devant lesquels s'extasiait Jeffrey, indifférent qu'il était au rythme des saisons.

Il avait promis de passer chez Laurent pour avoir un compte rendu de sa première séance chez le docteur Roncaux, mais, après cette heure passée dans une étuve, il avait besoin de froid, de bise, de vide. Il aurait voulu se glisser dans une bulle, loin de toute la fange qu'il voyait autour de lui.

Il décida de marcher un peu.

Il passa devant la gare, se dirigea vers le centre commercial Les Halles et contourna la place Kléber où se dressait majestueusement son imposant sapin de Noël. Le tramway était recouvert d'une fine pellicule blanche mais les rues, elles, étaient noires de monde. L'incontournable tourisme hivernal de Strasbourg, autoproclamée capitale de Noël. Partout des lumières scintillantes, des guirlandes multicolores, des Pères Noël à chaque coin de rue, des baraques à marrons chauds. Et une effervescence ! Une agitation ! Une euphorie ! Gloire à toi, Jésus ! Joyeux Noël à tous ! Jeffrey jeta un œil noir à toute cette débauche de couleurs et de cris, et regretta vite de s'être aventuré dans ce marasme braillard, bousculé qu'il était de toutes parts par la foule. Il voulait du calme, de l'apaisement, de la sérénité. Et pas toute cette fausse liesse et cet hypocrite esprit de partage que les gens, égoïstes tout le reste de l'année, ressentaient comme par enchantement à Noël. Ces mêmes gens qui, les bras chargés de cadeaux, ne se donnaient même pas la peine de se pencher pour tendre ne serait-ce qu'une pièce à un des nombreux sans domicile fixe qui campaient sous les porches et regardaient toute cette agitation commerciale d'un œil hagard.

Jeffrey secoua la tête de dégoût et fit demi-tour pour rejoindre sa voiture mais se dit que circuler dans

Strasbourg à cette époque de l'année était une gageure. Aussi prit-il sur lui et fendit la foule en direction de la Petite France.

Il constatait bien qu'il n'était pas en grande forme morale, sans trop pouvoir en formuler la raison. Il avait une famille, la santé, gagnait bien sa vie, plaisait aux femmes comme aux hommes, avait accompli un parcours professionnel sans faute, avait entrepris le projet de toute sa vie, avait finalement décidé de rencontrer le président de la FMSN à Bruxelles en avril. Alors, quoi ? Pourquoi cette impression bizarre qui ne le quittait plus ? Pourquoi cette humeur maussade qui ne le lâchait plus ?

Il n'avait que des bribes de réponse quand il arriva enfin chez son frère après avoir tant bien que mal joué des coudes entre les stands des artisans, les vendeurs de bretzels et autres étalages de décorations électriques.

Il monta les escaliers et sonna.

Quelle ne fut pas sa surprise en voyant une créature outrageusement fardée et habillée comme une meneuse de revue, les plumes en moins, lui ouvrir la porte.

— Oh, bonjour, Jeffrey. Hélène et Laurent m'ont prévenue de leur retard et m'ont dit de bien vouloir vous faire patienter. Mais, entrez !

Françoise gardait son filleul, Christel ayant rejoint sa famille pour les vacances de Noël. Elle laissa passer le beau-frère ténébreux de son amie et ne put s'empêcher, au passage, de jeter une œillade appréciative sur ses fesses galbées.

* * *

— Madame Dalgrand, votre époux est sujet à une dépression assez importante.

Le docteur Roncaux avait rappelé Hélène qui s'était installée avec un regard interrogateur pour Laurent.

— Nous en avons longuement parlé tous les deux, poursuivit-il de sa voix douce et chaleureuse, et tous les symptômes de l'humeur dépressive sont là : un sentiment de lassitude, une tristesse inhabituelle, une impression d'abattement et de vide.

— En effet, répondit Hélène en se tournant vers Laurent et en lui prenant la main.

— Il faut que vous ayez conscience que ce sentiment est lancinant et rebelle à tout raisonnement. Irrationnel, si vous préférez. Et c'est souvent le problème de la dépression, les proches ne comprennent pas et s'énervent, impuissants qu'ils sont à sortir le déprimé de son apathie.

— Que doit-on faire, docteur ?

— Le cas de M. Dalgrand est un peu plus complexe, éluda le praticien en regardant Laurent avec aménité. Il présente tous les signes de l'anhédonie dépressive.

Comme toujours devant des termes barbares, Hélène s'accrocha à l'étymologie mais le docteur enchaînait déjà, soucieux de la clarté de ses propos.

— L'anhédonie, présente dans les formes les plus élaborées de dépression, est une perte de la capacité à ressentir des émotions positives, une sorte de désintérêt généralisé et d'indifférence émotionnelle à tout ce qui éveille normalement l'intérêt du sujet.

— Comme l'amour de la peinture, par exemple ? demanda Hélène qui comprenait vite de quoi il était question.

— Tout à fait, c'est la raison pour laquelle votre mari n'a pour l'instant plus le goût de créer, ses capacités d'effort et de volonté étant diminuées. Penser, travailler, s'occuper de soi, anticiper, décider, requièrent une peine considérable devenue insurmontable pour le déprimé qui se replie alors dans un état d'incapacité, un genre de laisser-aller, si vous préférez.

Hélène regarda avec compassion Laurent qui s'était finalement résolu à débarrasser le salon de cette toile obstinément blanche qui le harcelait, comme un rappel lancinant de son état.

Elle pensa subitement à quelque chose.

— En ce cas, docteur, comment expliquez-vous que notre fils soit capable d'éveiller chez lui des réactions ? Si je comprends bien ce que vous dites, sa fibre paternelle devrait être occultée elle aussi.

— Oui, M. Dalgrand m'a parlé longuement de son attachement à votre enfant pendant notre entretien. Je pense que c'est tout simplement une forme de contrecoup de la perte de votre autre enfant, un deuil qui n'aurait pas entièrement été fait. Souvent, la dépression est déclenchée par une perte, quelle qu'elle soit : perte d'un emploi, d'un être cher, d'un proche. Et votre mari, d'une certaine façon, cherche à compenser ce manque en reportant toute son attention sur Benjamin.

— Je comprends, docteur, mais tout cela peut-il expliquer l'état physique dans lequel se trouve Laurent et qui ne semble pas s'améliorer ?

— Je vous l'ai dit, votre mari souffre d'une dépression vraiment avancée. Pour l'instant, il se trouve en pleine asthénie, ses capacités psychiques mais aussi motrices sont ralenties et, bien entendu, cela se manifeste sur le plan physique : hypersomnie, perturbations de l'appétit, troubles sexuels. Tous les symptômes que M. Dalgrand m'a décrits font partie du tableau dépressif.

Hélène ne savait comment aborder le sujet, mais le regard et le hochement de tête que lui envoya Laurent lui fit comprendre qu'il avait mis le praticien au courant.

— Heu… et le fait que Laurent… urine régulièrement au lit… Est-ce dû à sa dépression ?

— Tout à fait, répondit le praticien, l'énurésie est un des dysfonctionnements possibles que la vraie dépression peut entraîner. La dépression est une maladie psychique, oui, mais il faut que vous gardiez bien à l'esprit qu'elle a des répercussions sur le corps et que les dommages collatéraux sur le physique sont nombreux.

Laurent, qui jusque-là n'avait dit mot, voyant le regard désespéré de son épouse, sortit de son mutisme.

— Hélène, ne t'inquiète pas, tout va aller. Le docteur Roncaux m'a prescrit des antidépresseurs et m'a proposé de m'entretenir avec lui régulièrement. Avec un peu de patience, tout rentrera dans l'ordre. Rappelle-toi ce que nous a dit Jeff : beaucoup d'événements se sont produits et il est normal que tout ne se remettre en place en un claquement de doigts.

— Je sais, Laurent, mais je ne pensais pas que ce serait à ce point.

— Je crois, madame Dalgrand, compléta le praticien, que vous devriez prendre un peu de recul face à tout cela. M. Dalgrand a raison, il est conscient de tout ce dont nous venons de parler et, même si je sais que les mots sont faciles, il va falloir un peu de patience et beaucoup de temps. Comprenez-moi bien, je ne minimise en rien le mal dont souffre M. Dalgrand, mais on soigne les maladies d'ordre physiologique, alors pourquoi pas celles d'origine psychologique ? Si je n'en étais convaincu, je ne ferais pas ce métier, croyez-moi, conclut-il en souriant avec bienveillance.

Sur le chemin du retour, le silence était pesant dans l'habitacle de la voiture.

Hélène ne se sentait qu'à moitié rassurée par les paroles du psychiatre même si elle sentait poindre en elle l'espoir que tout finirait par se régler.

Laurent était prostré dans le mutisme qui le caractérisait depuis des semaines, la main posée sur la cuisse de sa femme qui conduisait. Elle se gara sur le parking qui longeait les berges de l'Ill, consciente qu'il serait impossible de trouver une place en bas de chez eux en cette période de fin d'année, et ils firent le reste du chemin à pied, main dans la main.

Avant de pousser la porte, ils s'étreignirent sur le palier, tendrement, sans un mot, deux êtres qui veulent se rapprocher, se retrouver.

En entrant, ils furent accueillis par le babil joyeux de Benjamin qui s'évertuait à tirer la tignasse savamment entretenue de sa marraine sous les yeux toujours sérieux de son oncle Jeffrey.

Hélène et Laurent parvinrent à échanger un sourire devant ce tableau familial.

— Regarde qui est là, mon chloukiki ! s'exclama une Françoise particulièrement excitée. Jeffrey, vous prenez Benjamin, vous voulez bien ?

Sans attendre la réponse du jeune homme, elle lui tendit l'enfant. Surpris et maladroit, il ne sut trop quoi faire.

— Oh, Jeffrey, vous pouvez le prendre dans les bras vous savez. Il ne va pas se casser, plaisanta-t-elle en voyant la gêne de son interlocuteur.

Hélène constata avec amusement, si tant est qu'elle pouvait être amusée, que Françoise et Jeffrey avaient réussi à sympathiser pendant leur absence. Elle trouvait cela une bonne chose. Si seulement elle pouvait un peu le décoincer !

— Mes chéris, clama-t-elle en sautillant aussi gracieusement qu'une première communiante, j'ai un petit cadeau pour vous.

Hélène interrogea Laurent du regard qui ne put qu'exprimer son ignorance en haussant les épaules.

— Rhôô ! Faites pas cette mine de rats crevés ! s'indigna la jeune femme décidément très en forme. Allez, on se bouge le fessier ! Vous allez vous mettre par ici et vous allez fermer les yeux. Allez, hop, hop, hop, on se dépêche !

Le jeune couple ne put qu'obéir aux exhortations survoltées de Françoise.

— Je vais compter jusqu'à trois et…

Elle fut interrompue par un petit gazouillement de Benjamin qui gigotait dans les bras de son oncle.

— Mais si, mon chouchou, je sais compter jusqu'à trois ! lui rétorqua-t-elle comme s'il s'était ouvertement moqué des capacités intellectuelles de Françoise. Je sais, je sais, tu te dis que ta marraine est une créature de rêve, splendide et magnifique, fantasme absolu de tout mâle pubère, et tu n'as pas tort ! Mais je te signale qu'elle a aussi fait de hautes études !

Laurent et Hélène, toujours les yeux fermés, pouffèrent.

Décidément, Françoise avait le chic pour dérider les atmosphères et désamorcer les situations les plus déprimantes !

— Bref ! Je disais donc : je compte jusqu'à trois ! Et on ne triche pas, lança-t-elle, faussement menaçante au jeune couple. Allez… un… deux…

— … et trois ! Joyeux Noël !

C'était une voix dans l'escalier qui menait au premier étage, une voix qu'Hélène aurait reconnue entre mille.

Elle se retourna, aussi vive que l'éclair.

— Maman ! Papa ! s'exclama-t-elle comme une enfant qui ouvre ses cadeaux.

Elle courut se jeter dans leurs bras.

— Ma chérie, répondit sa mère en la serrant de toutes ses forces de mère. Eh oui, c'est nous, on voulait te faire la su… Mais ? Qu'est-ce qu'il y a, mon cœur ? demanda-t-elle en voyant les tremblements de sa fille. Ma puce, il ne faut pas pleurer !

— Laisse-la donc tranquille, Marthe, elle ne s'y attendait pas, elle a bien le droit d'être surprise quand même !

Ce que ses parents ne pouvaient deviner, c'est que leur présence était la soupape qu'il lui fallait depuis des mois.

Le soutien dont elle avait besoin.

Et là, dans ces bras d'amour, dans ce giron protecteur, elle évacua et s'abandonna totalement et sans réserve.

Laurent et Jeffrey, spectateurs gênés de cet épanchement, ne savaient que dire. Ce n'était bien évidemment pas le cas de Françoise qui, elle, était pleinement consciente de la cause des larmes de son amie. Ne souhaitant pas que la situation difficile du jeune couple ne vienne entacher la fête, elle se lança dans un des rôles qu'elle maîtrisait à la perfection : la grue de service.

— Eh ben, ma fille, si j'avais su que ma surprise t'aurait arraché deux litres et demi de larmes, je me serais abstenue !

Hélène se retourna, les yeux embués, et murmura un « merci » profond et sincère à son amie qui lui répondit par un clin d'œil complice.

— Mais comment êtes-vous venus de l'aéroport jusqu'ici ? demanda-t-elle à ses parents.

Son père désigna Françoise.

— Françoise est venue nous chercher, ma fille. C'est elle qui a tout concocté ! Une amie comme ça, je peux te dire que ça ne se trouve pas sous le sabot d'un cheval !

— Louis, cesse donc avec des proverbes d'un autre âge, le réprimanda gentiment sa femme. Françoise a toujours été là pour Hélène.

Aussi étrange que cela puisse paraître chez la jeune femme, elle avait en horreur d'étaler ses qualités, et *a fortiori* que d'autres le fassent pour elle. Cela la mettait toujours mal à l'aise. Aussi détourna-t-elle la conversation.

— Bon, je passerais avec plaisir les dix prochaines minutes à recevoir les éloges de la foule en délire, mais j'ai des choses à faire.

Hélène regarda son amie. Elle savait que c'était pour elle une façon de dire qu'elle ne voulait pas déranger en s'imposant dans des retrouvailles familiales.

— Françoise, tu peux rester.

— Tss, tss, tss, je vous laisse en famille. On se voit pour Noël de toute façon.

Elle salua tout le monde, enfila son manteau de fourrure artificielle rose fuchsia, et Hélène la raccompagna jusqu'à la porte d'entrée du bâtiment en bas.

— Merci, Françoise, vraiment, dit-elle en enlaçant son amie.

— De rien, ma douce, je suis contente que ça t'ait fait plaisir, répondit une Françoise exceptionnellement au naturel. On s'appelle ? Tu me raconteras pour le psy.

— Pas de problème, à plus, Françoise.

Elle allait remonter les marches du perron mais se ravisa.

— Au fait, lança-t-elle, ça s'est bien passé avec Jeffrey ? Je sais qu'il peut parfois paraître froid à ceux qui ne le connaissent pas.

— Froid ?? Tu veux dire glacial ! Il ferait givrer sur place un banc de pucelles en chaleur !

— Tu exagères, répondit Hélène en riant, constatant que son amie avait bien vite repris sa pétulance coutumière. Donc, il n'y a plus de chances que tu deviennes ma belle-sœur comme tu me le rabâchais il n'y a pas si longtemps ?

— Ça, c'est sûr ! À moins d'une intervention divine !

— À ce point ?

Taquine, Françoise souleva un sourcil épilé au millimètre.

— Ma fille, mais que tu es naïve, lui lança-t-elle en mimant l'exaspération, je te signale, étant donné que tu ne l'as pas encore compris, que ton beau-frère est un peu gay !!

# 17

L'on passa une semaine entre retrouvailles, cocooning et préparatifs pour le réveillon.

Marthe et Louis s'habituaient peu à peu au « nouveau Laurent », et faisaient tout leur possible pour le divertir et le sortir de sa déprime.

Mais rien n'y faisait.

Bien au contraire, le jeune homme se montrait de plus en plus déconnecté de la réalité, absent, et, si ce n'était quelques moments de lucidité, semblait perdu dans un autre monde, dans sa propre réalité. Ses cheveux ne repoussaient toujours pas, il était amaigri, livide, et les parents d'Hélène, avec leur façon un peu dépassée de raisonner, ne pouvaient croire que les effets indésirables de la radiothérapie étaient la seule cause de cet état. Hélène, pour les tranquilliser, eux mais aussi elle-même, leur assurait que Laurent irait bientôt mieux et Jeffrey, toujours aussi présent pour son frère, multipliait les paroles rassurantes.

Mais Marthe et Louis, avec cette conviction touchante que toutes les personnes âgées ont de toujours avoir raison, restaient sur leurs positions et continuaient à s'inquiéter.

Hélène avait insisté auprès de tout le monde pour que les deux familles au complet soient pour une fois réunies pour le réveillon, pensant qu'une ambiance familiale chaleureuse non seulement ne pouvait qu'être bénéfique à Laurent, mais aussi ravirait Benjamin pour qui c'était le premier Noël. Elle voulait vraiment marquer le coup.

Vœu pieux s'il en était car Hélène ne se rendait pas compte que réunir dans une même pièce un homme dépressif, une vieille acariâtre, une vamp hystérique et un médecin ténébreux équivalait plutôt à fabriquer une bombe nucléaire.

Bombe qui faillit exploser dès l'apéritif.

L'ambiance était détendue, on avait mis un fond de musique, on palabrait dans le salon, Benjamin babillait et même Arthur affichait une nageoire réjouie dans son bocal.

Hélène, sa mère, et Françoise s'affairaient dans la cuisine lorsque Rose les rejoignit pour s'affaler sur la première chaise venue.

— Vous m'excuserez de ne pas vous aider, mais mon pauvre dos me fait atrocement souffrir aujourd'hui, dit-elle en geignant.

Hélène et Marthe échangèrent un regard amusé mais Françoise ne pouvait pas ne pas saisir une telle perche. Elle se retourna, fixa Rose et prit le ton le plus affable dont elle était capable.

— Oh, Rose, ne vous excusez pas, je vous en prie. À votre âge, on se fatigue vite ! Je vous sers une tisane ?

Hélène, qui ne pouvait qu'imaginer la mine cramoisie de sa belle-mère dans son dos, se planqua dans sa casserole pour ne pas pouffer. Heureusement, on pouvait compter sur Marthe pour désamorcer ce genre de grenades.

— Rose, ma chère, vous m'aidez à porter les plats dans la salle à manger, vous voulez bien ?

Les deux anciennes parties, Hélène se tourna vers son amie.

— Tu n'en rates décidément pas une !

— Moooa ? s'offusqua Françoise en portant théâtralement une main à son cœur, mais tu plaisantes j'espère ! Tout le monde s'active et Maaaadame est fatiguée ! Maaaaadame a mal au dos ! C'est surtout que Madaaaame ne veut pas salir son Chanel ! Et puis elle risquerait d'abîmer ses mains manucurées jusqu'à la moelle !

— Heu... hésita Hélène en souriant, question manucure tu es mal placée pour critiquer.

— Mais ce n'est pas du tout la même chose, très chère ! Moi, c'est de l'entretien, elle c'est... hum... de l'embaumement !!

Assez satisfaite de son bon mot, elle ricana au-dessus de la dinde farcie.

— Au fait, on n'en a pas reparlé, demanda Hélène pour changer de sujet, tu es sûre de ce que tu m'as dit à propos de Jeffrey ?

— À savoir ?

— D'après toi, il serait homo ?

— Oh ça ! Oui, aussi sûre que ta belle-mère est une pétasse décrépite !

— Comment peux-tu le savoir ?

— Ma chérie, parfois je me demande si tu ne viens pas d'une autre planète. As-tu déjà vu un seul mâle rester de glace face à mes charmes ravageurs ?

Hélène se gaussa.

— Tu parles d'un critère !

— Plus sérieusement, reprit Françoise, ça me semble assez flagrant. Ne me demande pas pourquoi, je le sens, c'est tout.

— Bah, de toute façon, c'est sa vie après tout, ça ne me regarde pas.

— Certes, mais quel sacré gâchis quand même…

Les deux femmes rejoignirent les convives dans la salle à manger.

Toute la soirée, il fallut composer entre les silences de Jeffrey, les absences de Laurent, les piques de Françoise et les ripostes de Rose.

La tension se relâcha un peu au moment des cadeaux que l'on avait devancé pour éviter à Benjamin de veiller trop tard. On voulait vraiment faire un effort pour lui, même s'il était trop petit pour comprendre que la naissance du Christ était synonyme d'avalanche de présents hors de prix devant le sapin.

La fameuse maquette sur laquelle Louis planchait depuis des mois fit sensation : une minireproduction de Strasbourg vraiment réussie. On y voyait la cathédrale, les ponts couverts, le palais des Rohan, et même le quartier de la Petite France et la maison à colombages d'Hélène et Laurent. Benjamin regardait tout cela de ses yeux un peu endormis. Françoise, elle, s'était délestée d'une bonne partie de son porte-monnaie en vêtements de marques pour son filleul qu'elle voulait initier très jeune aux codes de la mode. L'oncle Jeffrey lui-même avait dépensé une petite fortune en livres et jeux éducatifs. La science, toujours la science ! pensa Hélène avec indulgence et affection pour son beau-frère. Enfin, Rose ne se sentit aucunement gênée quand le petit ouvrit son cadeau : des légos de chez JouéClub ! Françoise, aussi rapide qu'une adolescente à son dépucelage, sauta sur l'occasion.

— Roooose, clama-t-elle, hypocrite comme jamais, quel cadeau bien pensé ! Toutes ces formes, toutes ces couleurs, c'est vraiment beau ! Et tellement original !

L'acidité coulait de chaque mot.

Rose, suffoquée par le toupet de cette poule de luxe, allait rétorquer que transformer son petit-fils en épouvantail ne valait pas beaucoup mieux, mais Laurent se leva, son fils dans les bras.

— Allez, mon cœur, on dit merci à tout le monde.

Et chacun eut droit à une bise mouillée d'un Benjamin qui ne comprenait pas grand-chose à ce qui se passait. Quand vint le tour de Rose, c'est Laurent qui embrassa sa mère.

— Merci, maman, dit-il simplement et il l'enlaça.

Rose Dalgrand, peu habituée à ces élans d'affection, ne sut trop comment réagir et se laissa faire, raide comme la justice.

Jeffrey regarda la scène, un sourcil soulevé, un peu étonné devant ce tableau inhabituel dans la famille Dalgrand. Décidément, son frère allait bien mal s'il allait jusqu'à prendre leur génitrice dans les bras ! Hélène elle-même avait rarement vu son mari aussi affectueux avec sa mère.

— Bon, je crois qu'il est temps pour notre Benji d'aller au dodo, dit Hélène.

Tout le monde ou presque agita la main à l'intention du petit qui dormait déjà.

Quand Hélène redescendit, elle proposa le vin chaud que l'on accepta avec grand plaisir. Le nectar servi,

Hélène voulut profiter que tout le monde fût réuni et proposa qu'on se mît d'accord sur la date du baptême du petit. Tout le monde estima que le mois de mars avec l'arrivée des beaux jours serait idéal, un peu avant son premier anniversaire. Cela apaisa un peu l'atmosphère.

On finit la soirée un verre à la main, et on trinqua à l'avenir.

Mais on allait vite déchanter.

* * *

— Tout est parfait, ma chère Hélène, annonça le docteur Bliade en se rasseyant à son imposant bureau toujours tiré au cordeau.

Hélène avait eu du mal à trouver un rendez-vous entre Noël et la nouvelle année, mais le gynécologue, toujours obligeant avec elle, avait finalement pu la recevoir. Marthe et Louis s'étaient fait une joie de garder leur petit-fils.

Hélène avait déposé Laurent chez le docteur Roncaux qu'il devait voir le jour même et s'était rendue au cabinet du docteur Bliade, envisageant d'en profiter pour évoquer avec lui les problèmes d'ordre sexuel que son couple rencontrait. Elle rechignait un peu à évoquer son intimité, même avec le docteur Bliade, mais, comme le lui avait soutenu Françoise, un gynécologue est aussi là pour ça. Pas seulement pour te farfouiller la touffe avec ses gants Mappa !

Elle décida d'aborder le sujet.

— Docteur, se lança-t-elle, j'ai souhaité vous voir également pour aborder avec vous un point assez délicat.

— Bien sûr, Hélène, répondit-il de sa voix ronde et engageante, je vous écoute.

— Ce n'est pas facile à aborder… mais… Laurent et moi rencontrons quelques soucis d'ordre sexuel.

— Ah ? De quel genre ?

— En fait, cela ne vient pas de moi, du moins je ne pense pas, mais voilà des mois que nous ne faisons plus l'amour et… je me suis dit que peut-être je devrais vous en parler.

— Vous avez bien fait, Hélène, je suis aussi là pour répondre à ces questions et ces tourments. Que se passe-t-il exactement ?

— Heu… eh bien, il ne se passe rien, justement, répondit-elle avec un petit rire gêné. Laurent ne semble plus ressentir aucun désir. J'en ai déjà parlé avec Jeffrey, bien sûr, qui me dit que c'est une des conséquences de la radiothérapie et de la dépression dans laquelle vit mon mari depuis quelque temps, mais ça commence à me peser.

— Jeffrey a raison, Hélène. Votre époux vit une situation difficile, compliquée, je dirais même douloureuse. Mettez-vous à sa place. Voilà un homme qui devient père, apprend qu'il a une tumeur, perd un enfant et subit une opération chirurgicale d'importance ! C'est beaucoup, vous savez.

— J'en ai bien conscience, je vous assure, mais cela m'est de plus en plus difficile à gérer.

— Hélène, ne vous tracassez pas ainsi. Vous êtes une femme forte, solide, et votre mari a justement besoin de cette épaule sur laquelle s'appuyer.

Hélène sourit faiblement devant ces expressions toujours un peu surannées du docteur.

— Je ne sais pas, docteur, j'en viens même à me demander si je suis une bonne épouse et une bonne mère.

— Doux Jésus, Hélène, mais vous êtes une mère parfaite. Que viennent faire ces doutes ici ?

— Laurent semble si proche de Benjamin que parfois je me sens un peu incompétente, un peu en décalage en quelque sorte.

— Comment ça ?

— Pour vous donner un exemple, encore hier soir, Benjamin était fiévreux et ne cessait de pleurer. Je n'arrivais pas à le calmer et ne comprenais pas la raison de ses cris jusqu'à ce que Laurent suggère que Benjamin faisait sûrement ses premières dents. Et je me suis rendu compte qu'il avait raison.

Le docteur Bliade tiqua et leva un sourcil.

— Hum… Eh bien, voyez cela comme quelque chose de positif, comme un espoir de guérison pour votre mari, quelque chose qui le raccroche et qui le tient un peu à flot.

— Peut-être, oui, répondit-elle peu convaincue. Mais parfois il me fait réellement culpabiliser en tant que mère tant il parvient à anticiper les choses vis-à-vis de Benjamin.

Le docteur Bliade fronça encore plus le sourcil.

— Que voulez-vous dire ?

— Je veux dire que parfois il semble comme comprendre des choses chez Benjamin que moi-même je ne saisis pas.

Le praticien fixa Hélène.

— Hélène, dit-il avec intensité, vous n'avez pas à culpabiliser. D'après ce que vous me dites à chaque fois que l'on se voit, je crois que… hum…

Laurent cherche simplement à… Comment formuler la chose ?… Oui, à combler un manque, certainement celui du jumeau qui aurait dû naître.

— Oui, c'est ce que le psychiatre qui le suit a également diagnostiqué. Mais moi-même je réussis, du moins j'en ai l'impression, à relativement bien gérer ce manque et cette perte. J'arrive à passer outre. Alors, ce que je ne comprends pas c'est pourquoi les choses mettent tant de temps à rentrer dans l'ordre pour Laurent.

— Parce que c'est un long processus, Hélène. Je pense que dans le cas de votre époux, il s'agit en quelque sorte d'une identification à votre fils, et donc d'une certaine forme de régression.

* * *

— Il s'agit en quelque sorte d'une d'identification à votre fils, monsieur Dalgrand, et donc d'une certaine forme de régression.

Assis dans le vaste bureau du docteur Roncaux, Laurent venait de parler pendant plus d'une demi-heure, répondant aux questions du psychiatre, et écoutait maintenant avec une extrême attention sa réponse diagnostique.

— D'après ce que vous me racontez, je vois que non seulement vous portez sur lui toute votre attention, comme je vous l'ai expliqué lors de notre précédente entrevue, mais aussi que d'une certaine façon, vous avez créé avec lui comme une osmose. En fait, vous vous identifiez à lui, et tout cela n'est pas formulé de manière consciente dans votre esprit, bien sûr. Mais il me semble évident que votre inconscient cherche par là à pallier la perte de votre autre enfant. Comme si, comment dire… comme si créer cette relation fusionnelle avec Benjamin était pour vous un moyen de se substituer au frère absent, comprenez-vous ?

— Oui, je crois, répondit Laurent.

— On appelle cela le syndrome de conversion. C'est une altération ou une disparition complète de certaines fonctions, sans cause organique ou physiologique. Mais vous n'avez pas à vous inquiéter outre mesure, derrière ces mots barbares se cache une réalité bien connue des spécialistes : le fameux syndrome de la page blanche de l'écrivain qui n'arrive plus à écrire en est une des formes.

— Est-ce pour cette raison que je ne parviens plus à… à… heu…

Le docteur Roncaux interrogea son patient du regard.

— À peindre ?

— Oui, à peindre, répéta Laurent.

— Entre autres, oui. Ce genre de troubles peut survenir à la suite de chocs psychologiques violents, comme vous en avez connus. Mais chez vous, cela n'altère pas seulement la faculté créatrice. Vous m'avez dit tout à l'heure qu'au soir de Noël vous avez ressenti un élan affectif peu habituel envers votre mère.

— Oui, j'ai eu comme une… une…

— … pulsion ?

— Oui… Comme une pulsion, un besoin de contact avec elle. Je ne sais pas comment l'expliquer.

— C'est tout simplement à mettre en relation avec ce que vous m'avez confié lors d'une de nos séances : cette éducation rigide que vous avez reçue, cette carence affective…

— Le manque d'affection dont j'ai… heu… souffré ?

— Hum… oui… souffert, corrigea le praticien en regardant son patient, un peu surpris. Ce type de carence peut être un facteur aggravant de la schizo-dépression dont vous souffrez et dont un des symptômes majeurs est cette régression affective justement.

— Mais… et les autres symptômes ?

— On les trouve dans certains cas pointus de schizo-dépression : la perte de vigilance, les troubles de la mémoire, une certaine confusion…

— Et… heu… est-ce que cela se soigne ?

— Mais bien sûr, monsieur Dalgrand. C'est un traitement, long, lourd, astreignant, mais avec de la patience, on peut sortir sans séquelles de ce type de dépression. Et nous allons nous y employer.

— Et cette inenfifi… itenfi… excusez-moi… Cette identification à Benjamin, elle se soignera aussi ?

— Oui, elle se guérira d'elle-même en même temps que les autres symptômes, n'ayez crainte.

— Bon…

— Monsieur Dalgrand, profitez de ces élans émotionnels envers votre fils, votre mère, peut-être votre frère, pour aller de l'avant. Passez-moi l'analogie un peu fade que je vais utiliser : mais, pour l'instant, vous êtes comme une batterie à plat et il vous faut la recharger pour pouvoir redémarrer. Et les sentiments et l'affection de vos proches ne peuvent que vous y aider.

— Très bien…

— Comme je l'ai dit à votre épouse lors de notre échange, les maladies de l'âme se soignent comme les autres.

— Merci, docteur.

Le docteur Roncaux raccompagna Laurent après avoir noté leur prochain rendez-vous et lui avoir souhaité par avance une bonne et heureuse nouvelle année.

En refermant la porte, il resta pensif, les yeux fixés sur la poignée.

Il se gratta le menton.

Il ne savait pas si Laurent Dalgrand en était conscient, mais il commençait sérieusement à présenter des troubles de la parole assez flagrants.

Il fronça les sourcils, préoccupé.

* * *

Toute la famille ou presque avait décidé de faire une sortie au marché de Noël, histoire de se changer les idées et de s'aérer avant la fin des vacances.

Bien évidemment, Rose, la « star » de la famille Dalgrand, avait décliné l'offre, ayant vraisemblablement mieux à faire que se promener au milieu de la foule derrière un landau, à s'extasier sur la première guirlande lumineuse qui passait. Avouons qu'elle avait eu du nez car se frayer un chemin entre les stands et les baraques noyés sous les promeneurs tenait davantage du stage commando que de la balade dominicale. Il fallait contourner ceux qui stagnaient devant les vendeurs de crêpes, éviter ceux qui avançaient les yeux en l'air à admirer les décorations, et attendre que les embouteillages de poussettes se débloquent. Sans compter ceux qui déboulaient, toute gaufre dehors, menaçant à chaque instant de vous enduire de chantilly en cas de trébuchement mal contrôlé ! Une vraie foire d'empoigne où chacun y allait de son « Putain, ça n'avance pas ! ».

Celui qui au final avait la meilleure place était Benjamin, sagement installé dans sa poussette, emmitouflé jusqu'aux oreilles, les yeux ébahis devant cette cohue bruyante. Marthe et Louis étaient accrochés à la poussette comme deux mollusques effrayés à leurs rochers ; Laurent et Hélène tentaient de suivre main dans la main ; et tout ce petit monde était mené tambour battant par une Françoise assez efficace qui parvenait autant que faire se peut à ouvrir la marche et à frayer le passage.

Au bout d'une heure de quasi-surplace, cette dernière était particulièrement survoltée.

— Mais Sainte Mère ! Ils auraient dû s'acheter des yeux pour Noël tous ces cons ! Ils voient pas qu'on a un enfant en bas âge ! Et ça discute en plein milieu du chemin !! Et ça rigole ! Je t'enverrais un pitbull boulimique là-dedans moi, ça rigolerait moins !

Deux rombières maquillées comme des chars de carnaval lui jetèrent un regard éloquent genre pour-qui-elle-se-prend-la-morue ? Ce qui mit la touche finale à l'exaspération de Françoise.

— Elles ont un problème, les dindasses ? vociféra-t-elle en direction des deux bourgeoises qui détournèrent la tête, outrées.

— Bon, les enfants, dit-elle à l'intention de la petite troupe qui les suivait, là, je pense que je vais tuer quelqu'un ! Alors, à moins de vouloir voir mon nom à la une de tous les journaux de demain dans la rubrique « Faits divers sanglants au marché de Noël », je vous propose d'aller boire un verre au chaud, loin de cette masse transpirante !

Marthe et Louis acquiescèrent vivement et se tournèrent vers leur fille.

— Oh oui, ma chérie, dit Marthe, comme ça Benji pourra boire son biberon. Et ça fera du bien à tout le monde, je crois.

— Pas de problème, on y va.

Elle se tourna vers Laurent et c'est là qu'elle constata qu'il n'y avait pas de Laurent à côté d'elle.

— Ben mince, où est passé Laurent ?

Elle tourna la tête à droite et à gauche, tentant de percer la foule.

— Quelqu'un a-t-il vu Laurent ? demanda-t-elle à ses parents et Françoise, un peu paniquée.

Devant leurs signes de dénégation, elle commença à sérieusement angoisser.

— C'est pas possible ! Il était là il y dix minutes !

Françoise tenta de calmer son amie.

— Ne t'affole pas, Hélène, il doit nous suivre.

— Mais oui, puce, on va faire demi-tour, il ne peut pas être bien loin.

— Ouh là, avec la poussette, ça va être l'enfer, Louis, précisa Françoise. Continuez avec le petit, moi je vais revenir sur nos pas avec Hélène. On se rejoint à l'entrée du marché, ce sera plus simple.

Les grands-parents approuvèrent et continuèrent à avancer avec la poussette tandis que les deux jeunes femmes rebroussèrent chemin en se frayant un chemin dans la foule qui venait en sens inverse.

— J'espère qu'il ne lui est rien arrivé, dit Hélène de plus en plus paniquée. Dans son état, il a pu tomb…

— Hélène, ne commence pas, la coupa Françoise. Il a simplement dû s'arrêter à un stand et avec cette foule il ne nous a pas vu avancer, voilà tout.

— J'espère.

Elles marchèrent encore quelques mètres, scrutant la foule.

Enfin Françoise repéra Laurent.

Il était arrêté devant un stand artisanal et contemplait de magnifiques gravures sur verre.

— Tu vois, Hélène, dit Françoise en le désignant de la main, il est là ton cher et tendre.

Hélène poussa un soupir de soulagement et toutes deux, conscientes qu'il était inutile de l'appeler dans cette foule, rejoignirent le jeune homme.

— Mon chéri, tu nous as fait une belle frayeur, lui dit Hélène.

Laurent ne réagit pas, obnubilé qu'il était par le travail de l'artisan.

— Mon chéri ? répéta Hélène.

Pas de réaction.

Elle regarda Françoise qui haussa les épaules en signe d'ignorance.

— Laurent, on est là !

Toujours pas de réaction.

Françoise s'avança alors un peu et constata que Laurent n'était pas du tout en train de contempler les œuvres de l'artiste comme elle l'avait cru : il était perdu dans ses pensées, absent, comme coupé du monde, les yeux dans le vide.

Elle posa la main sur le bras de son ami.

Ce fut comme une décharge qui réveilla complètement Laurent.

Il se retourna, comme groggy, et observa les deux femmes.

— Oui, ma chérie, bredouilla-t-il, que… que se passe-t-il ?

Hélène regarda son mari, ne sachant s'il plaisantait.

— Mon chéri, ça fait trois fois qu'on t'appelle et que tu ne réponds pas ! Qu'est-ce qui t'arrive ?

— À moi ? Mais rien, mon cœur, répondit-il sans rien comprendre à ce que lui disait sa femme. Je marche tranquillement à côté de toi, derrière tes parents, c'est tout.

Hélène regarda Françoise, affolée.

À la fin de la semaine, Marthe et Louis reprirent le chemin de l'aéroport ; Françoise et Hélène reprirent leur sac d'école ; Benjamin reprit son rythme de nourrisson.

Et les vacances s'achevèrent ainsi, sur cette note ambiguë, mélange d'appréhension face aux derniers épisodes et d'espoir face à cette nouvelle année qui s'annonçait et qui, Hélène le désirait plus que tout, marquerait peut-être le retour du bonheur et de la sérénité dans sa famille.

* * *

La nuit tombait lorsque l'homme lut le mail qu'il craignait depuis quelque temps de recevoir.

Un mail bref, laconique, mais qui en même temps ne nécessitait pas plus d'explications.

C'était inutile.

Il savait.

*Les événements actuels commencent à me faire douter. Je crois que nous sommes face à un réel problème.*

Le mail, envoyé par *thalamusproject@free.fr* portait la mention d'un envoi multiple suivi des adresses électroniques des deux destinataires.

# 18

La nouvelle année commença en fanfare pour Hélène. Et pas de la meilleure des façons.

Un mois et demi à peine après la rentrée, elle fut convoquée dans le bureau de M. Jacquet, le proviseur.

Il lui donna à lire une lettre qu'il venait de recevoir. Mme Tellier, mère de Guillaume qui était scolarisé en première scientifique, y exprimait son plus farouche mécontentement envers la professeur de français qui, d'après elle, s'en prenait régulièrement à son fils. Elle précisait qu'elle avait contacté le rectorat ainsi que l'Inspection académique pour les informer de ce qu'elle appelait un « *acharnement injustifié qui porte préjudice à la réussite de mon fils* ».

Hélène ne put maintenir sa colère.

— C'est une plaisanterie, monsieur.

— Je crains que non, madame Dalgrand, répondit-il aussi mou qu'une limande en réajustant sa cravate.

Hélène avait bien d'autres soucis dans sa vie que d'avoir à supporter l'incompétence notoire d'un proviseur qui ne se souciait que du choix de ses costumes et de la tenue de son brushing.

— J'espère que vous ne prêtez pas foi aux divagations de cette femme !

— Là n'est pas la question, précisa-t-il sur le ton qu'on emploie face à un enfant un peu limité, la question est : qu'est-ce qu'on fait ?

Et voilà, se dit Hélène ! On y vient ! La légendaire stratégie du proviseur de lycée Couffignal de Strasbourg pour régler les problèmes : l'évitement.

— Comment ça, qu'est-ce qu'on fait ? demanda-t-elle, contenant difficilement son agacement.

— Ne le prenez pas mal, madame Dalgrand, mais si l'élève a cette impression que son professeur s'acharne sur lui… c'est que… pardonnez-moi… c'est qu'il a peut-être de bonnes raisons de le croire.

Hélène resta suffoquée.

« De bonnes raisons de le croire ? »

Elle n'en croyait pas ses oreilles !

Guillaume qui, depuis le début de l'année, arrivait systématiquement en retard, ne faisait jamais ses exercices, rangeait ostensiblement sa trousse cinq minutes avant que la sonnerie ne retentisse, *ce* Guillaume se sentait persécuté ! Hélène qui, plusieurs fois, avait tenté de parler avec l'adolescent, de le remotiver, de comprendre ce qui se passait, *cette* Hélène s'acharnait sur lui ! Jamais elle n'avait eu de problèmes avec ses classes. Jamais d'altercations avec ses élèves. Jamais de différends avec les parents. Bien au contraire, elle savait que ses cours plaisaient et que sa façon d'enseigner emportait l'adhésion de la majeure partie des adolescents.

— Je vous annonce donc, dit le proviseur en se levant pour signifier la fin de l'entretien, que Guillaume sera dispensé de vos cours, comme le souhaite sa mère, tant que la situation ne sera pas réglée.

— Je vous demande pardon ?

— Guillaume n'assistera plus à vos cours jusqu'à nouvel ordre.

Hélène regarda son supérieur hiérarchique, interloquée et sans vraiment y croire.

— Ne me dites pas que vous cautionnez cel…

— Madame Dalgrand, je suis conscient que les soucis d'ordre privé que vous rencontrez actuellement vous perturbent. Mais je vous rappelle que notre profession ne peut souffrir leur interférence dans notre mission pédagogique. En ce qui concerne Guillaume, je vous le répète, ce sera ainsi jusqu'à ce que le conflit soit résolu.

Hélène n'aurait jamais pensé que son supérieur hiérarchique, aussi mou et incompétent fût-il, pût se rabaisser à se cacher derrière les problèmes personnels de ses enseignants au lieu de les soutenir.

Elle le regarda à peine, se leva et se dirigea vers la porte.

Avant de sortir, elle se retourna et, faisant exceptionnellement fi du respect qu'elle devait au proviseur, exprima clairement son ressenti.

— Je ne savais pas que cet établissement dispensait les cours à la carte !

Elle déboula en salle des professeurs en claquant la porte.

Ses collègues la dévisagèrent, surpris, habitués qu'ils étaient à voir Hélène garder son calme en toutes circonstances, faculté que certains admiraient même en secret tant ils en étaient eux-mêmes dépourvus face à des classes parfois difficiles.

Françoise vint à la rencontre de son amie.

— Alors ? Qu'est-ce qu'il voulait le brushing ?

Hélène lui résuma rapidement les grandes lignes.

— Ben voilà ! C'est ce que je répète depuis longtemps ! C'est l'ère de l'enfant-roi ! Touche pas à mon fils ! Halte ! Crime de lèse-adolescent boutonneux !

— Pour une fois, répondit Hélène qui ne parvenait pas à se calmer, je suis assez d'accord avec toi.

— Encore heureux ! Je te le dis moi, s'échauffait Françoise qui faisait de grands gestes énervés, bientôt ce seront les parents qui décideront des programmes, ce seront eux qui mettront des notes aux professeurs, et encore eux qui s'immisceront jusque dans nos salles de cours pour évaluer ce qu'il s'y passe ! Eh bien moi je dis : merde !

La discussion commençait à prendre de l'ampleur.

Progressivement tous les collègues présents y allèrent de leur opinion et de leur jugement, prouvant par là que le cliché de l'enseignant-qui-a-une-opinion-sur-tout n'était pas un mythe.

Hélène en avait plus qu'assez. Elle ne pouvait se battre sur tous les fronts, d'abord dans sa vie privée et maintenant dans sa vie professionnelle.

Et, en effet, la jeune femme devenait de plus en plus irritable, perdant patience pour un rien, s'énervant pour un détail. Et voilà que même au travail cela se gâtait ! Cela ne suffisait pas que sa vie privée soit devenue un calvaire, non ! Il fallait que les embûches contaminent même le seul endroit où elle parvenait un tant soit peu à oublier !

Elle quitta le lycée, stressée et excédée, et bien vite l'angoisse de ce qui l'attendait à la maison s'ajouta à son agacement.

Elle se gara maladroitement devant la maison et gravit les marches du perron. Devant la porte, elle souffla un coup avant d'entrer.

Voir ce qu'était devenu Laurent était à chaque fois une épreuve pour elle : un homme chauve, blafard, qui se déplaçait de moins en moins, qui perdait progressivement toute autonomie. Il y a quelques jours, en passant l'aspirateur dans la chambre, elle avait remarqué de nombreux poils sur la moquette. Elle était allée voir Laurent et elle avait compris : celui-ci avait toujours été doté d'une pilosité fournie, mais là, elle avait constaté que ses bras malingres ne montraient quasiment plus aucun poil. Elle ne lui en avait pas parlé, ignorant s'il en avait conscience, et si tel avait été le cas, elle n'avait pas voulu affecter encore plus l'humeur déjà fragile de son mari. Elle avait préféré alerter Jeffrey qui n'avait pas caché sa surprise mais qui avait comme toujours minimisé. Hélène ne comprenait plus : Jeffrey n'était pas inquiet ; le psychiatre de Laurent n'était pas inquiet ; et Rose, logiquement, avait bien d'autres chats à fouetter que de s'inquiéter de l'état pourtant préoccupant de son fils.

Alors pourquoi Hélène s'alarmait-elle ? Pourquoi se mettait-elle à douter ? Pourquoi commençait-elle à penser que l'état de Laurent était bien plus grave que ce que tout le monde s'escrimait à lui faire croire ? Était-elle vraiment la seule à ne plus avoir aucune certitude ? À vouloir que son mari redevienne l'homme toujours joyeux et alerte qu'il était avant ?

Là, le voir sommeiller sur le canapé, emmitouflé dans sa couette, presque grelottant, la troublait.

Elle entendit au premier la voix fraîche de Christel qui jouait avec Benjamin qui, depuis quelques jours, commençait à ânonner vaguement quelques mots, ou du moins quelques syllabes. Elle posa son sac et ses clés sans faire de bruit et s'assit doucement près de Laurent.

Celui-ci grommela quelques sons étouffés et peina à ouvrir des yeux creusés de cernes violets.

— Mon cœur, murmura affectueusement Hélène, je ne voulais pas te réveiller.

— Hum… Pas grave… bébé, bégaya-t-il sûrement encore endormi, ai dormi… toute… a journée.

— C'est bien, tu te reposes.

Il se redressa avec peine sur un coude et Hélène ne sut si elle se faisait des idées mais il lui sembla d'un coup plus diminué encore que ce matin : plus blanc, plus émacié, plus décharné.

— Hé… lène… il faut que je te… montre… quelque chose…

— Vas-y, mon cœur.

C'est là qu'elle remarqua le poing plié de Laurent.

— Qu'est-ce que c'est ? demanda-t-elle intriguée.

Laurent déplia lentement ses doigts tremblants.

Quelque chose apparut dans la paume de sa main.

Hélène ne comprit pas tout de suite.

— Chéri ! C'est quoi ?

— Tu vois… bien ce que… c'est… ânonna Laurent.

Elle voyait, oui, mais elle s'y refusait.

— Je ne comprends pas, je…

Elle comprenait, bien sûr, mais elle tentait, comme un naufragé tente désespérément de s'accrocher à un bout de bois, de nier la réalité. Elle ne pouvait accepter, cela aurait été comme abdiquer.

— Hélène… je…

Elle secoua la tête, perdue.

Laurent jeta un regard désespéré à sa femme.

— Je… les ai perdues… tout à l'heure, fut sa seule explication.

Hélène le regarda, puis ses yeux revinrent se poser comme hypnotisés sur ce que contenait la main frissonnante de son mari : deux dents aux racines sanglantes.

* * *

Ce fut pour Hélène le coup de grâce.

Le déclic.

Le catalyseur qui électrisa sa volonté.

Le barrage qui cédait enfin.

Non ! Elle n'accepterait plus cette situation ! Oh que non, elle n'allait plus se contenter des paroles rassurantes de Jeffrey ! Et encore moins des explications édulcorées du docteur Roncaux ! Il y avait un problème et elle allait apprendre lequel ! Il y avait des questions et elle aurait les réponses ! Coûte que coûte ! Par n'importe quel moyen ! Et enfin Laurent irait mieux !

Elle prit le téléphone et composa le numéro du cabinet du docteur Roncaux.

Ses doigts pianotèrent rageusement sur le clavier jusqu'à ce qu'une voix féminine prenne l'appel.

— Cabinet du docteur Roncaux, bonjour, annonça une voix aussi sucrée qu'une tarte Tatin.

Hélène n'eut aucun mal à se représenter l'espèce de mijaurée qui servait de secrétaire au psychiatre. Elle se souvenait de la moue désabusée qu'elle avait affichée quand elle et Laurent s'étaient présentés la première fois alors qu'ils étaient en proie à l'angoisse et au doute. Elle s'était alors promis d'emmener un jour Françoise pour rabattre son caquet à cette pécore.

— Je suis Hélène Dalgrand, annonça-t-elle sans détour. Mon époux est suivi dans votre cabinet. Je souhaiterais parler avec le docteur Roncaux.

— Je suis désolée, madame, mais le docteur est en consultation.

— Eh bien, passez-le-moi quand même !

La pimbêche manqua s'étrangler à l'autre bout du fil.

— Mais je ne peux pas ! Quand le docteur s'entretient avec un patient, il m'est impos…

— C'est urgent ! s'énerva Hélène qui lui aurait volontiers fait avaler son vernis à ongles carmin.

— Je ne peux rien faire pour le moment, je suis vraiment désolée. Essayez d'appeler un peu plus ta…

Mais Hélène avait déjà raccroché et composait un autre numéro.

— *Centre hospitalier de Hautepierre, ne quittez pas, nous allons donner suite à votre appel.*

Eh merde ! Un répondeur ! Hélène s'attaqua à son habituel rognage d'ongles en attendant que oui, on donne suite à son appel !

— *Centre hospitalier de Hautepierre, ne quittez pas, nous allons donner suite à votre appel.*

Hélène se dit que si la voix d'aéroport répétait son laïus une troisième fois, elle boufferait le téléphone !

— *Centre hospitalier de Hautepierre, ne quittez pas, nous allons donner suite à votre a…*

Elle ne bouffa pas le téléphone mais monta quatre à quatre les marches qui montaient au premier et déboula dans la chambre de son fils.

— Christel, dit-elle à la jeune fille qui ne comptait pas ses efforts pour amuser le petit, je dois m'absenter. Pourriez-vous garder Benji encore une heure ou deux ?

— Bien sûr, madame Dalgrand.

— Merci beaucoup, Christel.

Elle embrassa passionnément son fils et, arrivée à la porte, se retourna.

— Christel, M. Dalgrand est en bas, ajouta-t-elle. Si jamais… heu… il avait besoin de quelque chose ou si… il y avait un problème…

— Pas de souci, madame Dalgrand, la rassura la jeune fille, je m'en occupe.

Hélène lui sourit, dévala les escaliers et s'engouffra dans sa Golf.

Elle conduisit aussi vite que la circulation le lui permit, pas dans un état second mais presque, et trente minutes plus tard se gara sur le parking « visiteurs » de l'hôpital Hautepierre.

Elle savait précisément où se situait l'endroit où elle voulait se rendre pour y être déjà allée à quelques rares occasions.

C'est pourquoi elle se déplaça aisément dans le labyrinthe qu'était le centre de soins, se dirigea vers le bâtiment de neurochirurgie, prit l'ascenseur, tourna à droite, parcourut un long couloir et se retrouva devant la porte du bureau de Jeffrey.

* * *

Le professeur Dalgrand avait lui aussi commencé l'année sur les chapeaux de roues.

Cela avait débuté par l'annonce de suppression de postes et de réduction de budget dans le service de neurochirurgie qu'il dirigeait, ce qui avait provoqué un mouvement de révolte et une manifestation orchestrée par les syndicats infirmiers. Ensuite, il avait dû faire face à une plainte déposée contre lui par une vieille bourgeoise des quartiers chic strasbourgeois dont il avait soigné le mari et qui compensait la perte dudit mari, mort de vieillesse à presque quatre-vingt-quinze ans, en attaquant le service. Heureusement, les avocats de l'hôpital étaient parvenus à lui faire entendre raison. Et pour couronner le tout, il avait appris que la fidèle Jeanne Erard, son bras droit, ou du moins son solide appui, prenait sa retraite au mois de mars, un mois plus tard.

Heureusement, Jeffrey Dalgrand n'était pas homme à se laisser abattre pour si peu, même s'il venait en plus de passer la moitié de l'après-midi au bloc opératoire où il avait soigné un patient atteint d'hydrocéphalie avec pose de valve, une intervention de routine pour lui mais néanmoins toujours périlleuse.

Assis à son bureau, il avait enfin un peu de temps pour étudier un peu plus attentivement les documents qu'il avait collectés sur la FMSN qui l'avait contacté il y avait maintenant un peu plus de six mois et dont il devait rencontrer le président dans moins de deux mois, à Bruxelles. Il avait jusque-là différé sa réponse, désirant avant tout en savoir plus sur le fonctionnement de ce comité d'éthique auquel on lui avait proposé de participer, Jeffrey n'étant pas du genre à se lancer à l'aveugle et à corps perdu dans un projet aussi important et prestigieux. Il aimait peser le pour et le contre, envisager les conséquences, examiner les conditions, cela lui donnait l'impression de maîtriser le processus.

Les papiers s'étalaient sur son bureau, autant de barques blanches sur un océan brun.

La Fédération mondiale des sociétés de neurochirurgie avait été fondée en 1955 dans le but premier de promouvoir la recherche neurochirurgicale et d'en diffuser les connaissances, ce à quoi Jeffrey ne pouvait qu'applaudir. L'espoir de son conseil d'administration ainsi que de tous les neurochirurgiens qui y adhéraient était de réduire les accidents cérébraux. Jeffrey sourit. *Les réduire* ? Mais il faudrait surtout les éradiquer !

S'ensuivait toute une série de chiffres tendant à prouver que, malgré les progrès de la science et de la recherche, nombreuses encore étaient les lacunes et les carences dans ce domaine : un million d'accidents cérébraux ou de la moelle épinière se produisaient chaque année dans le monde, laissant les patients morts ou handicapés à vie ; plusieurs centaines de milliers de nouveaux cas de tumeurs non diagnostiquées étaient recensées : le nombre d'enfants dont le handicap résultait d'une maladie cérébrale était faramineux même dans les pays développés.

Jeffrey secoua la tête devant cet état des lieux on ne peut plus alarmiste. Il était bien conscient que la neurochirurgie était récente et par là même encore imparfaite. Et justement, c'était leur rôle à eux, scientifiques, de la parfaire, d'innover, d'aller de l'avant, et non de s'apitoyer et de larmoyer sur des constats simplistes !

Ce qu'il cherchait surtout dans cette masse de documents était des informations sur le comité d'éthique. Il savait que c'était là le cheval de bataille du nouveau président de la Fédération, le professeur Broti, qui voulait poser un cadre bien précis aux applications pratiques et chirurgicales des neurosciences. Il l'avait maintes fois clamé dans toutes les revues spécialisées.

Jeffrey mit enfin la main sur un article qui répondit à ses espérances.

**_Extrait de la nouvelle déclaration d'éthique en neurochirurgie_**

*Les relations entre les neurochirurgiens et leurs patients, comme dans toute relation médecin-patient, sont fondées sur des principes éthiques formulés pour le bien-être du patient. Au cours des dernières décennies, les progrès extrêmement rapides de la science et de la technologie ont menacé ce lien historique entre le patient et son médecin. Notre objectif en créant ce nouveau guide d'éthique est de nous rappeler à nous-mêmes, neurochirurgiens du monde entier, nos engagements fondamentaux envers le patient. À savoir :*

*1. maintenir un haut niveau de compétence professionnelle pour offrir à nos patients les meilleurs soins possibles ;*

*2. créer une relation de confiance totale avec notre patient ;*

*3. n'entreprendre une intervention chirurgicale que lorsque nous estimons qu'elle sera entièrement bénéfique pour le patient ;*

*4. éviter les modes de vie nuisibles à notre mission de soin…*

Jeffrey tourna les pages : pas moins de cent soixante-seize points à respecter ! Il n'en croyait pas ses yeux. Mais qu'est-ce que c'était que cette mascarade ? À quoi rimait ce discours qui sentait le judéo-christianisme à plein nez ? Ce jargon idéaliste qui puait le règlement militaire à des kilomètres ? Cette logorrhée totalitariste qui régentait jusqu'à la vie privée du praticien ? Et c'est à ça qu'on l'invitait ? À ça qu'on souhaitait le faire participer ?

Jeffrey secoua la tête.

Alors, on devait déjà prononcer un serment d'Hippocrate et voilà qu'on devait maintenant en plus signer un code aussi dictatorial ! Et pourquoi pas la distribution de bons points tant qu'on y était ! Mais jamais ! Jamais de la vie ! Jamais il ne ramperait ainsi devant des règles aussi sordidement disciplinaires ! Pour qui le prenait-on ? C'était une secte cette Fédération ou quoi ?

Jeffrey s'enfonça dans son fauteuil de bureau, perplexe.

Il avait bien fait de se renseigner avant de donner son aval à Broti. Mais comment un éminent scientifique comme lui, aussi avide de recherche et de progrès, pouvait-il cautionner et même promouvoir un tel tissu d'inepties ? Jeffrey était assez déçu d'avoir découvert cette face cachée chez le professeur Broti qu'il avait toujours admiré pour son énergie et son enthousiasme. Comme quoi, se dit-il, l'arbre cache vraiment toujours la forêt !

Il aurait pu ajouter d'autres poncifs tout aussi originaux comme « l'habit ne fait pas le moine » ou encore « les apparences sont trompeuses » mais une autre idée lui vint à l'esprit.

Et finalement, si c'était le professeur Broti qui avait raison ? Peut-être Jeffrey devrait-il effectivement accepter l'offre ? Genre loup dans la bergerie qui peut saper le système de l'intérieur ! Ne dit-on pas qu'il vaut mieux être plus proche de ses ennemis que de ses amis ? Jeffrey se voyait déjà en espion des temps modernes infiltrant une obscure confrérie de scientifiques poussiéreux et ne put s'empêcher de sourire. Charles aurait adoré, pensa-t-il. En tous les cas, cela demandait réflexion.

Justement, il se rappela d'un coup qu'un point l'avait interpellé encore plus que le reste lors de sa lecture, mais il ne savait plus comment c'était formulé exactement. Il reprit la fameuse déclaration, tourna à nouveau les pages avant de trouver ce qu'il cherchait. Mais c'est bien sûr, se dit-il, le fameux alinéa trente-cinq.

*35. nous, neurochirurgiens, devons reconnaître les limites de notre compétence professionnelle et ne jamais effectuer des opérations hors de notre champ de compétence, sauf circonstance exceptionnelle.*

Oui, oui, se confirma-t-il mentalement, cela demande réellement réflexion.

Il en était là de ses débats intérieurs lorsqu'il entendit qu'on frappait à sa porte.

Il se redressa dans son fauteuil, toujours soucieux de son image, et adopta une posture plus professionnelle.

— Entrez ! intima-t-il.

La porte s'ouvrit sur le visage d'Hélène qui semblait essoufflée.

— Hélène ? s'exclama-t-il, assez surpris de voir sa belle-sœur en ces lieux.

La jeune femme pénétra dans la pièce et referma la porte derrière elle.

— Jeffrey, il faut que tu m'aides ! dit-elle d'une voix qui n'appelait aucune concession en s'avançant vers lui.

— Bien sûr, Hélène, assieds-toi.

Jeff avait rarement vu, et pour ainsi dire jamais, sa belle-sœur dans cet état de nerfs. Elle semblait survoltée, à la limite de l'hystérie.

— Dis-moi, que se passe-t-il ?

— Il se passe la même chose qu'il y a des jours, des semaines, des mois ! Mais cette fois, je te préviens Jeff, je ne sortirai pas de cette pièce sans avoir les réponses à mes questions !

— Calme-toi et raconte-moi.

La retenue habituelle de son beau-frère aurait pu exacerber l'excitation d'Hélène mais elle tenta de se calmer et de se ressaisir.

— Oui, excuse-moi, se reprit-elle. Mais je n'en peux plus de voir ton frère se dégrader de la sorte sans que personne ne lève le petit doigt pour l'aider.

Jeffrey sourcilla.

— Hélène, je te trouve un peu injuste. Nous sommes tous là pour essayer d'aider et de guérir Laurent.

— Comment ? s'écria la jeune femme.

— Hélène, je comprends que tes nerfs soient à bout mais essaye de regarder les choses objectivement. Je lui ai détecté une tumeur, je la lui ai enlevée, je suis Laurent de très près, son psychiatre de même et…

— Mais pour quel résultat, Jeff ? Quel résultat ? Laurent ne va pas mieux, il va pire ! Il décline chaque jour un peu plus ! Il dépérit à vue d'œil ! Ne le vois-tu pas ? Pas plus tard que tout à l'heure, il m'a montré deux dents qu'il venait de perdre ! En plus de ses cheveux ! De ses poils ! De sa cohérence quand il parle ! De sa mobilité ! De sa mémoire !

— Hélène, répondit Jeffrey qui ne se laissa pas désarçonner par les reproches implicites de sa belle-sœur, on en a déjà parlé et…

— Je veux d'autres explications, d'autres réponses, Jeffrey !! le coupa Hélène. Alors ne viens pas avec ton sempiternel refrain des effets secondaires de la radiothérapie ou je ne sais quoi ! Voilà six mois qu'il a arrêté les séances !

— Hélène, as-tu vraiment conscience de ce qu'est la radiothérapie ? rétorqua Jeffrey qui commençait à ne plus aimer le ton qu'employait sa belle-sœur pour lui parler.

— Comment ça ? demanda-t-elle, un peu moins assurée.

— C'est un traitement par radioactivité, expliqua-t-il en ignorant la question de la jeune femme. Comprends-tu que pendant les séances le corps est bombardé de rayons radioactifs ? Qu'il est surexposé à des ondes qui, dans l'absolu, peuvent être nocives ? Et tu voudrais que le corps ne réagisse pas ? Qu'il ne se révolte pas contre ce qu'il interprète comme une attaque ?

— Bien sûr que non, Jeffrey, répondit une Hélène un peu mal à l'aise. Je dis juste que je trouve tous les effets dont souffre Laurent un peu… hum… tardifs !

— D'où leurs noms d'effets *secondaires*, dit Jeffrey en appuyant sur le dernier mot. À l'époque, je vous l'ai expliqué à toi et à Laurent : ces séances ont été prescrites en complément de l'opération, pour améliorer la qualité de vie de Laurent et soulager les symptômes. Mais le revers de la médaille, ce sont ces effets à retardement très pénibles.

— Je comprends, Jeffrey, je t'assure que je comprends. Mais pourquoi ne voit-on aucune amélioration ?

— Je crois que Laurent en parle régulièrement avec son psychiatre et qu'une dépression a été évoquée et diagnostiquée.

— Oui, et cela aussi je le conçois. Là où je cale, c'est cette dégradation physique. Jusqu'où cela va-t-il aller ? Et maintenant, s'ajoutent à la liste les troubles de la parole et de la concentration. Comment tout cela est-il possible ?

— Hélène, ne…

— Jeffrey, je vais te poser la question franchement et je veux de ta part une réponse tout aussi franche.

Jeffrey ne cilla pas.

— Je t'écoute.

Hélène prit sa respiration.

— Jeffrey, demanda-t-elle en regardant fixement son beau-frère, est-il possible que la tumeur de Laurent soit réapparue ?

Jeffrey Dalgrand, que pourtant rien ne pouvait déstabiliser, fut soufflé par la question.

— Je… je te demande pardon ?

— Tu as très bien compris. Est-il envisageable que cette tumeur soit réapparue ? Ou… je ne sais pas moi… qu'elle ait été mal opérée… ne le prends pas pour toi, s'il te plaît… mais je pense être en droit de m'interroger.

Jeff passa outre l'attaque assez directe cette fois de la jeune femme, habitué qu'il était aux remarques souvent désobligeantes, et pourtant compréhensibles, de la part de familles de patients qui voulaient toujours une guérison rapide et instantanée.

— Hélène, je peux t'affirmer que c'est tout simplement impossible. La tumeur a été détruite, la radiothérapie a agi, le traitement postopératoire par médicaments et piqûres a créé une barrière contre un éventuel retour de la tumeur… Vraiment, Hélène, tu n'as pas à te mettre ce genre d'idées en tête.

— Faire de nouveaux examens te semble donc superflu ?

Hélène envisageait la chose depuis quelque temps déjà mais avait préféré en toucher un mot à Jeffrey.

— Oui, complètement superflu, répondit-il simplement. Crois-moi.

— Je vais te paraître horrible, Jeffrey, mais j'aurais presque préféré avoir raison. Au moins on aurait pu identifier une cause et trouver la faille.

— Je suis désolé de ne pas pouvoir t'apporter plus de réponses que je ne t'en ai déjà données, regretta sincèrement Jeffrey qui était quelque part ému par le désespoir de sa belle-sœur. Je ne te redirai pas d'être patiente et de laisser le temps agir, et pourtant, que faire d'autre ?

— Je ne sais pas, Jeffrey, répondit Hélène qui se levait, je ne sais vraiment pas. Si ce n'est, espérer.

Elle allait prendre congé quand la ligne intérieure de Jeffrey sonna.

Il activa l'interphone.

— Oui, Jeanne ? demanda-t-il.

— Professeur Dalgrand, put entendre Hélène par le haut-parleur, j'ai un appel pour vous. C'est assez urgent. C'est Mme Grandjean.

Non ! La vieille bourgeoise qui avait porté plainte ! Remettait-elle le couvert ?

— Vous a-t-elle dit ce qu'elle voulait ?

— Non, professeur, mais elle souhaite ardemment vous parler.

— Très bien, merci Jeanne.

Hélène qui s'était levée fronça les sourcils.

Cette voix lui disait quelque chose, elle avait la vague impression de l'avoir déjà entendue quelque part.

— Hélène, dit Jeffrey, je dois te laisser, je suis désolé. N'hésite surtout pas à m'appeler.

— Heu... oui, Jeff, répondit-elle en reprenant ses esprits, merci pour tout. Et excuse-moi si je t'ai semblé un peu agressive.

— Pas de problème.

Il la raccompagna à la porte.

* * *

Assise dans sa voiture, elle réfléchit à l'entretien qu'elle venait d'avoir avec son beau-frère et réalisa que finalement elle n'était pas plus avancée. S'alarmait-elle vraiment pour rien ? Devait-elle continuer à s'armer d'une patience qui ne la satisfaisait plus ? Attendre, encore et encore, que Laurent se rétablisse ?

Elle mit le contact et eut instinctivement la réponse à ses interrogations : non, elle resterait déterminée, elle se l'était promis, et puisque c'était ainsi, elle chercherait elle-même des explications.

Il lui restait un numéro à appeler, une personne qui peut-être pourrait l'aider ou du moins la guider.

Elle pianota sur son portable.

— Cabinet du docteur Bliade, j'écoute ?

— Oui, bonjour, c'est Hélène Dalgrand à l'appareil.

— Oh, bonjour madame Dalgrand, répondit la secrétaire avec laquelle Hélène avait sympathisé. Vous souhaitez prendre un rendez-vous ?

— Non, Irène, merci, je souhaiterais simplement parler avec le docteur Bliade si c'est possible.

— Oh, je suis désolé, mais il n'est pas joignable pour le moment.

Décidément, ils s'étaient tous donné le mot !

— Ce n'est pas grave, répondit Hélène. J'essayerai de le rappeler demain.

— Tout va bien, madame Dalgrand ? demanda la secrétaire toujours soucieuse du bien-être des patientes du cabinet.

Elle devrait donner des cours à l'autre greluche de chez Roncaux ! se dit Hélène.

— Oui, tout va bien, Irène. À bientôt.

— Au revoir, madame Dalgrand.

Elle rangea le portable dans son sac, fit marche arrière et sortit du parking.

Arrivée à la maison, elle trouva sa petite famille réunie dans le salon : Benjamin jouait sur le tapis d'éveil sous les yeux attentifs de Laurent qui, comme à chaque fois qu'il était avec son fils, retrouvait un semblant d'énergie et de volonté.

Elle les embrassa tous deux et rejoignit Christel qui faisait la vaisselle à la cuisine.

— Christel ! la morigéna-t-elle gentiment, laissez donc cela !

— Ça ne me dérange pas, madame Dalgrand, répondit la jeune fille toujours arrangeante.

— Mon Dieu, heureusement que vous êtes là, si vous saviez, soupira Hélène en se servant un verre de jus de fruits. Ça s'est bien passé cette après-midi ?

— Oui, très bien. Benji est vraiment très éveillé et il rigole tout le temps. C'est un vrai bonheur ce petit !

— Oh que oui, c'est un enfant vraiment facile. Heureusement d'ailleurs, avec ce qu'on vit en ce moment !

— En tout cas, grâce à lui, M. Dalgrand retrouve parfois le sourire, ça fait plaisir.

— Oui, c'est fou la relation qu'ils ont tous les deux, admit Hélène. On a parfois l'impression qu'ils se comprennent. Enfin, soupira-t-elle, mieux vaut ça finalement.

Christel s'essuya les mains et se tourna vers Hélène.

— Justement, madame Dalgrand, je voulais vous parler de quelque chose mais je ne sais pas si je dois…

Hélène haussa les sourcils.

— Voyons, Christel, vous savez que vous pouvez tout me dire. Vous avez un souci ?

La jeune fille se tordait les mains, visiblement très mal à l'aise.

— Eh bien… tout à l'heure… heu… quand vous avez quitté la maison… je suis descendue avec Benjamin… et…

— Oui ? l'encouragea Hélène qui voyait la gêne de la nounou.

— … eh bien, M. Dalgrand dormait sur le canapé… et… il suçait son pouce.

Hélène posa son verre sur la table et ne sut que répondre.

— Vous en êtes sûre, Christel ? demanda-t-elle à nouveau tendue.

— Oui, madame Dalgrand.

Hélène n'ajouta rien et hocha doucement la tête.

Que pouvait-elle dire ? Quelles explications donner ? Ne vous inquiétez pas, Christel, c'est normal, M. Dalgrand est en pleine régression, vous le savez bien ? C'est une mauvaise passe, il va se reprendre ?

Non ! Hélène ne se satisfaisait plus de ces arguments aveugles qui ne servaient qu'à se voiler la face, elle en était convaincue.

Et ce que venait de lui dire la jeune fille ne faisait qu'ajouter à sa détermination.

— Merci pour tout, Christel, se contenta-t-elle donc de répondre. À demain ?

— Oui, madame Dalgrand, à demain. Passez une bonne soirée.

*Bonne*, je ne sais pas, se dit intérieurement Hélène, mais constructive, ça oui !

Elle passa dans le salon, se dirigea vers le coin bureau, s'assit et alluma l'ordinateur.

En attendant que la machine se mette en route, elle rejoignit Benjamin sur le tapis d'éveil pour passer ne serait-ce qu'un bref moment avec lui. Elle sentait bien qu'elle le délaissait un peu trop et qu'elle ne passait pas assez de temps avec son fils. Son fils ! Ce petit être qu'elle avait si ardemment voulu ! Ce prolongement d'elle-même ! Bien sûr qu'elle aurait souhaité être plus présente, lui être dévouée corps et âme comme ses parents l'avaient été pour elle. Mais qu'y pouvait-elle ? Qu'y pouvait-elle si elle était dans la situation étrange où le mari avait besoin de plus d'attention que l'enfant ? Comment pouvait-elle faire autrement ? Elle assumait cela comme elle le pouvait.

Laurent la regardait et elle lui sourit faiblement.

— … iens… bredouilla-t-il.

Hélène se leva.

— Que dis-tu, mon cœur ?

Laurent passa sa langue sur ses lèvres desséchées.

— Viens… il te… plaît…

Hélène s'assit à côté de lui et il posa sa tête sur le ventre de sa femme.

— Mon pauvre amour, dit-elle faiblement en lui caressant la joue, je t'aime tellement, si tu savais.

Il avala difficilement sa salive

— … oi… au… ssi…

Il se souleva difficilement et prit la main d'Hélène dans la sienne.

Elle luttait contre elle-même pour ne pas laisser couler ses larmes.

Benjamin observait ses parents, ses petits yeux écarquillés, les doigts dans la bouche.

— On va s'en sortir, je te le promets, murmura Hélène en serrant les doigts de son mari.

— … e… s… ais…

Il releva la tête, lâcha la main de sa femme et se colla contre sa poitrine.

Ce n'est pas tout de suite qu'elle comprit ce qu'il entreprit alors de faire.

Sur le moment, cela avait eu l'air innocent.

Une façon de se rapprocher, de se retrouver.

Ils en avaient bien besoin.

Et pourtant, maintenant, c'était très clair.

Quand elle y repensait, il n'y avait aucun doute.

Elle en était sûre.

Elle n'hallucinait pas !

Elle s'était alors dégagée, avait soigneusement couché sur les coussins la tête de Laurent qui s'était déjà rendormi, et s'était installée au bureau.

Oui, se redit-elle en pianotant sur les touches, c'était évident.

Il avait bel et bien cherché à la téter !

Continuer ainsi n'était plus envisageable.

Elle allait trouver les réponses. Il le fallait.

Il n'y avait plus le choix.

Elle sortit des feuilles de papier, prit un stylo, et lança la connexion Internet.

# 19

Une semaine plus tard, Hélène quitta le lycée dès que la fin des cours retentit.

Elle se rendait bien compte que son travail ne la portait plus, ne la soulageait plus. Ce n'était pas qu'elle n'aimait plus ça, non, mais bon. Pourquoi s'acharner à inculquer la philosophie des Lumières à des adolescents dont le principal centre d'intérêt dans la vie était, pour les garçons, les résultats du dernier match de foot, et pour les filles, le dernier éliminé de *The Voice* ? À quoi bon leur bourrer le crâne avec la méthode si poussiéreuse de la dissertation littéraire, alors que la vie pouvait à tout moment les percuter de plein fouet, sournoisement, sans prévenir ?

Non, la petite flamme qui auparavant brûlait à chaque fois qu'elle pénétrait dans sa salle de cours s'était éteinte, progressivement. Cette envie de partager avec les jeunes, de leur transmettre la culture, les grands auteurs, le plaisir du texte, la joie de lire. Avant, elle ressentait un bien-être inexplicable quand elle se trouvait devant eux, ce groupe bigarré où les gothiques côtoyaient les lolitas, où les skateurs bavardaient avec les futures bimbos. Et ce qu'elle aimait, c'est qu'ils étaient tous à égalité devant l'écriture réaliste de Zola, l'ironie cassante de Voltaire ou encore le *spleen* bouleversant de Baudelaire.

Mais aujourd'hui, comment pouvait-elle se consacrer à tout cela alors que son mari ne parvenait plus à aligner deux mots compréhensibles d'affilée ? Qu'il fallait maintenant presque le nourrir. Le seconder pour tout. L'assister. Et que cette huître de Jacquet ne vienne pas lui rappeler que sa mission pédagogique ne devait pas être contaminée par ses problèmes personnels ! Que personne ne vienne lui reprocher quoi que ce soit ! Car personne n'était à sa place ! Personne ne vivait ce qu'elle vivait ! Alors oui, elle attendait avec une impatience non feinte la prochaine période de vacances, à la fin de la semaine. Et encore oui, elle méprisait les antifonctionnaires qui y allaient déjà de leur sempiternel refrain « mais vous êtes toujours en vacances, vous les profs ! » qui manquait singulièrement d'originalité.

Tout ce qui l'intéressait maintenant, c'était les recherches qu'elle avait entreprises d'elle-même, cette quête qu'elle s'était fixée et dont elle ne dérogerait pas quoi qu'il arrive. Et ces vacances qui approchaient lui laisseraient le temps de s'y consacrer pleinement.

Elle arriva à la maison, elle remercia Christel qui l'informa que les deux hommes de la maison dormaient, prit à peine le temps de se changer et s'installa au bureau, sa place privilégiée depuis quelques jours.

Elle avait déjà accumulé beaucoup de documents, consulté un nombre infini de sites Internet, noirci des pages et des pages de notes, mais elle manquait de méthode. Cela partait dans tous les sens, elle mélangeait tout, se perdait dans les noms compliqués et les syndromes qui, trouvait-elle, se ressemblaient tous : névroses, psychoses, schizophrénie, démence, psychasthénie… Elle avait l'impression de gravir une montagne et d'en tomber dès qu'elle en touchait le sommet, condamnée comme le pauvre Sisyphe à continuer, recommencer, inlassablement.

Elle lança la connexion Internet.

Elle voulait étudier plus en détail un article qu'elle avait trouvé hier soir, tard dans la nuit.

Elle cliqua sur le lien qu'elle avait ajouté à ses favoris, et lut attentivement.

*« Le locked-in syndrom :*
*un esprit emmuré dans un tronc d'arbre »*

*C'est en 1966 que le terme locked-in syndrom, ou LIS, est employé pour la première fois pour désigner des patients réellement « verrouillés de l'intérieur ». On trouve cependant des traces de ce syndrome en littérature chez certains grands romanciers : ainsi, Alexandre Dumas décrit dans son roman* Le Comte de Monte-Cristo *un état ressemblant au LIS sous les termes « un cadavre avec des yeux vivants ». Quelques années plus tard, en 1867, Zola évoque dans* Thérèse Raquin *une femme « frappée de mutisme et d'immobilité ». Mais ce n'est donc qu'un siècle après que le terme scientifique est introduit.*

*Il désigne un état neurologique aggravé, dû à une lésion du tronc cérébral, qui se manifeste par des troubles de la déglutition, de la phonation, de la motricité. Cet état va dégénérer en quadriplégie et diplégie faciale, laissant aux personnes atteintes la possibilité de communiquer leur état de conscience uniquement par les mouvements de verticalité des yeux ou le clignement. D'où son nom de syndrome locked-in, littéralement « verrouillé de l'intérieur ». Ils sont cinq cents en France à vivre ainsi, prisonniers conscients de leur propre corps immobile, ce qui en fait une pathologie très rare. Le LIS a été révélé au grand public en 1997 par* Le Scaphandre et le Papillon, *bouleversant témoignage que le journaliste Jean-Dominique Bauby a dû dicter lettre par lettre, par le seul clignement de sa paupière gauche.*

Hélène parcourut les lignes avidement, cherchant ça et là des points communs avec ce que vivait Laurent. Les troubles de la motricité, de la phonation… mais c'est bien sûr, voilà ce dont souffre Laurent !

Hélène se sentit presque joyeuse, ou plutôt victorieuse !

En même temps, se dit-elle… humm… non… paralysie des membres… du visage… ça ne peut pas être ça.

Elle releva la tête, songeuse.

N'était-ce pas plutôt cette pathologie qu'elle avait également découverte la veille au soir ? Comment s'appelait-elle déjà ? Elle fouilla les papiers et les articles qu'elle avait imprimés. Ah oui ! Voilà ! *La chorée de Huntington.* Elle survola fébrilement ses notes : *se manifeste à l'âge adulte… apparition de troubles moteurs… troubles du comportement… syndrome dépressif…* Mais oui, tout colle ! Elle lut plus en détail, pour confirmer son impression : *après quarante ans ou avant vingt ans… maladie héréditaire…* Merde ! C'est pas ça non plus !

Hélène sentit ses nerfs se tendre. Elle retourna les documents, farfouilla à l'aveugle, espérant tomber comme par magie sur *la* réponse. Ah oui ! Et ça ? se dit-elle en saisissant un article de revue médicale qui l'avait interpellée sur le Net. *Le syndrome d'Angelman : retard mental... troubles du sommeil... déficit de la parole.* Ne serait-ce pas plutôt ça ? Elle poursuivit : *premiers signes vers six mois... maladie génétique...* Merde et remerde ! Non plus !

Laurent pouvait être tout cela et rien à la fois ! Comment savoir ? Comment s'y retrouver ? Elle n'était pas scientifique ! Encore moins médecin !

Hélène commençait à perdre patience.

Elle s'apprêtait à tout envoyer valser quand son portable se mit à vibrer.

— Oui ? demanda-t-elle un peu trop brutalement en prenant l'appel.

— Madame Dalgrand ?

— Elle-même. À qui ai-je l'honneur ?

— C'est le docteur Roncaux, répondit la voix calme et posée du psychiatre.

— Oh, docteur, bonjour, répondit Hélène, un peu confuse de l'agressivité qu'elle avait montrée. Excusez-moi si je vous ai paru... heu...

— Il n'y pas de mal, madame Dalgrand. Ma secrétaire m'a dit que vous aviez essayé de me contacter il y a quelques jours ?

— Heu... oui, c'est exact.

— Je suis confus de n'avoir pu vous rappeler plus tôt, mais j'ai été énormément pris ces derniers temps.

— Ce n'est pas grave, docteur, disons... que je voulais vous parler de mon mari.

— C'est ce que je pensais, déclara posément le psychiatre. Et cela tombe bien, car je souhaiterais vous voir assez rapidement.

Hélène fronça les sourcils.

D'un coup l'agacement fit place à l'angoisse.

— Il y a un problème, docteur ?

— Hum… hésita le praticien, je préfèrerais vous en parler de vive voix. Vous est-il possible de passer au cabinet en fin d'après-midi ?

— Bien sûr, répondit Hélène de plus en plus stressée.

— Très bien. Alors à tout à l'heure.

— À tout à l'heure, docteur.

Elle raccrocha, perplexe.

* * *

On n'était que début mars, et pourtant on sentait que les Strasbourgeois voulaient en finir avec l'hiver qui avait été particulièrement rude.

Les premiers rayons de soleil à peine germés, on avait jeté au placard pulls et parkas et sorti tee-shirts et bermudas. Et on se délassait sur les terrasses tout juste installées en goûtant à cette douceur presque printanière malgré le fond de l'air qui restait encore frais.

Françoise, qui n'était pas faite pour l'hibernation, était d'une humeur encore plus primesautière qu'à l'accoutumée. Elle voulait profiter de cette radieuse journée pour s'adonner à quelques emplettes pour le baptême de son filleul que l'on fêterait dans trois semaines. En bonne marraine qu'elle était, elle s'était déjà acquittée de la tâche des dragées qui lui incombait, et voulait se consacrer aujourd'hui à la médaille de baptême et, bien sûr, à la quête d'une tenue de circonstance. Elle avait déjà repéré quelques jours plus tôt un petit ensemble blanc de toute beauté dans la boutique d'un magasin hors de prix, dans la fameuse rue de la Mésange, située derrière la place Broglie, temple de la bourgeoisie et de la jeunesse dorée strasbourgeoises, qui voyait s'aligner les plus grandes marques de luxe. Elle avait décidé de commencer par là.

Elle rentra dans la boutique huppée, donc guindée, et donc, pour Françoise, coincée. Les deux vendeuses, que seuls les battements de cils différenciaient de plantes vertes, se levèrent de concert en voyant la créature tout en cheveux passer leur porte et glissèrent plutôt que marchèrent à sa rencontre.

— Bonjour, madame, dirent-elles en chœur, pinçant bien les lèvres sur les voyelles pour faire encore plus coincées.

— Bonjour, mesdames, répondit une Françoise déjà crispée par les manières des deux plantes vertes.

— Meûûdame deûûsire-t-elle un conseil ? demanda une des deux graminées.

— Non, roucoula Françoise en agitant négligemment sa main genre que-les-domestiques-se-retirent, la Meûûdame jette juste un œil. Mais si Madame a besoin d'un conseil avisé, Madame ne manquera pas de faire appel à Mesdames.

Les deux cactées se regardèrent discrètement, s'inclinèrent presque et allèrent reprendre la pose à leur comptoir.

Françoise se sentait comme une daurade dans l'eau au milieu des cintres, des portants, et des étiquettes de prix à quatre chiffres. Elle humait presque l'odeur du luxe, goûtait presque la saveur du faste. Elle se serait enroulée dans les vestes Gucci, vautrée dans les tailleurs Hermès, emmitouflée dans les ensembles Dolce & Gabbana.

Elle saisit l'ensemble blanc qu'elle cherchait et sut que c'était ce qu'il lui fallait, sans même regarder le prix. Elle se dit, dans un élan poétique, que la matière, non pas transparente mais suggestive, serait du plus bel effet dans l'éclairage tamisé de l'église. Et puis, quelle marraine elle ferait !

Elle eut un petit sourire malicieux et se dirigea vers le comptoir.

— Meûdame a trouvé son beûnheur ? demanda Plante Verte numéro 1.

— Son bonheur, je ne sais pas, rétorqua-t-elle ironique pour souligner le jargon stéréotypé de la vendeuse, mais elle a trouvé, oui.

— Madame souhaite-t-elle passer dans le coin essayage ?

Françoise la regarda comme si elle venait de lui annoncer la venue des Martiens. Le coin essayage ? Eh puis quoi encore ! Se foutre à poil dans une cabine qui pue les pieds sales de bourgeoises ménopausées ? C'est cela, oui ! Et pourquoi pas faire un cent mètres haies tant qu'on y était !

— Non, cela ira, se contenta-t-elle de répondre, Madame connaît parfaitement son corps et elle sait que cette tenue lui siéra à merveille.

Elle tendit sa Carte Visa, que Plante Verte numéro 2 saisit avec respect, tapa son code et sortit avec son emballage dont la marque était tout sauf discrète.

Bon, ça c'était fait !

Opération bijouterie maintenant !

Elle continua son chemin en flairant la bonne affaire dans les vitrines et s'autorisa une cigarette. En bonne fumeuse qu'elle était, elle appréciait, quand elle se sentait bien, une bonne dose de nicotine.

Elle tourna à droite, en direction de la place Kléber qui était comme toujours noire de monde. Elle se promit, si en elle avait le temps plus tard vu qu'il était déjà 18 heures, de se livrer à une de ses activités favorites : s'asseoir à une terrasse devant un cappuccino et détailler les passants.

Arrivée devant la bijouterie, elle jeta nonchalamment son mégot et entra.

À l'intérieur, pas de plantes vertes, mais un vendeur qui ne devait sourire que quand il se brûlait ! Strict, engoncé dans sa cravate, raide comme un réverbère.

Françoise observa sa future victime, analysa, et sut rapidement quelle attitude adopter : être dégoulinante de courtoisie. Devant ce genre d'individus, ça marchait à tous les coups : plus on en rajoutait dans les marques de politesse et plus l'autre se renfrognait. Pas plus tard que la veille, la caissière de supermarché en avait fait les frais, et s'en souviendrait d'ailleurs pendant longtemps.

Françoise adorait.

Elle décida de sortir le grand jeu.

— Bonjour, très cher monsieur, susurra-t-elle aussi onctueuse qu'un vacherin glacé, auriez-vous l'extrême amabilité de m'indiquer où se trouvent les médailles de baptême ?

Elle accompagna le tout d'un battement de cils de biche aux abois.

— Oui, répondit le réverbère, aussi motivé qu'une ration de combat. Suivez-moi.

— Je vous remercie, très cher monsieur.

Elle crut apercevoir chez le jeune homme un léger levage d'yeux au ciel, et s'en amusa intérieurement. Mais, il lui fallait le summum, l'apogée, le signe de la victoire : un soupir exaspéré.

— Je m'excuse vraiment de vous importuner, dit-elle devant le comptoir vitré où s'étalaient toutes les médailles, mais je souhaiterais l'avis d'un professionnel avisé. Oserais-je vous demander de me conseiller ?

Le réverbère poussa un soupir, mais très léger.

Merde, presque ! se dit Françoise.

Allez, encore un coup !

Le jeune homme lui montra différents modèles, allant des anges les plus classiques à des effigies plus modernes.

— Et en ce qui concerne la matière ? demanda-t-elle. Y a-t-il des risques d'allergie ? Je vous dis ça, mon cher monsieur, parce que mon filleul fait une allergie au cuivre et je ne voudrais pas qu'il y ait de problème, je suis sûre que vous me comprenez.

Ah là, s'il ne craque pas, je ne sais plus quoi faire.

Le réverbère secoua la tête.

Et poussa *le* soupir exaspéré.

Yes !!! se félicita-t-elle intérieurement.

Trop forte !

Mais maintenant qu'elle avait gagné, il n'y avait plus aucun plaisir à jouer avec ce freluquet.

— Merci, je n'ai plus besoin de vous, lui lança-t-elle avec autant de mépris que possible. Et si vous n'aimez pas votre boulot, eh bien allez voir à McDo. Ils embauchent !

L'autre faillit s'étouffer dans sa cravate et tourna les talons, blanc comme un linge.

Françoise allait se lancer dans un examen détaillé des bijoux exposés devant elle quand une voix au fond de la boutique la fit sursauter.

Non ! Je rêve !

Elle se retourna, contourna le comptoir, et se cacha derrière une colonne.

Mais si ! C'était bien cela !!

Cette raideur militaire, ce brushing inamovible, cette couleur de cheveux improbable…

Rose Dalgrand en personne !

Ben mince, se dit Françoise, qu'est-ce qu'elle fout dans une boutique de luxe, cette radasse ! Eh ! Eh ! Ma fille, je crois qu'on va encore bien s'amuser !

Elle se dirigeait déjà vers Rose, prête à dégainer son fiel, mais c'est son téléphone qui vibra.

Merde !

À défaut, elle dégaina son portable et vit le nom d'Hélène apparaître sur l'écran.

— Ma chérie, tu ne devineras jamais qui j'ai en face de m…

— Françoise, la coupa une Hélène survoltée, il faut que je te voie au plus vite.

Elle était en ville.

Elles se fixèrent rendez-vous cinq minutes plus tard à la terrasse du P'tit Max.

* * *

Hélène avait déboulé chez le docteur Roncaux sur les coups de 17 heures, tendue à l'idée de ce qu'il avait à lui dire de si urgent.

Elle eut à peine le temps d'affronter le regard mou de son espèce de secrétaire que le psychiatre l'introduisait déjà dans son bureau.

— Madame Dalgrand, commença-t-il en s'asseyant, merci d'être venue aussi rapidement.

— C'est moi qui vous remercie de me recevoir, docteur, répondit Hélène dont ces circonlocutions exacerbaient l'angoisse.

— Je dois vous dire que le cas de votre époux me préoccupe de plus en plus, c'est la raison pour laquelle je vous ai fait venir.

Hélène crut mal entendre.

Quoi ! Elle n'était plus la seule à s'alarmer pour Laurent ?

Elle n'en crut pas ses oreilles.

— Docteur, avoua-t-elle, vous ne pouvez savoir le soulagement que me procurent ces mots.

— Heu… que voulez-vous dire ?

— Eh bien… quitte à passer pour une ingrate, je ne vous cacherai pas que je commençais à croire que tout le monde prenait tout cela à la légère.

— Madame Dalgrand, pardonnez-moi, mais je vous trouve un peu injuste.

— Oui, j'en suis consciente. Je sais que mon beau-frère, le professeur Dalgrand, suit de près l'état de Laurent et qu'il s'y intéresse d'autant plus qu'il est son frère.

— Tout à fait, et moi-même je me fais fort de sortir votre mari de sa situation.

— Je sais, docteur. Mais c'est de plus en plus difficile à assumer pour moi et comme je ne vois aucune amélioration chez mon époux, je…

— Justement, la coupa doucement le docteur Roncaux, j'aimerais m'entretenir avec vous sur ce sujet.

— Oui ? demanda Hélène.

— Je vais devoir interrompre mes entretiens avec votre mari.

Hélène se rebiffa, subitement sur la défensive.

— Quoi ? Mais pourquoi ? Laurent a besoin de v…

— Madame Dalgrand, vous voyez comme moi qu'il a de plus en plus de mal à s'exprimer, que ses troubles langagiers s'aggravent.

— Oui, justement, docteur.

— Oui, madame Dalgrand, justement. L'essentiel de mon travail repose sur la parole, sur les mots, sur ce que mes patients parviennent à formuler, à verbaliser. Et de ce fait, m'entretenir avec votre époux devient inutile, et même stérile. Il ne parvient plus à exprimer clairement ses idées, à exposer dans un langage compréhensible ses obsessions, à parler, tout simplement.

— Je le sais bien, docteur.

— Sans parler de ses difficultés grandissantes à marcher, à se mouvoir.

Le docteur marqua un temps, soucieux de l'effet que ses paroles allaient produire.

— Madame Dalgrand, dit-il sentencieusement en se penchant vers elle, je crois que le cas de votre époux dépasse mes compétences de psychiatre.

Hélène porta la main sa bouche.

— Docteur ? Que voulez-vous dire ? Si vous arrêtez de suivre Laurent, qui va s'occuper de lui ?

— Madame Dalgrand, je me suis mal fait comprendre. Ce que je vous dis, c'est que de simples entretiens thérapeutiques ne suffisent plus. Je crains, excusez-moi de vous le dire si abruptement, je crains que l'état de votre époux ne nécessite autre chose.

Hélène resta bouche bée.

Aucun mot ne lui vint. Elle était perdue.

— Madame Dalgrand, rajouta le praticien, je crois et j'en ai même la certitude, que votre mari doit subir de nouveaux examens. De toute urgence.

Hélène parvint à sortir de sa stupeur.

— Mais… mais Jeffrey m'a dit qu'il était impossible que Laurent ait une nouvelle tumeur, et que…

— … et votre beau-frère a raison. Je ne soupçonne pas une nouvelle tumeur, ni quelque tumeur que ce soit.

Hélène ne comprenait plus.

— Alors…

— Je pense, la coupa le praticien en la fixant avec compassion, je pense… que… que cela est bien plus grave.

Hélène perdit pied d'un coup.

Elle eut l'impression qu'une immense tenaille comprimait ses tempes et que sa poitrine s'emplissait de pierres. Elle fut prise dans un tourbillon de mots, les termes barbares qu'elle avaient vus sur Internet vinrent siffler à ses tympans : *Angelman… Huntington… locked-in syndrom…* Tout se mélangeait en elle, la submergeait, l'étouffait.

— Madame Dalgrand, vous allez bien ? lui demanda le psychiatre qui s'était levé en voyant la subite pâleur de la jeune femme.

Sa voix fut comme un coup de tonnerre qui la ramena à elle.

Ainsi, c'était cela ? C'était donc bien elle qui avait eu raison ? Pas de tumeur ! Ni de dépression !

Mais quoi alors ?

Elle allait enfin savoir.

— Ça va, docteur, excusez-moi, dit-elle un peu plus assurée.

Le praticien se rassit et se lança dans ses explications.

— Je commence à croire que votre époux est atteint d'une vraie pathologie que l'on appelle le syndrome de Korsakoff.

Hélène écoutait, attentive, concentrée, mais le mot ne lui disait rien malgré tous les documents qu'elle avait compulsés.

— Le syndrome de Korsakoff, appelé aussi psychose de Korsakoff, est un trouble neurologique aggravé successif à une lésion cérébrale. Il se manifeste par des troubles de l'équilibre, une grande apathie, des fabulations, et surtout une amnésie sévère et une incapacité chez l'individu à acquérir de nouvelles informations en mémoire. C'est un trouble dégénératif qui entraîne donc une certaine forme de régression… Le type de régression que révèle votre mari.

Hélène ne disait rien, écoutait, les doigts un peu tremblants devant sa bouche.

Un nom ! Enfin on mettait un nom sur la maladie de Laurent !

— Si le syndrome est diagnostiqué à temps, enchaîna le docteur Roncaux, le patient pourra être pris en charge. Le traitement est connu et un rétablissement rapide et complet est possible.

Hélène tiqua.

Quelque chose dans la phrase la gêna et contraria son soulagement.

« Si » !

Quoi, « si » ?

— Docteur, demanda-t-elle en tentant de rester calme, vous dites « *si* c'est diagnostiqué à temps ». Êtes-vous en train de me dire que pour Laurent, c'est… trop tard ?

— Je ne dis rien de tel, la rassura-t-il, mais il est vrai que l'on aurait pu et dû détecter ce syndrome bien plus tôt chez votre mari. Mais certains points me posent problème, cela dit.

— C'est-à-dire ?

— Votre mari ne m'en a jamais parlé, mais je me dois de vous poser la question. A-t-il ou a-t-il eu par le passé une addiction à l'alcool ?

Hélène leva les sourcils, surprise.

— À l'alcool ? Non, non, Laurent ne boit jamais d'alcool, ni même de vin. Mais pourquoi cette question ?

— C'est bien cela le problème, car les lésions qui entraînent le syndrome de Korsakoff sont souvent dues à une alcoolisation chronique. De plus, d'autres symptômes lui sont presque toujours attribués comme des périodes d'hypothermie ou une paralysie des yeux. Or Laurent n'en est pas affecté.

— Que faut-il en conclure, docteur ?

— Je vais être franc avec vous, lui répondit le praticien, il faut peut-être en conclure… eh bien… que ce ne soit pas ça.

Hélène vit tous ses espoirs s'effondrer comme un château de sable.

Quoi ! Encore une fois on n'était pas sûrs ! Encore une fois on hésitait ! Encore une fois on conjecturait ! Mais on se fichait d'elle !

— Docteur, ne me dites pas qu…

— Madame Dalgrand, la coupa-t-il derechef, c'est bien pour cette raison que votre mari doit passer de nouveaux examens. Seuls eux sauront nous apporter une réponse sûre.

Il ajouta que les délais de rendez-vous pour une IRM étaient très longs, en moyenne de trente jours, mais devant l'urgence de la situation, il pourrait négocier et s'arranger pour fixer une date dans les quinze jours. Il suffisait qu'Hélène réfléchisse avec son époux et le recontacte. Mais Hélène n'avait besoin d'aucune réflexion, et ils décidèrent d'une date pour fin mars, deux semaines après. Le docteur Roncaux précisa que les résultats d'une IRM nécessitaient tout un processus d'assemblement d'images qui prenait une huitaine de jours. Il promit de la contacter dès que les résultats seraient à sa disposition.

Avant de partir et de remercier chaleureusement le psychiatre, Hélène avait encore eu besoin d'être rassurée.

— Docteur, si votre diagnostic s'avère exact, confirmez-vous que le traitement guérirait entièrement mon époux ?

— Oui, madame Dalgrand, c'est un traitement fastidieux, mais que l'on connaît bien et qui atténuerait et supprimerait progressivement les symptômes.

— Et ces lésions dont vous parliez ? Disparaissent-elles aussi avec le traitement ?

— Non, elles ne disparaissent pas tout à fait, mais en traitant, on peut les résorber ou les maîtriser même si dans le cas de votre mari, la zone concernée est un peu plus complexe.

— Comment cela ?

— Eh bien, si le syndrome de Korsakoff est lié à l'alcoolisme, comme je vous l'expliquais, c'est parce que ces lésions se trouvent dans la zone cérébrale qui justement gère les addictions, ainsi que le principe de plaisir par ailleurs.

Ces dernières précisions rappelèrent vaguement quelque chose à Hélène.

— Je ne veux pas vous ennuyer avec un jargon trop scientifique, madame Dalgrand, ajouta-t-il en se levant et en souriant aimablement, mais cette zone nous est connue, à nous spécialistes : on l'appelle le thalamus.

* * *

— Quoi ? vociféra Françoise sur la terrasse du P'tit Max après avoir écouté les explications d'Hélène. De nouveaux examens ?

— Oui, confirma Hélène qui reprenait ses esprits devant un café bien serré. C'est ce qu'on vient de décider avec le psychiatre de Laurent.

— Ben ça me paraît une bonne chose ! Il faudra bien un jour qu'on trouve ce qu'il a ton mari, bordel de merde !

— Oui, je me sens soulagée et en même temps je stresse. Ce truc de Korsakoff a l'air assez angoissant tout de même et ce n'est pas parce qu'on le diagnostiquera que tout va s'arranger.

— C'est sûr, ma chérie, c'est sûr, mais dis-toi qu'après, on pourra traiter sérieusement. Parce que jusqu'à présent, excuse-moi, mais c'est de l'enculage de mouches !

— Françoise, s'il te plaît, je ne suis pas d'humeur !

— Bon, d'accord, se reprit Françoise, c'est un pansement sur une jambe de bois, si tu préfères. C'est vrai quoi, ça fait des mois que ça dure !

— Hum… hum…

Françoise remarquait bien que son amie avait la tête ailleurs et non seulement elle ne supportait pas qu'on ne lui dise pas tout, mais surtout elle voulait plus que tout aider et soutenir Hélène.

— T'es où là, ma fille ?

— Quoi ? demanda Hélène qui secoua la tête pour reprendre ses esprits.

— T'as l'air de planer à cent mille ! À quoi tu penses ?

Hélène but une gorgée de café et reposa délicatement la tasse.

— Je repense à ce qu'il m'a dit à la fin. Cette histoire de thalamus et d'addiction. Ça ne te rappelle rien ?

Françoise, qui au contraire d'Hélène avait suivi une formation et des études scientifiques, se souvenait très bien.

— Bien sûr que si ! C'est tout le laïus que ton sublime beau-frère nous a sorti l'été dernier à sa conférence.

— Oui, Françoise, justement. Comment se fait-il que Jeffrey, en voyant l'état de son frère, n'ait jamais orienté son diagnostic dans cette direction ?

— Bah, tu l'as dit toi-même. Tous ces syndromes et ces pathologies se ressemblent quelque part. Et tout ce qui touche au cerveau n'est pour l'heure pas science exacte. Eh ! Eh ! dit-elle en riant pour détendre l'atmosphère, t'as vu, je l'ai bien écouté ton beauf, j'ai bien appris ma leçon !

— Hum… Peut-être, répondit Hélène, dubitative et ignorant pour une fois les fanfaronnades de son amie.

— Je t'assure, Hélène, Jeffrey n'y est pour rien. Et puis, Laurent est son frère. Peut-être que justement il manque de recul et de lucidité par rapport à tout ça, c'est tout à fait compréhensible.

— Mouais… Tu as sûrement raison, admit finalement Hélène. Et puis, il ne nous reste plus qu'à attendre les résultats de l'IRM. Au moins là, on sera fixé.

— Ben voilà ! Enfin mon Hélène positive et volontaire est revenue ! Champagne pour tout le monde !

Hélène rit de bon cœur, ce qu'elle n'avait pas fait depuis… depuis quand déjà ? Elle ne savait même plus.

— Et puis toi, arrête de défendre Jeffrey, dit-elle malicieusement à Françoise, je te rappelle que tu n'as aucune chance avec lui, c'est toi-même qui me l'as dit.

— Ma pauvre chérie, rétorqua Françoise, si je le voulais, je serais capable de faire virer leur cuti à un troupeau de drag queens, crois-moi !

Elles rirent toutes les deux dans les rayons faiblissants du soleil

Et ça faisait du bien.

# 20

Françoise avait menti.

Ou du moins elle n'avait pas dit exactement le fond de sa pensée à Hélène pour ne pas alarmer davantage son amie.

Mais elle aussi s'inquiétait et commençait à s'interroger sur l'état de Laurent.

Sa formation scientifique lui faisait bien comprendre que quelque chose de plus grave que la dépression était en jeu, et en cela elle corroborait le pressenti du docteur Roncaux qu'Hélène lui avait rapporté.

En revanche, là où Françoise n'était pas d'accord avec le psychiatre, c'était sur l'utilité de nouveaux examens. Elle avait feint d'applaudir à cette idée devant Hélène, voyant bien que cette dernière s'accrochait à toutes les bouées qu'on voulait bien lui tendre, mais en son for intérieur elle considérait ses nouveaux examens parfaitement vains. Tout d'abord parce que des examens avaient déjà été faits, ayant mis à jour l'existence d'une tumeur. Ensuite parce que cette tumeur avait été supprimée par Jeffrey, lequel avait même pris soin de mettre en place, pour plus de sûreté, un traitement postopératoire. Enfin, parce qu'elle trouvait stupide et surtout malvenu de refaire subir à Laurent, dans l'état où il se trouvait, l'inconfort de nouveaux examens.

Mais la vraie raison était ailleurs : Françoise avait surtout sa propre théorie sur la raison de la dégénérescence de Laurent.

Loin d'elle l'idée de se sentir plus compétente que des spécialistes comme Jeffrey ou le docteur Roncaux et de trouver des réponses là où eux-mêmes hésitaient. Et pourtant.

Seuls ses proches le savaient, mais les premières amours de Françoise n'étaient aucunement la pédagogie et le professorat. Non, ses premières armes, elle les avait faites, étudiante, à la faculté de médecine dans un domaine qui la fascinait depuis toujours : la psychiatrie. Candidate libre, elle en suivait les cours parallèlement à son cursus de biologie et était même allée jusqu'à passer une thèse de maîtrise au titre aussi abscons que pompeux : *Personnalités pathologiques : du trouble à la manifestation clinique*. Diplôme en poche, elle avait pourtant réalisé, toute paradoxale qu'elle était, qu'elle ne souhaitait pas faire de sa passion un métier. Elle aurait eu l'impression de la galvauder, de l'entamer, de la gâcher. Aussi avait-elle poursuivi ses études de biologie et obtenu son CAPES, devenant par là, la compétente professeur qu'elle était aujourd'hui et reléguant ainsi la psychiatrie au rang de violon d'Ingres.

Tout cela expliquait que, même si ses exploits en la matière se faisaient de plus en plus lointains au fur et à mesure des années qui passaient, elle avait la légitimité pour se forger une opinion sur le cas de Laurent.

Et pour elle, c'était beaucoup plus simple que ce qu'imaginait le docteur Roncaux, rejoignant par là le diagnostic de Jeffrey : Laurent souffrait d'une névrose post-traumatique profonde. Cet état de détresse et de perturbation survenait habituellement sur des sujets à la suite d'épisodes particulièrement stressants, et le moins que l'on puisse dire c'est que Laurent n'en avait pas manqué l'année dernière. Dans son cas hélas, cette expérience psychiatrique avait en outre altéré sa personnalité en laissant persister des traits pathologiques, ce qui pouvait survenir en cas de traumatismes graves sur des personnes fragiles. Pas de syndrome de Korsakoff ou de qui que ce soit là-dedans ! Jeffrey avait raison : le traitement serait peut-être long, complexe et astreignant, mais il existait.

Françoise comprenait tout à fait la position du docteur Roncaux : elle se doutait bien que sa décision de faire subir de nouveaux examens à Laurent lui était dictée autant par un souci de ne négliger aucune piste que par une volonté de rassurer une Hélène angoissée et de plus en plus défaillante.

Françoise s'était promis de mettre à profit ses vacances pour se replonger dans ses anciens cours et affiner sa théorie, et seulement alors d'en aviser Hélène. D'ailleurs le plus simple était que Laurent passe ces fameux examens et d'en attendre les résultats. De toute façon, c'était dur et presque cynique à dire, mais son état ne pouvait empirer.

Mais pour l'heure, Françoise tenait à savourer cette première soirée de vacances en se vidant la tête et en se consacrant à une de ses occupations favorites : prendre soin d'elle.

À peine rentrée, elle avait envoyé valser ses escarpins, s'était déshabillée, et s'était fait couler un bain.

Le salon était à l'image de sa locataire : coloré, voyant, criard. Le canapé en cuir zébré avait tout du lupanar néerlandais, le sordide en moins ; les tentures rouges tout d'un cabaret d'après-guerre, l'élégance en plus. Les larges baies vitrées s'ouvraient sur une terrasse qui tenait plutôt de la jungle tant elle était envahie par une luxuriance de plantes vertes de toutes sortes.

Le tout dominait du cinquième étage les berges de l'Ill.

Et au milieu de ce temple de sensualité, alanguie sur le sofa telle une Aphrodite des temps modernes, trônait Françoise. Chevelure lâchée en cascade et toute nuisette dehors, elle se délassait aux sons bouleversants d'une symphonie de Mahler, portant à ses lèvres un verre rempli d'une ambroisie que n'auraient pas reniée les dieux de l'Olympe : un mélange gelée royale – nectar de kiwi – jus d'orange sanguine. Ne manquaient que le diadème, la toge, les spartiates, et le tableau aurait été complet ! Un peu cliché, certes, mais si elle se délectait de ce savoureux nectar, ce n'était pas dans le but esthétique et mégalomane de se la jouer originale. Non, c'était juste que le cocktail *Forme et Vitalité* avait été fortement recommandé par la conseillère beauté de *Voici* : il « *éclaire le regard* » et « *illumine le derme* », disait l'article.

Là résidait encore un autre des nombreux paradoxes de la jeune femme : la capacité à assimiler les thèses scientifiques les plus pointues et l'instant d'après de se passionner pour les conseils forme et beauté de la spécialiste en esthétique du premier magazine féminin venu. Un grand écart que d'aucuns auraient trouvé vertigineux mais qu'elle considérait somme toute normal, excédée qu'elle était par la sempiternelle dichotomie que les gens faisaient entre l'être et le paraître. Entre l'apparence et la vraie nature. Merde, c'est vrai quoi ! On pouvait se soucier de son esthétique sans pour autant passer tout de suite pour la bimbo de service ! On pouvait être fière de ses neurones sans pour autant être reléguée au rang des intellos frigides ! Bon, il est vrai que de célèbres blondasses mamelues avaient contribué à forger le mythe de la ravissante idiote. Mais quand on la prenait pour telle, Françoise ne se rabaissait jamais au niveau de son interlocuteur en lui clamant, scandalisée, qu'elle avait un doctorat en psychiatrie. Non, bien au contraire, elle se gaussait intérieurement et en rajoutait des tonnes dans la pouf' attitude, à savoir : bouche en cul-de-poule, posage d'index sur la lèvre inférieure, écarquillage d'yeux et jeté de cheveux.

Mais pour l'heure, elle attendait que la baignoire fût remplie en lisant un article de *La Science d'ici et d'ailleurs*, revue scientifique à laquelle elle était abonnée. Comme elle se l'était promis, elle voulait s'occuper d'elle certes, mais surtout de son intérieur. De sa sérénité.

De son âme.

Ça la prenait par périodes, une espèce de besoin de spiritualité, un genre de « pulsion cosmique » comme elle disait, sous les yeux toujours amusés et sceptiques d'Hélène. Ainsi, elle avait tout essayé : le yoga – mais au bout d'une semaine, elle s'était déboîté un bras et avait arrêté – ; l'aromathérapie – mais quand son coach personnel lui avait conseillé des suppositoires à base d'huiles essentielles pour le bien-être de ses muqueuses digestives, elle avait flippé et était partie en courant – ; enfin, elle avait participé à des séances de groupe dirigées par un médium réputé, mais le jour où il avait exhorté ses ouailles à « entrer en communication avec leurs parties génitales pour épanouir leur sexualité », elle avait levé un sourcil suspicieux et là aussi abandonné la partie. Parler avec ses parties génitales, ben oui ! Et pourquoi pas danser la bourrée avec ses géraniums tant qu'on y était !

Bref, Françoise avait du coup un peu laissé tomber son bien-être intérieur, mais l'article qu'elle était en train de lire lui donnait envie de s'y remettre.

Il était consacré à une méthode très en vogue dans les années soixante et qui connaissait une deuxième jeunesse actuellement : le *Rebirth*.

* * *

Hélène avait profité de ces premiers jours de vacances pour peaufiner les préparatifs du baptême.

Françoise et surtout Christel l'épaulaient et cela lui redonnait un semblant d'entrain d'avoir une liste de choses concrètes à faire. Non pas qu'elle oubliait la situation – comment l'aurait-elle pu ? –, mais au moins elle pouvait un peu évacuer et s'adonner à autre chose. La veille encore, elle avait préparé le traditionnel petit texte à lire à l'église et dans un sens c'était aussi une façon de regarder en avant. Hélène n'était pas plus croyante que ça, même si comme quasiment toutes les personnes de son âge elle avait fait ses communions et sa confirmation. Et d'ailleurs, si elle l'avait vraiment été, comment continuer à croire en un Dieu d'amour et de pardon avec tout ce qu'elle vivait depuis bientôt un an ? Non, elle considérait le baptême comme une sorte de tradition incontournable et cela n'allait pas plus loin. Et puis, ses parents s'en faisaient une telle joie.

D'ailleurs, elle ne devait pas oublier l'heure car elle devait aller les chercher à l'aéroport.

Elle termina son café en posant les yeux sur Benjamin qui jouait devant elle sur le tapis.

Toutes ces épreuves terminées, elle profiterait davantage de lui qu'elle voyait grandir et évoluer chaque jour sans pouvoir pour le moment savourer sereinement ces instants. Quand Laurent serait remis, elle prodiguerait à son fils tout l'amour qu'elle ressentait, cette force maternelle inexplicable que pour l'instant elle devait contrôler pour pouvoir s'occuper de son mari. Cruelle ironie tout de même, se dit-elle avec un certain cynisme : des années à essayer de tomber enceinte, et une fois que c'était fait, elle ne pouvait s'adonner entièrement aux joies de la maternité. Mais l'heure de l'abattement était passée, Laurent allait bientôt subir de nouveaux examens, et si le docteur Roncaux avait raison, enfin on saurait quoi faire.

Et là, elle rattraperait le temps perdu avec Benjamin, c'était sûr ! Elle envelopperait son fils d'affection et de tendresse ! Et ce serait enfin le bonheur complet tant attendu.

Elle sourit en voyant Benjamin s'escrimer sur son puzzle en babillant, insouciant et indifférent aux problèmes du monde et aux tracas de ses parents.

— Alors, mon ange, on va se préparer ? On va aller chercher grand-mère et grand-père, tu veux ?

Elle devait attendre Christel avant de partir. La jeune fille avait gentiment accepté de veiller sur Laurent quand Hélène devait s'absenter, celui-ci ayant maintenant perdu toute forme d'autonomie.

Elle se levait du canapé quand son portable sonna.

— Allô ? répondit-elle en allant déposer sa tasse sur la table de la cuisine.

La communication semblait mauvaise, elle n'entendait qu'un vague bruit de circulation dans l'appareil et personne ne parlait.

— Allô ? répéta-t-elle.

Toujours rien, puis la tonalité indiquant que le correspondant avait raccroché.

— Ma foi, se dit-elle en reposant le téléphone.

Cela lui rappela qu'elle voulait rappeler le docteur Bliade.

À deux reprises, elle n'avait pu le joindre et, même si le faire-part de baptême lui avait été envoyé, elle tenait vraiment à sa présence à la cérémonie et à la petite collation qui s'ensuivrait.

— Cabinet du docteur Bliade, je vous écoute.

— Bonjour Irène, c'est Hélène Dalgrand.

— Oh, bonjour madame Dalgrand, lui répondit la voix ronde de la secrétaire. Vous allez bien ?

— Oui, Irène, merci. Serait-il possible de parler au docteur, s'il vous plaît ?

Bref silence, puis la voix un peu hésitante d'Irène.

— Heu… eh bien… le docteur est un peu occupé ces temps-ci.

— Irène, il y a un problème ? demanda Hélène sans aucune agressivité. Voilà trois fois que j'appelle et trois fois que le docteur Bliade est injoignable.

Nouveau silence.

Cette fois, Hélène n'eut plus de doute : c'était bien un silence gêné.

— Madame Dalgrand, je suis désolée, répondit enfin la secrétaire, mais le docteur est très pris en ce moment et…

— Irène, s'il vous plaît, j'aurais vraiment besoin de lui parler.

— Écoutez, madame Dalgrand, déclara Irène sur le ton de la confidence, je ne suis pas censée en parler mais je sais que le docteur ne m'en tiendra pas rigueur en ce qui vous concerne. En fait, il avait besoin de repos et a pris quelques jours de congé.

— De repos ? s'inquiéta Hélène.

— Oh rassurez-vous, c'est juste un peu de surmenage, rien de bien grave. Il sera de retour dans une semaine.

— Ah d'accord, répondit Hélène. Je voulais simplement m'assurer qu'il avait bien reçu le faire-part pour le baptême de Benjamin.

— Oui, oui, madame Dalgrand, il m'en a parlé et se faisait d'ailleurs une joie d'y assister.

— Très bien, j'en suis ravie.

— Je pense qu'il vous contactera d'ici peu.

— Merci, Irène.

Hélène raccrocha.

Pauvre docteur Bliade, pensa-t-elle avec bienveillance. Toujours à se plier en quatre pour ses patientes. Et toutes ces activités annexes en plus. Pas étonnant qu'il soit surmené. Il avait bien droit lui aussi à du repos.

Elle sourit, contente en tout cas de sa présence au baptême.

Bon, ça, c'est fait se dit-elle en rayant mentalement une ligne sur sa liste de préparatifs.

Elle monta au premier s'assurer que Laurent dormait.

Christel ne devrait plus tarder maintenant.

* * *

Françoise était dubitative.

Et même perplexe.

Était-ce une coïncidence ? se demandait-elle fébrilement depuis cinq minutes.

Elle ne parvenait pas à détacher ses yeux de la page Internet qui s'affichait devant elle, sur l'écran de son ordinateur.

Depuis quelques jours, elle avait entrepris d'approfondir sa connaissance sur ce fameux *Rebirth* que mentionnait la revue. L'article en question ne s'épanchait pas sur le sujet et ne présentait qu'un bref historique : il précisait simplement que le *Rebirth*, c'est-à-dire la « renaissance », était une méthode de développement personnel mise au point à la fin des années soixante et popularisée par le mouvement New Age. À l'origine se trouve un illuminé un peu versé dans le spirituel du nom de Léonard Orr qui, un beau jour, en pratiquant des respirations profondes dans sa baignoire, fit l'expérience saugrenue de revivre sa naissance. Il perfectionna et vulgarisa la méthode et, au début des années soixante-dix, le *Rebirth* était pratiqué par plus de quinze millions de personnes dans le monde. Encore utilisé par certains thérapeutes avant-gardistes de nos jours, il consistait, par des exercices de respiration précis et codifiés, à modifier l'état de conscience pour pouvoir être apte à revivre, presque en direct, sa naissance. Il était alors possible de revivre les premiers traumatismes que notre mental avait refoulés, de les libérer, et ainsi d'amorcer un processus de guérison. À titre d'exemples, l'article citait certains patients sujets à des migraines qui, grâce aux séances de *Rebirthing*, avaient compris que leurs violents maux de tête étaient la réminiscence refoulée d'un cordon ombilical qui s'était enroulé autour de leur cou lors de leur naissance.

Françoise, toujours avide de nouvelles expériences en tous genres, s'était immédiatement enthousiasmée pour la chose. Elle se disait que revivre ses premiers instants dans ce monde devait se révéler particulièrement grisant. C'est vrai quoi, c'est bête, on naît et on ne s'en rappelle même pas ! Le *Rebirth* permettait de pallier cette lacune. Sans compter, se disait-elle avec une certaine ironie, qu'elle pourrait peut-être ainsi enfin comprendre les relations tendues et houleuses qu'elle entretenait avec sa mère depuis toujours.

Aussi avait-elle poursuivi ses investigations, impatiente à l'idée de tenter cette expérience qu'elle trouvait finalement assez exotique.

Les divers sites indiqués par l'article et qu'elle avait alors parcourus expliquaient le déroulement classique d'une séance de *Rebirthing* : pendant environ deux heures, il s'agissait, allongé sur le dos, d'atteindre ce que les initiés appelaient la « respiration embryonnaire » ; pour ce faire, on devait porter son attention sur son corps, respirer par le haut du thorax, puis par le nez, de plus en plus vite, amplifier les inspirations et les expirations, pour progressivement faire resurgir, et revivre, les émotions originelles enfouies.

Les séances, individuelles ou en groupes, étaient au nombre de neuf, durée symbolique censée respecter le cycle de gestation.

L'ensemble faisait un peu secte hippie sur le retour, mais Françoise, loin de trouver tout ce rituel grand-guignolesque, s'était sentie au contraire assez excitée, malgré le scandaleux prix de la séance, à savoir quatre-vingt-dix euros les deux heures.

Mais elle avait quand même préféré s'assurer du bien-fondé et de l'efficacité de cette pratique.

Elle avait pris son portable et cherché dans son répertoire un numéro qu'elle n'avait pas composé depuis quelque temps : celui de Gégé.

Ah, Gégé !

Un ex plan-cul qu'elle s'était octroyé il y a environ deux ans et avec qui elle avait gardé contact pour… eh bien… pour entretenir la machine, quoi ! Il était rare que Françoise remette le couvert une fois le plat digéré, mais Gégé, eh bien Gégé, c'était un sextoy à lui tout seul ! Et en plus, il était biochimiste dans l'industrie pharmaceutique, ce qui la changeait des blaireaux au QI de sèche-linge qu'il lui arrivait de consommer pour ce qu'elle appelait leur « intelligence physique ».

Mais ce qui lui importait aujourd'hui, c'est que Gégé était un adepte des techniques de méditation et pourrait peut-être la conseiller sur le *Rebirth*.

— Allô ? répondit une voix de stentor dans le combiné.

Françoise frissonna. Humm ! Ce mec serait capable de procurer un orgasme à une horde de carmélites en rut rien que par son organe vocal !

— Gégé, susurra-t-elle aussi acidulée qu'une orange confite, c'est Françoise.

— Françoise ? Ça alors ! Je me demandais quand j'aurais de tes nouvelles !

— Eh bien, tu vois, tout arrive.

— Hum... hum... Je vois bien, en effet. Madame aurait-elle quelques envies par hasard ? demanda-t-il malicieusement.

— En effet, répondit Françoise tout aussi malicieuse, mais en l'occurrence ce sont tes neurones qui m'intéressent.

Elle sentit la déception chez son interlocuteur.

— Oh, je vois.

— Allez, mon Gégé ! Tu sais bien que je ne suis pas une ingrate et que je saurai te remercier...

— Bon, très bien, admit un Gégé ragaillardi par l'invitation implicite. Que puis-je faire pour toi ?

— Voilà, j'ai entrepris de m'occuper de mon bien-être intérieur – défense de se moquer ! – et j'aurais besoin de tes conseils. Je suis tombée sur une technique que tu dois connaître et j'aimerais avoir ton avis sur la question. Le *Rebirth*, ça te parle ?

— Oh putain, s'exclama Gégé.

— Quoi, *putain* ? s'étonna Françoise.

— Ben c'est un mot que je ne m'attendais pas à entendre aujourd'hui !

— Tu connais ?

— Un peu que je connais !

— Et tu en penses quoi ?

— J'en pense que je ne conseillerais à personne de se lancer dans ce truc zarbi.

Pour Françoise, ce fut comme une douche froide.

— Ah bon ? Qu'est-ce qui te fait dire ça ?

— Je ne suis pas un expert, je sais juste qu'il y a eu à l'époque quelques… heu… dérapages lors de séances.

— Des dérapages ?

— Oui. Les gens se lançaient là-dedans sans trop savoir à quoi ils avaient affaire, surtout qu'on ne leur parlait jamais des contre-indications et des précautions à prendre.

— C'est-à-dire ?

— Eh bien, c'est une technique qui peut s'avérer dangereuse. Les exercices de respiration, dont tu as certainement entendu parler si tu t'intéresses à la question, entraînent une hyperventilation qui peut se comparer à ce qui résulte d'un exercice sportif intense : accélération du pouls, diminution de la tension artérielle, crampes, etc.

— Carrément ? s'inquiéta Françoise.

— C'est normal, compléta Gégé, ce n'est pas une respiration naturelle. Je crois qu'il y a même eu des cas de crises spasmophiliques. Bref, je sais que le *Rebirth* est en train de redevenir un phénomène de mode dans certains milieux, mais qu'il est encore aujourd'hui jugé suspect dans les milieux scientifiques et je m'étonne même que tu sois attirée par ce genre de délires.

Françoise se sentit d'un coup toute penaude et même honteuse, de s'être laissée emporter de la sorte. Ce qu'elle pouvait être cruche parfois ! Elle se serait baffée !

— Tu as raison, Gégé, admit-elle, mais sur le papier cela semblait tellem…

— Quelque chose me revient, l'interrompit-il subitement. Il y a eu un cas assez grave il y a quelques années aux États-Unis. J'en ai vaguement entendu parler. Renseigne-toi, et j'espère que cela achèvera de t'ôter ces foutaises de la tête.

— OK, merci Gégé !

Elle aurait bien rajouté une fanfaronnade salace du genre « La prochaine fois, je m'occuperai d'autre chose que de tes neurones », mais les propos de Gégé l'avaient quelque peu décontenancée et ni une ni deux elle s'était remise sur le Net, en quête de cette affaire dont il lui avait fait part.

Après une heure de recherche, elle avait trouvé.

De lien en lien, elle avait atterri sur le site *prévensecte.com* qui recensait l'actualité des différentes sectes déployées en France et dans le reste du monde. Et dans une des nombreuses sous-rubriques du site, l'information qu'elle cherchait :

**Washington Post** – 12 septembre 2003

***La thérapie* Rebirth *condamnée par le parlement américain***

*Le parlement a voté jeudi pour condamner la technique thérapeutique connue sous le nom de* Rebirth, *considérant qu'elle s'avère dangereuse et nuisible et il a encouragé tous les États américains à légiférer et à l'interdire.*

*Le* Rebirth *est une thérapie née dans les années 60 et encore utilisée de nos jours par certains pour traiter, entre autres, les difficultés relationnelles que certains enfants adoptés entretiennent avec leurs nouveaux parents. On n'hésite pas à mettre les enfants sous des oreillers, édredons et couvertures supposés symboliser le ventre maternel, et on les encourage à trouver le moyen d'en sortir. Ils vivraient ainsi une renaissance et pourraient ainsi débuter une nouvelle vie avec leurs parents adoptifs.*

*Il y a deux ans, une fillette de dix ans de l'État de Caroline du Nord a ainsi été étouffée lors d'une séance de* Rebirth. *Quatre adultes s'étaient assis sur les oreillers et couvertures couvrant l'enfant, lui appliquant une pression de centaines de kilos. La gamine n'a pas survécu.*

Françoise n'en revenait pas. Comment pouvait-on, au XXIe siècle, se livrer à de telles barbaries ? Et tout cela sous le couvert d'une pseudo-science ?

C'était incroyable !

Elle secoua la tête et termina sa lecture de l'article.

*La Caroline du Nord a, depuis, interdit la thérapie de* Rebirth, *qui n'est d'ailleurs reconnue par aucune forme de psychologie ni de médecine.*

*On suppose en outre que trois autres enfants seraient morts dans des circonstances semblables.*

*Les quatre individus incriminés dans l'affaire ont été entendus par la justice : deux ont été condamnés à seize ans de prison ferme, les deux autres relaxés.*

S'ensuivait la liste des noms des personnes concernées et c'est là que Françoise avait ouvert grands les yeux.

C'est le dernier nom qui l'interpella.

Un nom qu'elle connaissait.

Qu'elle connaissait même très bien.

Et c'est ce nom qui la rendait à présent dubitative.

Et même perplexe.

Et voilà une heure que les rouages de son cerveau tournaient à plein régime : certains liens s'établissaient, certains rapprochements s'opéraient peu à peu, et ce qui se laissait entrevoir inquiétait vraiment Françoise.

Non, je fabule, ce n'est pas possible !

On est dans la quatrième dimension, là !

Elle secoua la tête.

Et pourtant, une petite voix lui murmurait qu'elle touchait bien quelque chose du doigt. Les connexions se faisaient, elle ne pouvait le nier.

Est-ce une coïncidence ? se demandait-elle fébrilement depuis cinq minutes.

Et si non, ce qu'elle commençait à envisager était-il possible ? Envisageable ?

Mais Françoise n'était pas femme à tourner sept fois les mêmes questions dans son cerveau : elle agissait.

C'est pour ça qu'elle décida de transformer ses doutes en certitudes.

Et de trouver les réponses.

* * *

Jeffrey se dirigeait vers la salle de réception de l'hôpital.

Et voilà, ça y était, sa fidèle Jeanne prenait sa retraite et tout le service de neurochirurgie avait décidé d'organiser une petite fête pour l'occasion.

Tout en marchant, il pensait au petit speech qu'on lui avait proposé de faire. Il n'était pas féru de ce genre de discours qui toujours dérivaient vers l'hagiographie hypocrite, mais Jeanne avait été sa fidèle collaboratrice depuis tant d'années qu'il lui devait bien ça. Et il était finalement assez content d'avoir, pour un moment, un dérivatif aux tracas et autres doutes qu'il rencontrait actuellement.

La salle de réception avait été préparée par les bons soins de son équipe qui n'avait pas fait preuve d'originalité et n'avait pas évité les poncifs décoratifs de ce genre d'occasions : ballons multicolores, banderoles bigarrées en papier crépon, confettis, et l'incontournable et stupide panneau « Bonne retraite, Jeanne ». Ben oui, se dit Jeffrey que cette apparence de kermesse bon enfant atterrait, il aurait été mal venu de lui souhaiter une mauvaise retraite !

Le tableau aurait été incomplet sans le crémant bon marché et les cacahuètes indigestes qui ornaient les tables recouvertes de nappes en papier blanc.

Tout le monde était présent et le niveau sonore était celui d'un camp militaire en temps de guerre. Ça piaffait, ça palabrait, ça se gaussait : preuve que les employés au service de la santé avaient comme tout le monde besoin de décompresser de leur difficile quotidien professionnel.

Jeffrey ne goûtait guère ce genre de sauteries qu'il trouvait surfaites et même quelque peu vulgaires, certains convives finissant immanquablement la soirée ivres morts sous les tables à proférer des absurdités plus grosses qu'eux. C'est pour cette raison qu'il avait certes promis de passer, surtout eu égard à sa fidèle Jeanne, mais ne comptait faire qu'acte de présence avant de rentrer chez lui, ayant bien d'autres chats à fouetter en ce moment. Il savait que Jeanne comprendrait.

— Professeur Dalgrand, l'accueillit une jeune infirmière nouvellement nommée dans le service, je vous sers un verre de crémant ?

— Non merci, Estelle, un jus d'orange, répondit-il laconiquement.

Il se fraya un chemin dans la foule du personnel agglutinée aux tables, affronta courageusement les poignées de main et les tapes amicales dans le dos, et parvint enfin à accoster Jeanne.

Celle-ci s'entretenait avec un groupe d'infirmiers et d'aides-soignants : plaisanteries et rires fusaient dans une ambiance bon enfant.

Pourtant, Jeffrey avait bien remarqué depuis quelques jours l'humeur taciturne de sa collaboratrice. Habituellement pimpante et guillerette dès le matin, elle montrait depuis quelque temps un visage plus renfermé, plus lointain. Comme si quelque chose la préoccupait. Mais Jeffrey comprenait que mettre fin à une carrière bien remplie de bons et loyaux services devait forcément perturber et peut-être même angoisser. Surtout quelqu'un comme Jeanne dont l'abnégation n'était plus à prouver. Lui-même, bourreau de travail toujours avide de progrès et de découvertes, savait que quand l'heure de se retirer sonnerait, il ne pourrait se résoudre à abandonner purement et simplement ce métier qui était sa passion. Il y pensait, parfois, mais se reprenait bien vite : il serait toujours temps d'aviser le moment venu.

— Jeffrey, l'interpella la jeune retraitée en apercevant son supérieur s'approcher, vous voilà bien pensif.

Le ton se voulait insouciant et complice, mais parvenait mal à cacher l'inquiétude.

— Pas du tout, Jeanne, répondit-il en se forçant à sourire, je me demandais juste comment nous allions faire sans vous.

— Flatteur, va ! Vous saurez parfaitement vous débrouiller, je n'en doute pas un instant.

— Il faudra bien, lança-t-il avec un regard appuyé.

Il s'approcha et trinqua avec elle.

Jeanne savait que ce serait là la seule démonstration d'affection de la part de son supérieur. Pas de débordements sentimentaux avec le professeur Dalgrand !

— Je vous souhaite une bonne retraite Jeanne, murmura-t-il sentencieusement. Et merci pour tout ce que vous avez fait au sein de cet hôpital et de ce service.

Un peu gênée, elle parvint pourtant à soutenir le regard lourd de Jeffrey.

— Ce fut un plaisir et un honneur de travailler avec vous, professeur, répondit-elle timidement.

Les verres tintèrent, scellant une amitié professionnelle sans faille.

Peu après, Jeffrey prononça le discours qu'il avait préparé et qui était à son image : concis, direct, efficace.

Avant de quitter la salle, il jeta un dernier regard à Jeanne qui le regardait partir, lui sourit discrètement et s'éclipsa, laissant la fête battre son plein sans lui.

Assis dans sa voiture, il soupira, essayant de soulager ses épaules d'une pression qui se faisait de plus en plus lourde.

* * *

C'est en préparant le repas qu'Hélène entendit son téléphone vibrer.

Elle décrocha mais, comme plus tôt dans l'après-midi, elle n'entendit qu'un vague bruit de fond avant que la communication ne soit coupée.

Pour l'heure, elle ne s'en inquiéta pas outre mesure, désireuse de savourer pleinement les retrouvailles avec ses parents qu'elle avait récupérés à l'aéroport une heure auparavant.

Marthe et Louis faisaient des papouilles à Benjamin dans le salon, à la fois heureux de retrouver leur unique petit-fils et étonnés de sa vivacité grandissante. Ils s'en donnaient à cœur joie, et c'était à celui qui ferait le plus s'esclaffer l'enfant.

Mais Hélène connaissait ses parents par cœur et savait qu'ils essayaient surtout d'oublier le choc qu'ils avaient eu quand ils avaient vu Laurent. Ils n'avaient pu masquer leur stupeur et Marthe avait même eu un mouvement de recul. Mais elle ne leur en voulait pas. Ils n'avaient pas vu leur gendre depuis bientôt trois mois et même si Hélène leur donnait régulièrement des nouvelles et les avait prévenus, voir était autre chose que savoir. Elle-même qui vivait la situation au quotidien ne pouvait que constater la dégradation de l'état de son mari. Mais elle devait faire avec. C'était ainsi. Ce n'était pas de la résignation, loin de là, mais une façon de penser qui lui permettait de ne pas se noyer, de ne pas sombrer, même si elle avouait sans peine qu'elle était de plus en plus à cran. Et puis tous ses espoirs allaient vers ces nouveaux examens que Laurent devait subir dans deux semaines.

Aussi avait-elle tenu à détendre autant que possible l'atmosphère et s'était-elle lancée dans la préparation du repas, laissant Benjamin redonner leur bonne humeur à ses grands-parents.

Elle rejoignit la petite famille au salon mais à peine assise, son portable sonna à nouveau.

— Merde maintenant ! s'écria-t-elle.

Marthe leva la tête, peu habituée à la grossièreté et à l'agacement chez sa fille.

— Hélène ! s'exclama-t-elle, calme-toi voyons !

La jeune femme ne prit pas la peine de répondre mais son énervement ne faiblit pas quand elle lut « *numéro privé* » affiché sur le cadran de son téléphone.

— Allô ?

Bruit de fond.

Pas de réponse.

— Allô ? répéta-t-elle avec agressivité.

Mince alors ! Cela faisait trois fois aujourd'hui ! Ce n'était vraiment pas le moment de lui faire ce genre de plaisanteries !

— Allô ?

— Je…

Une voix. Enfin.

Féminine.

Hésitante.

— Oui, dit Hélène, je vous écoute.

— Je…

Hélène pouvait presque sentir la gêne de son interlocutrice, comme si celle-ci voulait dire quelque chose. Ou plus exactement *devait* dire quelque chose. Mais ne pouvait s'y résoudre.

— Je vous écoute, répéta-t-elle plus calmement.

— Je… je… suis désolée… vraiment… prononça la voix.

Hélène fronça les sourcils.

— De quoi parlez-v... commença-t-elle, mais elle fut interrompue par le bip signant la fin de la communication.

Elle regarda son téléphone, perplexe.

Qu'est-ce que c'était cette connerie ?

Qui était cette femme ?

Pourquoi était-elle désolée ? Et de quoi ?

Pourquoi avoir coupé la conversation ?

Était-ce une blague ?

Une erreur ?

Mais une question occultait toutes les autres : où avait-elle déjà entendu cette voix ?

Car Hélène en était certaine : elle la connaissait.

La voix de sa mère la tira de ses interrogations.

— Tout va bien, ma chérie ?

# 21

L'église sentait le renfermé.

Les odeurs de bois et de cire chaude se mêlaient aux senteurs de vieil encens. Et, malgré la fraîcheur agréable du lieu, l'air avait ce petit quelque chose de suranné à quoi se mêlaient les parfums des quelques membres présents. L'ambiance aurait donc dû être propice au recueillement et à la foi.

Pourtant personne ne parvenait à occulter ses préoccupations du moment : Jeffrey regardait son frère, soucieux de savoir ce qu'il se passait véritablement ; Françoise observait Hélène, déstabilisée par ce qu'elle avait découvert dernièrement ; Hélène couvait Benjamin du regard, impatiente de pouvoir lui donner tout son amour ; et Rose ne regardait personne, uniquement inquiète du parfait agencement de son chapeau sur son brushing.

En fin de compte, seuls Marthe et Louis semblaient concernés par la célébration et l'homélie que prononçait actuellement le jeune prêtre avec ferveur :

— … chaque enfant qui naît nous apporte le sourire de Dieu et nous invite à reconnaître que la vie est un don venant de lui, un don qu'il faut accueillir avec amour et préserver avec soin, toujours, et en chaque moment. Accompagnons Benjamin dans ce chemin de paix et de sérénité tracé par notre Seigneur…

Rose secoua la tête.

*Un chemin d'amour et de paix* ! Mais bien sûr ! Mon petit, si tu crois nous endormir avec tes bondieuseries, tu te fourres le doigt dans l'œil jusqu'à l'omoplate ! Sors-nous que Dieu est amour et je rigole !

— … car Dieu est amour…

Rose pouffa discrètement.

Françoise se tourna vers elle et la foudroya du regard.

Qu'est-ce qu'elle a à rire toute seule la vieille peau ? Il faudrait vraiment la piquer celle-là !

— … c'est pourquoi j'invite Benjamin à me rejoindre avec ses parents, sa marraine et son parrain.

Jeffrey sortit de ses sombres pensées et se glissa dans l'allée en même temps qu'Hélène, Benjamin dans les bras.

Françoise mit les mains sur les poignées.

Elle enleva du pied la manette du frein, se pencha, et commença à manœuvrer doucement. Le petit grincement des roues perça le silence qui s'était fait parmi les membres de la famille.

Marthe tourna la tête, réprimant un sanglot.

Rose elle-même fut parcourue d'un frisson qui lui glaça l'échine.

Tout le monde se rembrunit en voyant cette bien triste procession.

Françoise qui poussait un fauteuil roulant.

Avec Laurent assis dedans.

Car il avait maintenant quasiment perdu l'usage de ses jambes.

Devant son incapacité à faire plus de quatre pas sans s'effondrer, on avait bien été obligé d'opter pour cette solution.

D'autant que cette quasi-paralysie s'accompagnait depuis peu de difficultés grandissantes à percevoir les formes et à se saisir des objets. Ses troubles de la parole s'étaient aggravés, le rendant définitivement aphasique, inapte à formuler une pensée claire dans une phrase cohérente. Et depuis trois jours, il parvenait de moins en moins à déglutir et l'on était obligé d'essuyer le filet de salive qui coulait continuellement de sa bouche. Et, à bien des égards, on pouvait dire que son fils était finalement plus autonome, et même plus évolué que lui.

Françoise guida le fauteuil roulant dans la travée.

La tête de Laurent brinquebalait.

Ses yeux, fixes et inexpressifs, ne se posaient sur rien, ne s'attachaient à rien.

On eût dit un pantin désarticulé, une poupée inerte et perdue, un noyé qui n'attendait plus ni rivage, ni secours.

Françoise et Laurent parvinrent enfin à la cuve baptismale.

Jeffrey contint autant qu'il le put son malaise devant ce spectacle, extirpa son frère de sa gangue d'acier et le soutint fermement pour l'aider à monter les quelques marches. Françoise vint se placer aux côtés d'Hélène et posa une main réconfortante sur son épaule en souriant faiblement. Devant cette scène pathétique, ce père pitoyable incapable de porter son fils à l'autel, elle comprit qu'il lui fallait au plus vite s'entretenir avec son amie, l'informer de ses suspicions. L'heure n'était plus à l'hésitation, à la tergiversation.

Elle n'avait plus le choix. La situation l'exigeait.

Le prêtre, compatissant, attendit que tout le monde fût en place.

Et c'est accompagné des babils amusés d'un Benjamin qui ne comprenait rien à tout ce cérémonial qu'il entreprit le rituel de l'eau.

La petite collation qu'Hélène avait prévue après la cérémonie se déroula sans grandes effusions, même si chacun y mettait du sien pour sauver les apparences. Pourtant, le restaurant La Cour des saveurs, situé à la Petite France à deux pas de l'appartement, était propice à l'enchantement avec son décor pittoresque et sa carte aussi originale qu'alléchante. Son magret de canard à la sauce aux framboises avait fait la renommée de l'établissement et était apprécié de toutes les papilles connaisseuses.

Et pourtant, Hélène ne pouvait que constater que ce jour de fête avait un goût amer, tout était gâché par cette fine couche de dépit qui revêtait chaque recoin de son existence depuis quelque temps.

On avait déposé Benjamin sur les genoux de son père, et celui-ci tentait tant bien que mal de lui faire boire son biberon, la main tremblante. Et même si, comme toujours quand il s'occupait de son fils, une flamme s'allumait dans ses yeux, son regard manquait de plus en plus d'acuité, comme s'il vacillait.

Hélène soupira en regardant la scène avec douleur.

Même Rose et Françoise, habituellement armées jusqu'aux dents de perfidie quand elles étaient en présence l'une de l'autre, s'ignoraient, comme hébétées. Françoise lui semblait même absente depuis le début de la matinée. Hélène aurait presque souhaité que les deux femmes s'étripassent, histoire de feindre que tout était comme avant. Mais non, tout semblait éteint.

Marthe s'approcha de sa fille.

— Ma chérie, dit-elle en lui prenant la main, c'était quand même une belle cérémonie.

— Tu es gentille, maman, répondit Hélène avec tendresse, mais je crois que le cœur n'y est chez personne.

Marthe serra un peu plus fort la main de sa fille. Que pouvait-elle dire ? Il y des moments où les mots les plus réconfortants d'une mère ne servent à rien, ne peuvent panser les plaies de l'existence.

— Allez, ma puce, courage, l'encouragea-t-elle, tout ira bien.

— Je l'espère, maman, je l'espère.

Hélène voulait y croire. Elle voulait s'accrocher aux dernières branches de l'espoir. Mais, quelque part au fond d'elle, quelque chose lui disait que l'arbre était mort.

Quelque chose, insidieusement, lui disait que c'était une des dernières fois où toute la famille était réunie.

* * *

Deux jours après, Hélène donnait les dernières recommandations à ses parents en ce qui concernait Benjamin et Laurent.

Françoise l'avait appelée et l'avait invitée à prendre le café chez elle, histoire de décompresser. Hélène avait d'abord refusé, mais Marthe et Louis l'avaient eux aussi poussée à sortir un peu de ses quatre murs. Cela ne pouvait lui faire du mal, surtout à l'approche des nouveaux examens qu'allait subir Laurent et qui attisaient les angoisses de la jeune femme.

Elle embrassa tout le monde et promit d'être de retour en fin d'après-midi.

Arrivée chez Françoise, elle se laissa tomber dans un fauteuil et poussa un soupir qui en disait long sur la tension qui vrillait ses nerfs.

— Je n'en peux plus, dit-elle simplement à Françoise qui revenait de la cuisine avec un plateau et deux tasses fumantes.

— Je comprends, répondit-elle.

Hélène observa son amie attentivement.

Elle ne savait si elle se faisait des idées ou si sa lucidité était occultée, mais elle trouvait Françoise étrange depuis quelque temps. La créature pimpante et exubérante semblait avoir laissé place à une femme préoccupée et tendue. Hélène l'avait rarement vue dans cet état.

— Tout va bien, Françoise ? demanda-t-elle.

Françoise leva les yeux vers elle.

— Moi, mais oui, tout va bien. Je pète le feu comme un volcan en fusion ! répondit-elle, faussement enjouée. C'est à toi qu'on devrait poser la question.

— Ma foi, je fais aller comme je peux, dit Hélène en portant la tasse à ses lèvres. Dur dur d'être au top en ce moment, mais j'essaye.

— Je veux bien le croire.

— Et puis, c'est vrai que finalement c'était un beau baptême, malgré tout.

— Mais, oui, n'en doute pas.

— J'ai quand même été déçue de ne pas voir le docteur Bliade. Sa secrétaire m'avait pourtant affirmé qu'il se faisait une joie d'être présent. Mais je n'ai aucune nouvelle. Je suis un peu surprise.

Françoise plissa les paupières.

Elle sut alors que c'était le moment.

Le moment d'aborder le sujet.

Maintenant, elle ne pouvait plus reculer.

— Hélène, commença-t-elle, si je t'ai demandé de venir, ce n'est pas seulement pour prendre le café. J'ai... j'ai quelque chose à te dire.

Hélène, qui reposait sa tasse, suspendit son geste, arrêtée par le ton subitement sérieux de son amie.

— Je savais qu'il y avait un problème, asséna-t-elle. Françoise, que se passe-t-il ?

Françoise se leva et se dirigea vers un bureau qui occupait un coin de la pièce. Elle en revint, tenant dans les mains une pile de documents imprimés.

— Voilà, dit-elle en posant les papiers sur la table basse devant elle, il y a quelque temps je me suis renseignée sur un genre de technique de relaxation dont j'avais entendu parler et...

— Mon Dieu, l'interrompit Hélène, encore une nouvelle lubie.

— Non, non, ce n'est pas ce que tu crois, lui répondit Françoise en gardant son sérieux. C'est une méthode que l'on appelle le *Rebirth*.

Elle poursuivit en lui résumant tout le cheminement qui avait été le sien il y a plusieurs jours : le *Rebirth*, les mises en garde de Gégé, l'article sur les sectes, jusqu'à l'affaire de la petite fille décédée.

— Oui, et ? demanda Hélène. Où veux-tu en venir ?

— Je veux en venir à ça, répondit Françoise en lui tendant une feuille.

Hélène posa sa tasse et entreprit de lire le document.

C'était visiblement un témoignage à propos du *Rebirth* :

*Lorsque le patient parvient à cette respiration embryonnaire, j'ai moi-même été témoin, dans certains cas, de divers phénomènes émotionnels de type souvent extrêmement archaïque, comme des colères de nourrisson, des cris, des larmes, et même des mouvements de succion des lèvres ou du pouce. Plusieurs fois, j'ai en outre pu voir certains sujets adopter une posture fœtale et crier de façon indescriptible. Ces personnes revivent comme une « nouvelle naissance », ou plutôt la réminiscence de leur naissance. Certains auteurs ont fait l'hypothèse que la douleur subie par le nouveau-né lors d'un accouchement compliqué pourrait favoriser les suicides « violents » à l'âge adulte.*

— C'est peu croyable, jugea Hélène qui, malgré sa sensibilité et sa formation littéraires, restait toujours assez cartésienne. Qui a pondu ce tissu d'inepties ?

— Attends, la coupa Françoise, ce n'est pas tout. Lis ça.

Elle lui tendit un autre document, qui semblait de la même veine :

*Quand le nourrisson pleure, ce peut-être de faim, de soif, de douleur, de joie, de colère ou simplement parce que sa couche est mouillée. En tous les cas, il pleure, plus de deux heures et demie par jour, mais que se passe-t-il dans sa petite tête ? Pourquoi ces cris parfois ininterrompus ? Nous savons que le bébé pleure pour communiquer avec ses parents : il lance des signaux, mais à l'heure actuelle, il n'existe pas encore de moyens scientifiques fiables pour pouvoir décoder ce qui se passe dans le cerveau du nourrisson. Et cela pose problème en cas de maladies ou d'infections : de nombreux cas de méningite n'ont ainsi pas été détectés par des parents qui n'avaient pas su décoder les pleurs de leur enfant. C'est pourquoi j'ai décidé d'orienter mes recherches dans cette voie et de me lancer à l'assaut de ce « mystère cérébral » que constitue le cerveau de bébé.*

Hélène restait dubitative.

Pourquoi son amie lui faisait-elle lire ces documents, sans lien apparent entre eux ?

— Françoise, je suis paumée là. Qu'est-ce que tu v...

— Regarde le nom de l'auteur du premier article, la coupa Françoise, les yeux brillants.

Hélène reprit la première feuille.

Elle la parcourut des yeux jusqu'à tomber sur un nom qui signait l'article.

Un nom qu'elle connaissait.

Qu'elle ne pouvait que connaître.

Elle écarquilla les yeux et les leva vers Françoise.

— Le docteur Bliade ! s'exclama-t-elle.

Françoise acquiesça.

— Le docteur Bliade approuverait le *Rebirth* ? demanda Hélène.

— Plus que ça, ma chérie, il le cautionne !

— Tu vas peut-être un peu loin, là ! D'accord, il semble connaître la méthode, et alors ? Je ne vois pas où est le problème !

— Je vais te dire où il est le problème ! Le *Rebirth* a été impliqué dans une sale histoire il y a quelques années. Une fillette décédée à la suite d'actes inimaginables, je te passe les détails. Quatre personnes ont été mises en accusation, et devine qui en faisait partie ?

Hélène, interdite, hésita.

Était-ce possible ?

— Le docteur Bliade ? proposa-t-elle timidement.

— Bingo ! Lui-même, en personne, s'exclama triomphalement Françoise. Mais il a été blanchi. Toujours est-il que c'est à partir de là que j'ai commencé à me poser des questions. À fouiner un peu à droite et à gauche. Et que je suis tombée sur tous ces documents.

— Mais quel rapport avec ce qu'il dit sur le cerveau des bébés ? demanda Hélène en désignant le deuxième article qu'elle venait de lire, signé lui aussi par le praticien.

— Le docteur Bliade est connu internationalement pour ses recherches sur le fœtus, l'embryon et le nourrisson, tu le sais. Et tu te rappelles la discussion que nous avons eue il y a environ un an à propos des travaux controversés qu'il avait menés sur la douleur du nourrisson ?

Hélène s'en rappelait très bien : elle était à l'époque sur le point d'accoucher.

— Eh bien, reprit une Françoise enflammée, m'est avis que ce cher docteur Bliade est prêt à toutes les expériences pour défricher ce qu'il appelle le « mystère cérébral » du nourrisson. Et que le *Rebirth* en a fait partie ! Regarde les dates : le deuxième article est un extrait de sa thèse de doctorat. Il contient déjà en filigrane toutes les recherches qu'il effectuera par la suite. Alors que le premier article que je t'ai fait lire a été publié peu après l'obtention de son diplôme. Un cheminement logique !

— OK, OK, concéda Hélène un peu perdue dans les méandres du raisonnement de son amie. Et donc, où veux-tu en venir ?

Françoise la fixa intensément.

— J'en veux en venir, ma chère, au fait que ton cher docteur Bliade est loin d'être le gentil petit gynéco qu'il prétend être ! Et que je commence à me poser de sérieuses questions à son sujet…

— Ma foi, asséna Hélène, moi, j'ai surtout l'impression que tu te montes le bourrichon pour pas grand-chose. Tu sais comme moi que tu as toujours tendance à faire monter la mayonnaise. Tu m'as dit toi-même qu'il a été innocenté dans cette affaire de décès. Je ne pense pas que ce soit le Frankenstein que tu imagines !

Hélène n'avait pas tort. Françoise était la première à avouer son impulsivité et à admettre sa faculté à toujours exagérer les choses.

Mais là, non.

Non ! Elle sentait quelque chose de pas clair. Ce n'était pas une anguille qu'il y avait sous roche, mais une vraie baleine !

— Et puis d'abord, en quoi tout cela me concerne, demanda finalement Hélène. OK, il a été mon gynéco, et après ?

Cette question, Françoise se l'était posée un nombre incalculable de fois, l'avait tournée et retournée dans sa tête, l'avait envisagée sous tous les angles possibles, et pour l'instant force était de constater qu'elle n'y avait pas trouvé de réponse.

— Je ne sais pas bien, admit-elle, mais je cherche. Et je trouverai, crois-moi.

Hélène but une gorgée de café, plus déstabilisée par les révélations de Françoise qu'elle ne l'aurait admis.

Son amie divaguait-elle ? Avait-elle raison ?

Et si oui, qu'est-ce que cela impliquait en ce qui la concernait ?

Le docteur Bliade jouait-il vraiment un double jeu ?

Et si oui, dans quel but ?

Pour l'heure, elle n'avait pas de temps à perdre dans ces suppositions et surtout n'avait pas la tête à ça. Elle se devait de garder les pieds bien ancrés dans la réalité pour ne pas s'enfoncer.

— Bon, dit-elle en se reprenant un peu et en se levant, je vais rentrer retrouver mes deux hommes. Dis-moi, c'est après-demain que Laurent passe ses nouveaux examens. Ça ne te gêne pas de nous accompagner ?

— Bien sûr, ma chérie, lui lança Françoise en la raccompagnant à la porte. Et puis, passer une folle après-midi dans une salle d'attente sentant l'anti-septique, j'en rêvais ! rajouta-t-elle, retrouvant son clinquant habituel.

— Bye bye ! Et arrête avec tes fantasmes de complot universel.

— OK, OK.

La porte à peine refermée, Françoise retrouva son sérieux.

Elle se dirigea au fond de l'appartement, attrapa la perche, ouvrit la trappe dans le plafond, et déroula les escaliers amovibles.

Le grenier.

Là où elle avait entreposé tout ce dont elle n'avait pas besoin au quotidien.

Mais là où se trouvait aussi quelque chose dont elle avait besoin là, tout de suite.

Tous ses vieux cours.

Ses vieux cours de fac.

Là, elle était certaine de trouver les clés de ce qui se transformait peu à peu en énigme.

Dans les cours du docteur Bliade.

* * *

Jeffrey préparait son sac de voyage et, à l'image de tout ce qu'il entreprenait, l'opération était organisée, méthodique, presque mathématique. Il avait déposé toutes les affaires dont il aurait besoin sur son lit : à droite, les effets personnels ; au centre, pantalons et vestes de costumes ; à gauche, les divers documents sur lesquels il comptait travailler pendant les cinq heures que durait le trajet. Il avait le temps, le train Corail Strasbourg-Bruxelles ne partant que dans trois heures. Mais il ne voulait rien oublier. Son habituelle placidité était mise à rude épreuve ces derniers temps, il préférait donc s'assurer plutôt deux fois qu'une que chaque chose était à sa place.

C'était assez rare pour être souligné, mais Jeffrey Dalgrand doutait.

Non pas de son entrevue du lendemain avec le professeur Broti, prévue depuis belle lurette ; non pas de son éventuelle collaboration au comité d'éthique de la Fédération mondiale des sociétés de neurochirurgie, une simple formalité pour lui ; mais ce qui arrivait à son frère le perturbait à un point qu'il n'aurait su imaginer. Ce n'est pas tant qu'il culpabilisait, mais il s'interrogeait et, ce qui commençait à l'agacer tout comme à l'inquiéter, c'est qu'il ne trouvait pas les réponses. Où s'était-il trompé ? Où avait-il failli, lui, le chirurgien parfait qu'il voulait incarner ? Que n'avait-il pas vu ? Que n'avait-il pas su envisager ?

C'était sur ces points de réflexion qu'il voulait bûcher le temps du trajet et il escomptait bien avoir trouvé les réponses quand il entrerait en gare de Bruxelles. La situation n'était plus gérable.

N'était plus tolérable.

Il ferma son sac, saisit la sacoche qui contenait son ordinateur portable, et quitta l'appartement.

La gare était bondée.

Jeffrey était peu féru d'architecture et d'urbanisme : les neurosciences ayant occupé tous les terrains en lui, il ne parvenait à s'intéresser qu'à bien peu d'autres sujets. Pourtant, il ne pouvait que saluer le travail des architectes qui avaient restauré et modernisé la gare de Strasbourg pour saluer l'arrivée du TGV Est cinq ans auparavant. La gare d'origine, construite en 1883, avait été conservée mais arborait désormais une gigantesque verrière sur toute sa longueur. De vingt-trois mètres de hauteur, elle abritait un espace de guichets et de boutiques de plus de deux mille mètres carrés et constituait une prouesse certes technique mais aussi esthétique : la nuit, grâce à un jeu d'éclairage, elle disparaissait pour laisser apparaître, par transparence, la façade d'origine en grès rose.

Sous cette nef de verre, Jeffrey avait l'impression d'évoluer dans une bulle et, à l'instant présent, cela n'était pas pour lui déplaire.

Les voyageurs se bousculaient dans les allées, signe que l'académie de Strasbourg voyait ses vacances scolaires doucement se terminer.

Jeffrey composta son billet, but un café, s'acheta un sandwich et se dirigea vers le quai.

Finalement, se dit-il, cet entretien tombait bien et quitter Strasbourg en l'état actuel des choses ne pourrait que lui être bénéfique. D'autant qu'il appréciait le calme et l'aménité belges qu'il connaissait quelque peu.

Le train entré en gare, il chercha sa place côté fenêtre, prit ses aises, déposa ses documents sur la tablette et pria, sans trop y croire, pour que la place mitoyenne ne fût pas prise. La promiscuité n'était pas la tasse de thé du professeur Dalgrand : il ne comprenait pas l'obsession qui poussait les gens à toujours se sentir obligés d'entamer avec leur voisin de siège une conversation aussi vaine qu'insipide. Quand ce n'était pas une famille entière avec marmots, poussettes, et tout l'attirail qui s'ensuivait ! C'est vrai, quoi ! Le professeur Dalgrand avait besoin de quiétude et de sérénité, surtout en ce moment, les gens pouvaient bien comprendre tout de même !

Il s'enfonça dans le siège et attendit que le train démarrât pour se noyer dans ses documents.

Pour patienter, il ouvrit son ordinateur portable et, la voiture étant équipée du système Wifi, se connecta à Internet. Il voulait vérifier encore deux ou trois détails à propos du comité d'éthique de la FMSN, mais surtout il tenait absolument à poursuivre sa conversation avec Charles Dorling. Il avait déjà longuement parlé avec son homologue en début d'après-midi, mais Jeff devant préparer ses affaires et se rendre à la gare, ils avaient décidé de se retrouver sur la messagerie instantanée quand il serait dans le train.

Il lança sa messagerie MSN, chercha le pseudo de Charles dans la liste de ses contacts et vit que celui-ci était en ligne.

« Jedy » : *Ça y est, suis installé dans le train.*

Jeffrey, peu adepte des échanges virtuels, trouvait pathétique le besoin de certains de s'inventer des pseudos alambiqués prétendument originaux : il avait simplement pris les premières syllabes de son nom et de son prénom, Je-Da, et avait sommairement accommodé le tout avec un petit clin d'œil cinématographique.

« Doctor C » : *Jeffrey ! Ben dis donc, tu en as mis du temps ! Alors, de charmantes créatures dans le wagon ? Lol.*

Jeff ne releva même pas, habitué qu'il était aux lassantes, et surtout déplacées, allusions salaces de Charles.

« Jedy » : *Ta femme serait ravie de lire ça.*

« Doctor C » : *Oh, ça va.*

« Jedy » : *Bon, trêve de plaisanteries, où en étions-nous ?*

C'était vrai qu'ils avaient bien de quoi s'entretenir et Jeffrey inspira lentement tandis qu'une voix, à la fois métallique et féminine, annonçait le départ imminent du train Corail en direction de Bruxelles, quai numéro quatre.

* * *

— Et voilà ! Plus qu'une semaine à attendre les résultats.

Assise sur le canapé, Hélène avait déjà dévoré les ongles de tous les doigts d'une main, et commençait à s'attaquer aux autres phalanges temporairement rescapées. À ses côtés, Françoise, amusée, regardait Benjamin s'acharner sur la télécommande, zappant involontairement d'une chaîne à une autre : on eut droit à une émission de téléréalité basée sur des secrets prétendument « incroyables » d'après les dires du primate qui servait d'animateur ; à un jeu qui consistait à ouvrir des boîtes et dont le niveau culturel dépassait difficilement le stade de la devinette Carambar ; sans oublier l'incontournable émission culinaire où les candidats s'étripaient pour une décoration de table mal comprise.

— Ma chérie, dit Françoise en dardant des yeux dont le mascara était aussi discret qu'un bikini dans un camp de nudistes, tu comptes t'attaquer à tes ongles de pieds quand tu auras fini ceux de tes mains ? Je dis ça comme ça, hein, parce qu'en huit jours, tu peux battre un record !

— Elle a raison Hélène, admit Marthe qui reposa son sudoku sur la table, il ne sert plus à rien de se ronger les sangs maintenant. Sois patiente.

— Patiente ! Patiente ! s'énerva la jeune mère, vous en avez de bonnes vous ! Mon mari vient d'être plongé en plein dans un champ magnétique, son destin est gravé dans d'obscures images qu'il va falloir une semaine pour interpréter, peut-être pour nous annoncer le pire, et vous me demandez d'être patiente !

— Hélène, s'il te plaît, la pria Françoise en désignant son filleul du regard.

Hélène s'était promis de ne jamais aborder ces sujets devant son fils et se reprit instantanément en voyant le coup d'œil de son amie.

— Vous avez raison, je m'excuse.

— Ne t'excuse pas, ma puce, lui dit sa mère en se levant. Bon, ça va être l'heure des infos régionales, je vais préparer à manger. Françoise, vous mangez avec nous ?

— Avec plaisir, Marthe.

Le générique des informations commença et Hélène se tourna vers son amie.

— Dis donc toi, d'habitude tu as toujours un rencard qui t'empêche de manger avec nous. C'est période de disette ou quoi ?

Elle voulait retrouver cette complicité avec son amie, cette insouciance qui leur permettait de tout se dire et d'aborder tous les sujets, même les plus intimes. Aussi se forçait-elle quelque peu, même si le cœur n'y était pas entièrement.

— Très chère, expliqua Françoise en lissant son chignon savamment déstructuré du plat de la main, tu apprendras qu'une période de diète en ce domaine ne peut être que bénéfique pour une libido comme la mienne. Appelle cela *recharger les accus* si tu veux, toujours est-il que oui, je m'octroie une petite période loin des mâles, et je ne m'en porte pas plus mal, crois-moi.

— Tu m'en diras tant, rétorqua Hélène.

— Ben quoi, il est toujours bon de prendre le temps de bien saliver devant un plat alléchant plutôt que de se jeter dessus comme la misère sur le peuple, expliqua-t-elle, faussement didactique. Ma pauvre amie, tu ne comprends rien à la séduction !

— Ça doit être ça !

Les deux amies échangèrent un regard amusé et Hélène se sentit un instant revivre. Comme dans une machine à remonter le temps qui l'aurait renvoyée un an plus tôt, quand le bonheur pointait son nez dans sa vie. Quand elle était à mille lieux de tous ces drames qui collaient à sa vie comme des papiers sales, et dont elle ne parvenait pas à se débarrasser.

Le présentateur du journal télévisé régional débitait les nouvelles locales, sourire Ultra Brite et raie impeccable à l'appui.

— *Nous l'avons appris il y a quelques heures à peine. À Strasbourg…*

— Maman, cria Hélène vers la cuisine en oubliant Ultra Brite dans son écran, tu veux de l'aide ?

— … *survenu en milieu d'après-midi…*

— Non, ma chérie, tout va bien, lui parvint la voix étouffée de sa mère.

— … *et connu internationalement dans le domaine…*

— Bon, dit Hélène en se levant, je vais monter changer Benji.

— … *le décès du docteur Bliade.*

Hélène se figea sur place.

— Quoi ? s'exclama-t-elle.

Françoise porta la main à sa bouche tandis qu'Hélène se ruait sur la télécommande.

— C'est quoi, cette blague ! cria-t-elle en montant le son de la télévision.

Françoise ne bougeait pas, interdite.

Incrédule.

Ultra Brite poursuivait, indifférent à l'émoi que produisaient ses paroles.

— *Le docteur Bliade s'était fait connaître des instances médicales internationales par ses travaux et ses recherches en chirurgie néonatale, mais aussi pour ses convictions, parfois controversées, sur la vie intra et post-utérine. Il a beaucoup œuvré pour faire reculer l'obscurantisme en ce domaine et les ouvrages qu'il a publiés sur la question sont légion. Ses positions, souvent critiquées, ont…*

— OK, accouche, s'énerva Françoise. De quoi est-il mort ?

— Chutt ! cria Hélène, sur un ton sans appel.

— … *et toujours dévoué à ses patientes. D'après certaines sources, il semblait depuis quelque temps déprimé. C'est dans sa maison, située à la Robertsau, que le docteur Bliade, aujourd'hui en milieu d'après-midi, s'est donné la mort.*

Hélène s'assit doucement sur le canapé, incapable d'interpréter ce qu'elle entendait. Les mots ne parvenaient pas à son cerveau, freinés par l'inimaginable, bloqués par le déni.

Elle eut du mal à articuler.

— Je ne comprends pas, il... il... s'est donné la mort ?

Françoise, tout aussi choquée, parvenait pourtant à bien saisir le sens de la nouvelle et en appréhendait toute la portée.

— Oui, dit-elle simplement, on dirait bien que le docteur Bliade s'est suicidé.

* * *

Le train entra en gare de Bruxelles-Midi dans un crissement d'acier et de métal.

Jeffrey jeta un œil par les fenêtres tandis que les quais apparaissaient.

Il venait de passer cinq heures à compulser ses documents, à examiner ses notes, à ausculter ses schémas, et un semblant de réponse commençait à germer. Réponse qui ne le satisfaisait pas.

Réponse qui le tourmentait.

Et pourtant, les données étaient là. Quasiment indéniables.

Il soupira en rassemblant ses affaires qu'il avait étalées sur toute la tablette, les sièges voisins étant finalement restés inoccupés pendant tout le voyage.

Bon sang, ce qu'il avait besoin de s'aérer l'esprit ! De se vider la tête !

Il consulta sa montre.

Son entrevue avec le professeur Broti était fixée au lendemain et il en avait aussi réglé les derniers détails durant le trajet. Il avait donc toute sa fin de soirée devant lui pour décompresser. Il décida de passer à son hôtel déposer ses affaires, prendre une douche et faire un tour en ville.

Il connaissait la capitale belge pour y avoir déjà séjourné à différentes reprises lors de congrès ou de manifestations scientifiques. Peut-être pourrait-il se promener dans le quartier des Sablons, le célèbre quartier huppé des antiquaires et des marchands d'art. Ou flâner dans les galeries royales Saint-Hubert et ses commerces recouverts d'arcades vitrées. Ou encore se balader au cœur du parc du Cinquantenaire parmi les innombrables édifices et statues.

Mais il devait pourtant se l'avouer, c'est à de tout autres visites touristiques qu'il voulait s'adonner ce soir. Pour fermement oublier, au moins pour quelques heures, les enjeux, les doutes, les échecs, les désillusions.

La dernière fois qu'il était venu à Bruxelles, il s'était rendu au Lagon, autoproclamé temple de détente et de plaisir, du corps et de l'esprit. À la fois club privé, bar, sauna et hammam, il proposait des soirées *only for men* dont Jeffrey gardait d'agréables souvenirs. Et le Belge valait bien le Français en ce qui concernait la bagatelle !

Il sentit son sexe se raidir dans son pantalon en posant le pied sur le quai. Depuis quand n'avait-il pas baisé maintenant qu'il y pensait ? Non pas que cela lui manquait, mais il sentait sa pulsion animale se réveiller et sa libido le titiller. Impossible, comme toujours, de la maîtriser. De la dompter. De l'apprivoiser.

Ça le prenait, comme ça, sans crier gare. Une envie de frôlements. Un besoin de corps. Un désir de contacts.

Son érection se fit plus appuyée, son sexe s'irritant contre le tissu de son boxer. Il tira discrètement sur son pantalon, libérant un peu son membre.

Oui, c'était décidé, ce soir, il baiserait !

Il descendait les escaliers qui menaient à la sortie, bousculé de toutes parts par les voyageurs armés de leurs valises, quand son portable vibra dans sa poche.

Il fut tenté de l'ignorer, voulant sa soirée pour lui, mais peut-être était-ce important. Il déposa son sac de voyage sur la dernière marche et ouvrit le clapet du téléphone.

*Un message reçu.*

Certainement quelqu'un qui avait essayé de le joindre pendant le trajet.

Mais quand il vit le nom de l'expéditeur, sa désinvolture fut tuée dans l'œuf.

Jeffrey cilla, surpris, et s'empressa d'afficher le menu des messages.

Sa mine s'assombrit à mesure que les mots défilaient.

Il y en avait peu.

C'était bref.

Et Jeffrey ne pouvait y croire.

Et merde !

Il resta interdit quelques secondes.

Merde ! Merde !

Il secoua la tête, referma son téléphone, reprit précipitamment son sac et se dirigea en toute hâte vers la sortie.

Et non, finalement le professeur Dalgrand n'irait pas baiser ce soir !

Un malheureux contretemps venait de lui en faire passer l'envie.

* * *

Quelques heures plus tôt, en milieu d'après-midi, le soleil dardait ses rayons printaniers sur les toits de la Robertsau.

Le docteur Bliade, indifférent à cette nature renaissante, était assis à son bureau.

Décidé.

Sans remords ni regrets.

L'écran de son ordinateur se reflétait dans ses yeux gris-vert qui avaient perdu leur chaleur et leur bonhomie.

Il relut le mail qu'il venait d'écrire.

Le dernier mail qu'il enverrait jamais.

Il se retourna.

Plissa les lèvres.

Regarda la corde qui pendait.

La corde qu'il venait de solidement arrimer à la poutre du plafond.

Non, il n'y avait plus rien à faire.

Tout était fini.

Bien fini.

Il posa les doigts sur le clavier, entra le nom des deux destinataires.

Et tapa sur la touche envoi.

Le mail s'envola alors de sa boîte aux lettres électronique.

Celle qu'il avait créée spécialement il y avait maintenant deux ans : *thalamusproject@free.fr*

# 22

Le suicide du docteur Bliade avait conforté Françoise dans l'idée que l'homme avait des choses à cacher et à se reprocher. Et sa conviction qu'il était lié de près ou de loin à ce qui se passait chez Hélène se faisait de plus en plus assurée.

Le salon de la jeune femme avait perdu toute sa sensualité et s'apparentait maintenant à une annexe de salle d'archives : la table basse disparaissait sous les anciens cours de fac assurés par le docteur ; le fauteuil à côté d'elle était submergé d'ouvrages scientifiques ; et, à ses pieds, des numéros de *La Science d'ici et d'ailleurs* jonchaient le sol.

Pour l'instant, elle n'avait trouvé qu'un seul point de connexion entre tous les événements, une seule passerelle, qui se résumait en un mot : régression.

Françoise avait beau envisager les choses de toutes les façons, sous tous les angles, le mot revenait, clignotait, comme un phare dans la nuit : la régression obtenue par le *Rebirth* ; la régression comme moyen de comprendre les mystères du nourrisson ; la régression que subissait Laurent.

Ainsi, si Françoise déroulait la pelote de la logique, au bout du fil se trouvait le docteur Bliade. Forcément.

Fatalement.

Mais comment était-il lié à tout cela ? Quel était le chaînon manquant ? Et surtout, pourquoi ce suicide ?

Françoise rognait un crayon à papier, perdue dans ses réflexions, quand une illumination se fit.

Mais c'est bien sûr !

Voilà ce qu'il faut faire !

Elle ne perdit pas de temps à se dire qu'elle aurait dû y penser plus tôt, enfila ses escarpins, prit ses clés de voiture et s'engouffra dans les escaliers.

La circulation était dense en cette fin d'après-midi mais Françoise n'était pas femme à se laisser impressionner pour si peu : non seulement elle connaissait les rues strasbourgeoises comme sa poche, mais en plus elle avait une conduite, disons, sportive : coup de volant à droite, accélération, freinage, débordement à gauche, sans oublier les « Eh ! Ducon ! Tu roules avec ton frein à main ou quoi ? », qu'elle n'hésitait pas à beugler, toutes fenêtres ouvertes.

Après une demi-heure à ce rythme, elle se gara en fanfare sur le parking de la fac de médecine, plus décidée que jamais.

Elle monta au deuxième étage et, arrivée devant la porte de la bibliothèque de médecine et d'odontologie de Strasbourg, reprit son souffle.

Des souvenirs remontèrent à la surface de sa conscience : les études acharnées pour obtenir ses diplômes, les heures passées dans les vastes salles de lecture, les livres maintes fois compulsés.

Heureusement, malgré l'heure matinale, la bibliothèque était ouverte.

En entrant, elle fut, comme à chaque fois par le passé, prise par la grandeur du lieu. Mais elle n'avait pas de temps à perdre et se dirigea vers l'accueil.

Une femme sans âge, cellulite au vent, aussi énergique qu'un ascenseur en panne, pianotait sur un clavier.

— Excusez-moi, madame, dit Françoise, redoutant d'avoir affaire à la décérébrée de base.

Ses craintes se confirmèrent : la femme tourna vers elle une face porcine, souleva sa masse flasque et Françoise s'attendait presque à la voir ramper.

— Oui ? demanda la masse.

Françoise aurait bien joué avec ce spécimen de choix, mais elle avait hélas autre chose à faire.

— J'aimerais consulter les archives, dit-elle simplement.

La masse plissa plusieurs fois ses énormes paupières, le temps que l'information se fraye un chemin jusqu'à ce qui lui servait de cerveau.

— Lesquelles ?

Ben dis donc, pensa Françoise, j'espère qu'elle n'est pas payée au nombre de mots qu'elle prononce à la minute !

— Les thèses, répondit Françoise, adoptant la même sobriété syntaxique que son interlocutrice.

La masse parvint plus ou moins à lui expliquer que les références des thèses des étudiants, anciennes comme récentes, étaient maintenant toutes numérisées et qu'il fallait simplement se connecter sur le logiciel OPAC qui gérait les archives, et cliquer sur l'onglet *recherche*.

Françoise, après avoir vaguement remercié, s'installa devant un ordinateur et lança la connexion.

C'était d'une simplicité enfantine : il suffisait de sélectionner *thèses* dans la liste des documents, puis d'entrer l'année et le nom de l'auteur de la thèse recherchée. Françoise avait approximativement calculé l'année mais se doutait bien qu'il lui faudrait sûrement plusieurs essais.

Mais elle trouverait.

Elle en était de plus en plus convaincue : elle devait lire la thèse de médecine du docteur Bliade.

Après quelques pianotages infructueux, effectivement elle trouva.

Le titre scintillait sur l'écran.

*Approche neurologique de la douleur du nourrisson.*

*Thèse de fin de cycle.*

*Auteur : Edmond BLIADE.*

S'ensuivaient les références documentaires classiques : année, côte, nombre de pages, etc.

Françoise nota les références, coupa la connexion et retourna vers la masse derrière son comptoir pour qu'elle lui trouve le document.

Elle parvint difficilement à contenir son impatience.

* * *

— Bonne balade, dit Hélène du perron.

Ses parents lui firent un signe de la main et disparurent au coin de la rue avec Benjamin dans la poussette pour une petite promenade matinale avant le déjeuner.

Elle referma la porte et monta au premier s'assurer que Laurent dormait.

Elle s'appuya au chambranle et observa ce qu'était devenu son mari.

Il passait à présent le plus clair de son temps alité.

On le levait pour le forcer à faire quelques mouvements.

On devait le nourrir, le laver, lui changer ses couches pour adultes incontinents. Complètement ataxique, il n'était plus capable de coordination entre le geste et le regard et on devait lui placer les objets directement dans la main. Qu'il lâchait aussitôt. Son aphasie avait encore évolué et il ne parvenait plus qu'à émettre des borborygmes indéchiffrables. Totalement édenté, il ne pouvait plus ingurgiter que des purées ou des compotes. Qu'il vomissait la plupart du temps. Son corps était émacié, recroquevillé, presque fœtal, et avait perdu définitivement toute pilosité.

Et pour Hélène, c'était une épreuve de tous les jours que de voir ce corps adulte qui finalement lui rappelait celui de Benjamin.

Car, à bien des égards, l'artiste peintre était redevenu, physiologiquement et intellectuellement, un nourrisson. Et, dans les faits, c'était triste à dire, la seule chose qui le différenciait de son fils de dix mois était sa taille et son poids.

Régression ou pas, dépression ou pas, Hélène avait bien pris conscience que bientôt, même si ses parents et Christel l'aidaient, elle ne serait plus apte à s'occuper de lui. Qu'on s'acheminait petit à petit vers l'hospitalisation. Et qu'on ne pourrait bientôt plus éviter l'assistance médicalisée.

Et jusqu'où cela irait-il ?

Quelle serait la prochaine étape ?

Restait-il une lueur d'espoir avec les résultats de l'IRM ?

Hélène avait téléphoné au cabinet du docteur Roncaux mais les résultats ne seraient définitifs que le surlendemain et il lui avait promis de la contacter dès qu'il serait en leur possession.

Elle pénétra dans la chambre qui avait tout du mouroir, remonta la couette sur le corps décharné de son mari et lui caressa affectueusement le crâne. Bien sûr qu'elle l'aimait toujours, bien sûr que c'était toujours son époux. Mais ce qu'elle ressentait devenait confus, flou, conflictuel. Qu'était-elle devenue, elle, pour lui ? Une protection ? Un soutien ? Peut-être une mère ? Son amour se télescopait avec d'autres sentiments, se mélangeait à eux, s'y dissolvait, créant un alliage inconnu et difficile à démêler. Et, de plus en plus souvent, elle ne savait plus quelle attitude adopter. Quelles paroles prononcer.

Mais la force de caractère qui était la sienne l'empêchait de verser dans la nostalgie, de ressasser, de penser à avant. Elle croyait encore à la possibilité d'un avenir heureux, même si ce vœu pieux se consumait chaque jour comme une peau de chagrin.

Elle poussa un long soupir et déposa un baiser sur la joue de Laurent.

Puis, après avoir doucement refermé la porte, redescendit au rez-de-chaussée.

Pour tromper l'angoisse et s'occuper un peu l'esprit, elle rassembla les jouets de Benjamin disséminés un peu partout dans le salon, ouvrit grand les fenêtres pour laisser rentrer le printemps, et donna à manger à Arthur que l'on avait tendance à ignorer depuis quelque temps. Celui-ci commençait d'ailleurs à s'en vexer dans son bocal. Heureusement que le mioche venait parfois lui faire des coucous à travers le verre !

Ça lui donnait le sentiment d'exister car, on avait beau être poisson rouge, on n'en était pas moins sensible ! Il frétilla de la nageoire en guise de remerciement à Hélène pour ses soins nourriciers et entama goulûment son frugal repas.

En tassant les coussins du canapé, Hélène se demanda si elle devait rappeler Jeffrey.

Elle avait essayé à plusieurs reprises, espérant que son beau-frère aurait pu l'éclairer sur le suicide inattendu du docteur Bliade dont il était proche. Mais il ne décrochait pas sur son portable et, après avoir tenté sa chance en appelant le centre hospitalier de Hautepierre, elle avait appris par l'infirmière de service qu'il était en déplacement à Bruxelles mais devait rentrer dans la journée pour assister aux funérailles du docteur Bliade.

Les funérailles !

Mince !

Avec tout ça, Hélène avait presque oublié.

Depuis ce que Françoise lui avait appris, elle ne savait trop ce qu'elle devait faire : d'un côté, elle voulait être présente à l'enterrement, car, après tout, le docteur Bliade avait particulièrement pris soin d'elle et ses agissements privés ne la concernaient pas ; de l'autre, elle réalisait que peut-être n'était-il pas celui qu'il prétendait, et ça la gênait un peu d'accompagner un homme faux et dissimulateur dans sa dernière demeure.

Elle ne savait quelle attitude adopter.

Pour l'heure, profitant du calme de la maison, elle s'allongea sur le sofa et tenta de s'assoupir une petite heure pour combler un peu le manque de sommeil que ses nuits d'insomnie avaient accumulé.

* * *

Françoise appuya sur le bouton de la sonnette.

Elle venait de passer presque deux heures dans la salle de lecture de la bibliothèque à parcourir les réflexions du jeune étudiant Edmond Bliade sans rien apprendre de plus. Elle piétinait et Françoise Saural détestait par-dessus tout le surplace. D'autant qu'une migraine avait commencé à lui vriller les tempes.

À la fin de l'exposé, elle avait vaguement survolé l'incontournable bibliographie, les références, les annexes, jusqu'à tomber sur le nom du directeur de thèse qui avait supervisé les travaux du jeune doctorant.

Elle avait relevé la tête, réfléchi deux secondes et s'était dit qu'il fallait prendre le taureau par les cornes. À la guerre comme à la guerre, elle avait noté le nom, rassemblé les feuilles, rendu le tout à Masse derrière son comptoir, cherché le numéro de téléphone du professeur, et appelé.

Pendant leur bref entretien, elle lui avait vaguement dit la vérité sur son passé d'étudiante en sciences et vaguement menti, prétextant qu'elle souhaitait le rencontrer pour des recherches qu'elle effectuait. Le vieil homme à la retraite avait accepté, certainement ravi de partager ses lumières.

Il habitait à la Montagne verte, quartier que Françoise ne connaissait que de réputation : célèbre pour ses émeutes régulières, ses vols, et les fréquents affrontements entre certains habitants et les forces de l'ordre, il était situé un peu en périphérie de Strasbourg.

Françoise avait rapidement trouvé l'adresse que lui avait communiquée le professeur.

Elle patienta quelques secondes, et comme personne ne venait, sonna à nouveau.

Enfin, la porte s'ouvrit sur un homme de petite taille, au visage avenant malgré les nombreuses rides qui le sillonnaient, vêtu d'un costume un peu défraîchi. Léonard Bierman était l'archétype même du vieil intellectuel qui, après avoir passé sa vie et sa carrière dans des milieux érudits, parvient difficilement à décrocher à la retraite.

— Madame Saural, je suppose ? demanda-t-il d'une voix douce.

— Mademoiselle, précisa Françoise qui ne pouvait s'empêcher de minauder devant tout homme, même de l'âge de son grand-père.

— Mais, entrez, je vous en prie, l'enjoignit-il en s'écartant.

L'intérieur était coquet, délicieusement désuet, un appartement de vieux garçon un peu maniaque.

— Je vous sers à boire ? proposa-t-il en invitant Françoise à s'asseoir dans un fauteuil orange à franges.

— Un café, si vous en avez, répondit-elle.

Le vieil homme gagna la cuisine, laissant Françoise à ses réflexions.

Comment aborder le sujet ?

Par quel angle attaquer ?

Léonard Bierman pourrait-il vraiment l'éclairer ?

Ne perdait-elle pas tout bonnement son temps ?

— Alors, dit-il en déposant le plateau sur la table basse et en s'asseyant, dites m'en plus sur le but de votre visite. Vous faites des recherches m'avez-vous dit ?

Bon, se dit Françoise, autant se lancer. On verra bien où ça mène.

— C'est exact, je m'intéresse plus particulièrement aux travaux d'un de vos anciens étudiants.

— Très bien, lequel ?

— C'est plus précisément à propos d'une thèse que vous avez supervisée il y a une douzaine d'années, qui portait sur la douleur du nourrisson et qui était menée par Edmond Bliade.

L'ancien enseignant-chercheur fronça les sourcils.

— Mon Dieu, s'exclama-t-il, ce cher Edmond. Vous êtes au courant je suppose ?

— Oui, concéda Françoise, j'ai appris son suicide, en effet.

— C'est effroyable, déplora Léonard Bierman en secouant la tête. Comment un homme aussi doué, et aussi unanimement apprécié peut-il en arriver là ? Ça me dépasse.

Aïe, se dit Françoise, ça démarre mal s'il porte Bliade aux nues.

— Quel genre d'étudiant était-ce ?

— Oh, un étudiant exceptionnel. Brillant. Passionné. Vous savez, on n'en rencontre pas tous les jours des comme ça.

Françoise hocha la tête.

Ça, c'est sûr !

Et heureusement !

— J'ai parcouru sa thèse sur la douleur du nourrisson et l'approche assez novatrice qu'il en faisait, poursuivit-elle. J'ai d'ailleurs moi-même, en tant qu'étudiante, assisté à certains de ses cours et ses positions sur le sujet étaient parfois pour le moins… hum… déstabilisantes.

— Mais bien sûr, ma chère ! Et c'est normal ! Tous les génies, les esprits novateurs, les avant-gardistes, sont montrés du doigt par le peuple. Il faut du temps pour qu'ils soient acceptés et jugés à leur juste valeur.

— Justement, embraya Françoise qui voulait entrer dans le vif du sujet. Le docteur Bliade s'est toujours placé en fervent défenseur de l'idée selon laquelle le nourrisson est un être humain à part entière, capable d'intelligence, de réflexion, et de ressentir déjà tout ce qui est propre à l'adulte. La thèse que j'ai lue tend à montrer que ces convictions étaient déjà siennes à la fac si je ne me trompe ?

— En effet. À l'époque déjà il était fasciné par le monde du nourrisson. Déjà, il pensait qu'un rire ou un pleur pouvait être décrypté de plusieurs façons, et les futures expériences qu'il mena plus tard et qui lui apportèrent la célébrité étaient déjà en germe.

— C'est-à-dire ?

— Je me souviens, dit le vieil homme tout à ses pensées, qu'il s'était passionné pour les travaux de Mélanie Klein.

— La psychanalyste britannique ?

— Je vois que vous vous y connaissez en la matière. Il est donc inutile de vous expliquer ses théories, largement inspirées de Freud. Edmond, à l'époque, s'était beaucoup documenté sur les réflexions qu'elle avait menées sur la psychologie infantile.

— Si mes souvenirs sont bons, je crois qu'elle fut une des premières, avec Françoise Dolto, à penser que dès le début de la vie le nourrisson a une forme de conscience.

— C'est cela. Mais elle fut surtout une pionnière. C'est elle qui mit au point une technique de jeux capable d'accéder à l'inconscient de l'enfant, et donc aux psychoses infantiles. C'est grâce à elle, par exemple, qu'on a compris que le fameux complexe d'Œdipe survenait à un an et non à trois.

— Mais quel rapport avec le docteur Bliade ?

— Edmond pensait que Mélanie Klein n'était pas allée assez loin et qu'elle n'abordait le problème que d'un point de vue psychanalytique alors que, d'après lui, il fallait l'envisager sous l'angle des neurosciences.

— En se penchant davantage sur le fonctionnement du cerveau ? reformula Françoise.

— Tout à fait. Et c'était une position particulièrement intelligente. Il avait déjà observé qu'un bébé souffrant, qui a fait un séjour en réanimation et y revient un mois après, pleure dès qu'il entend le *bip bip* du scope de contrôle. Et ça, ça ne peut être étudié que d'un point de vue neurologique : c'est bien le signe que le cerveau de l'enfant a mémorisé la douleur, quelque part.

Ça y est, se dit Françoise, on approche.

Finalement, cette visite ne sera peut-être pas aussi vaine qu'elle le craignait.

— « Quelque part », dites-vous, c'est un peu vague. Le docteur Bliade avait-il une théorie sur la question ?

— Oh, eh bien. Hum… vous savez… Edmond avait beaucoup de théories, répondit Léonard avec un rire forcé.

Françoise sentit une gêne subite chez son interlocuteur, comme si elle avait abordé un sujet qui fâche. Quelque chose de déplaisant. Ou du moins un point que le vieil enseignant cherchait à éviter.

Elle cilla, surprise, car jusque-là l'entretien se déroulait très ouvertement.

Qu'avait-elle dit qui pût à ce point le troubler ?

Quelle question cherchait-il à éviter ?

— Professeur Bierman, dit-elle du ton le plus sérieux, ai-je dit quelque chose de déplacé ?

— De déplacé ? Mais… non… pas du tout, ma chère.

Françoise voyait bien qu'il se troublait de plus en plus et qu'elle touchait donc du doigt ce qu'elle cherchait depuis des jours.

Elle décida de jouer franc-jeu, misant sur le sens moral et éthique du vieil homme.

— Professeur, prononça-t-elle en plantant des yeux brillants dans ceux de son vis-à-vis, je vous passe les détails et la vraie raison de ma visite. Tout ce que je peux vous dire, c'est qu'un ami à moi se trouve dans une posture difficile, peut-être même vitale. Et j'ai l'intime conviction que le docteur Bliade est impliqué. De quelle façon ? Je l'ignore. Me fais-je des idées ? Peut-être. C'est pour cette raison que j'insiste : tout ce que vous pourrez m'apprendre sur ces travaux me serait très précieux.

Léonard Bierman baissa la tête, comme s'il n'osait plus affronter le regard inquisiteur de sa ravissante interlocutrice. Sa main droite reposait sur sa cuisse. De la gauche, il tournait sa cuillère à café dans la tasse vide, remuant un liquide imaginaire, semblant chercher dans le marc de café un signe, une aide, un conseil.

Il resta silencieux quelques secondes, la machine de sa réflexion en branle, les rouages de sa conscience activés.

Après tout ? se dit-il. Il y a prescription après toutes ces années. Et puis, de toute façon, maintenant il est mort.

Il inspira profondément et fixa Françoise.

— Je pense, déclara-t-il finalement, que ce qu'il y a à révéler ne peut plus causer grand tort maintenant, et si cela peut éclairer votre lanterne, c'est tant mieux.

Bingo ! pensa Françoise.

Elle se pencha en avant, attentive, littéralement suspendue aux lèvres de Léonard.

— Cette thèse, que j'ai supervisée et que vous avez lue, n'est en fait qu'une version édulcorée et consensuelle des travaux que menait Edmond. Deux années avant de la soutenir, certains de ses écrits ont circulé, sous le manteau, si je puis dire. Edmond y exposait ses théories, ses convictions, les expériences qu'il envisageait, le tout dans une version un peu plus, je dirais, explicite.

Françoise bouillait sur son siège.

— Un vent de scandale a commencé à souffler à la faculté, et les différents recteurs qui eurent vent de ces articles paniquèrent. Ils eurent tôt fait de tout entreprendre pour les interdire, et même les supprimer.

Françoise se serait cru dans un de ces romans à suspense, où les complots et les intrigues mystico-policières les plus farfelues sont mis en œuvre pour faire haleter le lecteur.

— Interdire ? Mais de quoi ces articles traitaient-ils précisément ?

— Oh, je ne peux guère vous en dire plus, n'ayant moi-même pas eu les documents sous les yeux. Je sais seulement que c'était une sorte de… hum… d'essai, qu'Edmond avait écrit avec la collaboration de deux autres étudiants et dans lequel il détaillait ses projets et ses ambitions.

Françoise touchait au but.

Elle le sentait.

— Deux autres étudiants ? Ses projets dans quel domaine ?

Léonard botta en touche.

— Je n'en sais pas plus, je suis désolé. Si vous voulez en apprendre davantage, je crains qu'il n'existe qu'une seule personne qui puisse possiblement vous aider.

— Qui ? s'exclama Françoise.

— Benoît Feder. Le recteur de la faculté de médecine de l'époque. Lui seul a pu avoir ces documents sous les yeux. Peut-être même en a-t-il conservé un exemplaire. Je suis confus de ne pouvoir vous en dire plus.

— Vous m'en avez déjà beaucoup appris, remercia Françoise en masquant sa déception.

— Je me rappelle qu'Edmond et ses deux acolytes destinaient cet essai prioritairement aux États-Unis, considérant les scientifiques américains plus ouverts et moins frileux que les Européens. C'est pourquoi l'avaient-ils coécrit en anglais.

— Ah bon ?

— Oui, continua Léonard. Je crois même me souvenir du titre.

Il hésita un instant, partant à l'assaut de sa mémoire parfois défaillante.

Puis son regard sembla s'illuminer.

— Oui, c'est cela. Cela s'appelait *Thalamus Project*.

— *Thalamus Project* ? répéta Françoise.

— Oui, tout à fait, conclut le professeur Bierman. Autrement dit, le *Projet Thalamus*.

* * *

Jeffrey se servit un verre de Coca Zéro bien frais, enleva sa chemise et s'allongea sur le canapé.

Ce début de printemps prenait des tournures estivales et la chaleur de ce mois d'avril était presque trop brutale. Tout était électrique, étouffant, oppressant. Jeffrey se sentait las et n'avait même pas pris le temps de défaire son sac de voyage qui traînait dans l'entrée depuis son retour de Bruxelles il y a deux heures. Le texto annonçant la mort d'Edmond Bliade l'avait perturbé et la tranquille soirée qu'il s'était prévue dans la capitale belge s'était transformée en cogitations diverses.

Il avait passé une sale nuit, tournant et se retournant dans les draps, se relevant pour fumer une cigarette. En plus son érection avait resurgi, pugnace, et il n'avait pu faire autrement que de se soulager rapidement.

Il but une gorgée de Coca, et tenta de faire le point.

L'entrevue avec Broti s'était idéalement déroulée, c'était déjà ça.

Le président de la FMSN n'avait pas tari d'éloges à son sujet. Jeff voyait encore la mine ravie et enjouée de son homologue belge qui se pourléchait par avance de compter parmi les membres de son comité d'éthique une sommité comme le professeur Dalgrand. Broti s'était en effet montré déférent jusqu'à l'écœurement, mielleux jusqu'à la nausée.

— Mon cher Jeffrey, je ne puis vous cacher mon impatience, ainsi que celle de tous les membres du comité, de vous savoir parmi nous.

— Rien n'est encore fait, mon cher Albert.

— Certes, certes, mais j'espère que cela ne sera qu'une formalité. Sachez en tout cas que pour nous ça le sera. En plus d'un honneur pour notre Fédération.

— Bien.

— Et quel tremplin pour votre carrière qui, je le concède, est déjà en plein envol, au zénith même ! Mais cela constituerait un barreau de plus à votre actif sur l'échelle de la science et de la gloire.

— Peut-être, oui.

— N'en doutez pas, mon cher Jeffrey, n'en doutez pas !

Les mots résonnaient encore en Jeffrey.

Que je n'en doute pas ! se répéta-t-il en secouant la tête.

Que je n'en doute pas !

Mais, mon pauvre benêt, tu crois que c'est ton comité et sa sordide déclaration d'éthique qui m'intéresse !

Jeffrey ricana intérieurement. Il avait encore en mémoire les cent soixante-seize paragraphes qu'il avait survolés en début d'année. Ce tissu d'affirmations poussiéreuses ! Ce règlement aux relents nauséabonds d'obscurantisme ! Si ce niais de Broti croyait que ça le faisait bander, il se fourrait le doigt et même tout le bras dans l'œil.

Lui, le professeur Dalgrand, Grand Prix Inserm 2011 de la recherche médicale, admiré de son personnel, reconnu par ses pairs, cité en exemple par ses maîtres, lui, il ramperait comme une vulgaire larve devant des principes éthiques aussi éculés !

Mais Jeffrey s'énervait dans le vide.

Tout était compromis maintenant.

Là où Broti n'avait pas tort, c'est quand il parlait à propos de sa carrière d'*envol* et de *zénith*. Oui, reconnut Jeffrey sans aucune modestie, ma carrière est exemplaire, parfaite.

Et pourtant.
La donne est changée.
La main a passé.
Les dés se sont pipés d'eux-mêmes.
Les cartes pouvaient-elles encore être redistribuées ?
Il l'ignorait.
Mais une chose était sûre, c'est qu'il essaierait.
Il termina sa canette de Coca, se leva et chercha son sac.
Il jeta négligemment affaires de toilette et vêtements sur le sol et s'empara de sa serviette à documents. Il passa dans le coin chambre du loft, étala le tout sur le lit et ouvrit son ordinateur portable.
Il avait prévenu l'hôpital qu'il assisterait aux obsèques d'Edmond mais il avait menti.
Il devait approfondir ce qui émergeait des recherches qu'il avait effectuées dans le train vers Bruxelles.
Cette réponse qui le gênait.
Il devait être sûr.
Comprendre.
Et tant pis s'il lui fallait y passer la nuit.
Il alluma une cigarette et se mit à l'œuvre.

* * *

— Merde ! s'écria Françoise en raccrochant.
Elle venait d'avoir Mme Feder au téléphone, l'épouse de l'ancien recteur de la faculté de médecine. Son mari était mort il y a deux ans des suites d'un cancer du côlon. Françoise lui avait alors expliqué ce qu'elle cherchait et la vieille femme avait gentiment accepté de jeter un œil dans les papiers et les

documents de son défunt mari. Françoise lui avait laissé ses coordonnées, sans trop y croire.

Merde ! Merde ! Merde !

Elle fulminait.

D'abord un gynéco qui n'était pas celui qu'on croyait ; ensuite un vieil intello, certes très prévenant, mais qui, elle en était sûre, lui cachait des choses. Et maintenant, un mort !

Elle sentait, elle savait que tout se cachait dans ce mystérieux *Projet Thalamus*.

Mais comment avancer ? Où chercher ?

Si tout avait été étouffé à l'époque, elle ne trouverait rien sur le Net.

Et il était inutile de chercher à trouver les noms de tous ceux qui eurent connaissance de cet essai. C'était peine perdue. Et même si elle y parvenait, elle ne voyait pas pourquoi ces personnes lui en parleraient, surtout alors que le docteur Bliade venait de se suicider. Si le texte était aussi sulfureux et dangereux que le professeur Bierman le prétendait, elles auraient trop peur des retombées possibles ou alors ne voudraient tout simplement pas salir la mémoire de l'honorable praticien.

Françoise tapota du bout des doigts le volant de sa voiture.

Elle n'entrevoyait qu'une solution pour l'instant.

Commencer par le début.

Interroger celle qui connaissait relativement bien Bliade.

Celle dont il avait suivi la grossesse.

Hélène.

# 23

— Mais pourquoi me poses-tu toutes ces questions ?

Françoise avait déboulé chez Hélène en début de soirée sans crier gare et avait commencé à l'assommer de questions sur sa grossesse, sur son accouchement, sur le docteur Bliade.

Les deux femmes étaient assises à la table de la salle à manger.

À côté d'elles, dans le salon, Laurent dormait sur le canapé. On l'avait descendu de la chambre pour lui faire changer d'air, et surtout on savait qu'être près de Benjamin qui jouait sur le tapis d'éveil l'apaisait.

Devant l'inquiétude de son amie, Françoise décida de tout lui expliquer, et tant pis si elle faisait fausse route : elle résuma à Hélène les pistes qu'elle avait suivies, ce qu'elle avait découvert, la thèse de médecine du jeune Bliade, sa rencontre avec Léonard Bierman, et enfin le *Projet Thalamus*.

— Bliade a des choses à se reprocher, crois-moi, conclut-elle.

Hélène l'avait écoutée, perplexe, et de plus en plus désarçonnée par la mine de conspiratrice de son amie.

Tout cela la dépassait.

— Mais en quoi crois-tu que ça me concerne ?

— Justement, je l'ignore. Mais j'en ai l'intuition. Franchement, Hélène, si on résume, ça donne quelque chose de très simple : le mec a des théories, se livre à des expériences pour le moins controversées, se trouve même impliqué dans le décès d'une fillette, en ressort blanchi, pond une espèce d'essai introuvable et qui sent le soufre, et finit par se flinguer ! Tu trouves tout ça normal, toi ?

Hélène resta pensive, les yeux dans le vide.

— OK, et qu'est-ce que je viens faire là-dedans ?

Françoise devait y aller doucement, ne pas la brusquer par des questions trop directes.

— Je ne sais pas, moi, Bliade t'a-t-il semblé louche lors des consultations ? Te rappelles-tu de propos qu'il aurait prononcés et qui t'auraient surprise ?

— Mais non, je te l'ai déjà dit, il était le plus aimable et le plus professionnel qui soit.

— A-t-il eu des gestes déplacés, ce genre de choses ?

— Françoise ! s'offusqua Hélène. Tu vas trop loin, là. Tu penses vraiment que s'il s'adonnait à ce genre de pratiques avec ses patientes il aurait acquis cette notoriété ? Il y aurait eu des scandales.

— Oui, et il y en a eu un justement !

— Cette histoire de *Rebirth* ? Encore ! La justice l'a relaxé !

— Je sais, je sais.

Françoise devait aborder un sujet.

*Le* sujet qu'elle pressentait crucial.

Mais elle hésitait. C'était délicat et pouvait heurter, voire alarmer son amie.

Et pourtant, elle devait vérifier.

— Hélène, demanda-t-elle avec douceur, a-t-il dit ou fait quelque chose d'étrange ou inhabituel le jour de…

— De quoi ? demanda Hélène.

Françoise se lança.

— Le jour de l'accouchement.

Elle savait qu'elle abordait là un point sensible, une cicatrice, une plaie qui ne devait certainement pas être entièrement suturée.

— Françoise, non, implora Hélène, les sourcils froncés.

— S'il te plaît, Hélène…

La jeune femme baissa les yeux, et se mit à triturer nerveusement un bavoir de Benjamin.

— Tu ne peux pas me demander de revenir sur cette journée. Tu pourrais comprendre que c'est dur pour moi d'en parler.

— Je sais, Hélène… mais…

— Il n'y a pas de *mais*, Françoise ! se récria Hélène, les larmes aux yeux. Un de mes fils est mort ! Mon mari est en passe de prendre le même chemin ! Alors je ne te permets pas de venir me harceler avec tes suspicions vaseuses et stupides !

Elle était au bord de la crise de nerfs.

Elle craquait.

Et même si Françoise était la dernière personne avec qui elle voulait se brouiller, c'était plus fort qu'elle. Le trop-plein devait couler, les vannes devaient céder.

Françoise comprit qu'elle n'en saurait pas plus et, par respect autant que par refus de froisser sa meilleure amie, se ravisa.

Elle allait s'excuser mais un bruit derrière elle l'en empêcha.

C'était Laurent.

Les yeux exorbités, la main tremblante, il tentait de s'exprimer.

— Bjin… benj…

Hélène sauta hors du fauteuil.

Cela faisait des jours que Laurent n'essayait même plus de parler et voilà que subitement il semblait avoir quelque chose d'important à dire.

— Mon chéri, que se passe-t-il ? demanda-t-elle doucement en se penchant sur lui.

— Bjam… jamin…

Il bavait et tentait désespérément de désigner quelque chose de sa main squelettique.

Hélène lui essuya le coin de la bouche.

— Benjamin ? dit Hélène, pensant avoir compris les borborygmes de son mari. C'est ça que tu dis, mon chéri ? Oui, Benjamin est là, ne t'inquiète pas.

Laurent parvint à secouer lentement sa tête glabre.

— I… a… lé… uchon…

— Je ne comprends pas, Laurent.

— Il… alé… uchon…

— Mon chéri, Benjamin va bien, il est juste à côté.

— … valé… un… puchon… tylo…

Françoise comprit et se tourna vers son filleul

Elle poussa un cri et se jeta sur lui.

Benjamin, cramoisi, commençait à s'étouffer.

Il hoquetait, les yeux épouvantés.

Elle lui tapa dans le dos, lui ouvrit la bouche.

Et enfin parvint à en extraire le capuchon de stylo qu'il était en train d'avaler.

Il se mit à pleurer et elle le prit dans les bras pour le consoler.

La scène avait duré deux secondes et Hélène resta bouche bée.

Elle dévisagea Benjamin, Françoise, puis ses yeux étonnés se posèrent sur Laurent qui était retombé dans les coussins, à nouveau totalement apathique.

* * *

Le lendemain, Hélène passa sa matinée à essayer de contrôler ses nerfs.

Et ni les mots réconfortants de sa mère, ni les attentions discrètes de son père, ni la clémence du temps n'y parvenaient.

Tout contribuait à lester ses épaules d'une pression que bientôt elle ne soutiendrait plus : les résultats de l'IRM le lendemain, les vacances qui se terminaient dans deux jours, les copies qu'elle n'avait pas corrigées, les cours qu'elle n'avait pas préparés.

Les mots et les questions de Françoise l'avaient perturbée et, même si elle s'en était défendue, elle cherchait à se remémorer ses séances avec le docteur Bliade, traquant dans sa mémoire des mots, des faits, des attitudes qui auraient pu trahir la duplicité du praticien.

Mais elle avait beau triturer ses méninges, rien n'apparaissait, rien ne se faisait jour.

À midi, elle essaya une nouvelle fois de joindre Jeffrey sur son portable, mais il ne répondait toujours pas. Il devait pourtant être rentré de son déplacement à Bruxelles. Pourquoi ne donnait-il plus de nouvelles ?

— Ma chérie, demanda sa mère de la cuisine, tout va bien ?

Hélène la regarda, comme absente.

Marthe et Louis avaient prolongé leur séjour et elle se trouvait ingrate.

Elle se savait d'une humeur ombrageuse depuis le baptême, s'énervant pour un rien, démarrant constamment au quart de tour. Où était passée l'insouciance ? Où s'étaient cachés les jours sereins ? Les moments de paisible complicité avec ses parents ? Le temps où tout allait bien ? Où on pouvait rire de tout, sans craindre un coup derrière la nuque de la part de la vie ?

Tout cela reviendrait-il ?

— Ma chérie ? répéta sa mère.

Hélène sortit de son hébétement.

— Oui, maman, dit-elle en secouant la tête, excuse-moi, j'étais ailleurs. Je monte m'occuper de Laurent et on pourra manger après.

Le repas fut triste, malgré les efforts et les gazouillis de Benjamin qui observait tout le monde de ses yeux joyeux.

Les mots étaient vides, les silences gênés, les rires forcés.

C'était ainsi, on n'y pouvait rien.

C'est en fin d'après-midi que l'événement survint.

Hélène avait pris sur elle et, puisqu'il fallait de toute façon le faire à un moment ou un autre, s'était attelée sans courage à la correction d'un paquet de copies.

*Pensez-vous qu'un romancier doive tout entreprendre pour faire oublier à son lecteur que ce qu'il lit est fictif ?*

Elle soupira, effarée par avance des inepties que ses élèves ne manquaient jamais d'écrire dans les copies.

Elle ne réussit à se concentrer qu'une heure et laissa tomber, vite rattrapée par l'anxiété sourde qui la tourmentait.

En allant à la cuisine se faire une tisane, elle vit le journal *Les Dernières Nouvelles d'Alsace* sur la table de la salle à manger. Sa mère lui avait appris qu'un article avait été écrit sur les funérailles du docteur Bliade.

Elle revint avec son mug fumant, s'assit, feuilleta les pages jusqu'à la rubrique régionale et effectivement trouva l'article en question accompagné d'une photo. Le sujet occupait une page entière, rappelant par là l'importance et la notoriété du praticien. Plusieurs encadrés résumaient sa vie, sa carrière, ses recherches. Hélène repensa à sa discussion avec Françoise.

Pourquoi cet acharnement à démontrer que le docteur Bliade l'avait manipulée ? Pourquoi tenait-elle tant à croire Dieu sait quoi ?

Ses yeux se posèrent sur la photo qui accompagnait le résumé des funérailles.

Et c'est là qu'Hélène resta interloquée.

Elle crut mal voir.

Non, ce n'était pas possible !

Elle se pencha un peu plus pour ôter le doute.

Le cliché représentait une partie de la foule présente à la cérémonie et on pouvait y distinguer certains visages.

Et parmi eux, un surtout qu'Hélène n'avait pas vu depuis bien longtemps.

Là, à l'arrière-plan, tout à droite.

Un visage, qu'elle n'avait pas oublié, caché dans les recoins de sa mémoire.

Et pourtant, c'était bien elle.

Cette femme, au visage doux, à l'expression bienveillante.

Oui !

C'était Bénédicte !

La sage-femme qui l'avait assistée pendant son accouchement.

Celle qu'elle était venue remercier quelques jours après et dont on lui avait dit qu'elle n'existait pas.

Elle existait bel et bien.

Elle était là, sous ses yeux.

Bouche bée, Hélène ne pouvait détourner le regard.

Sous le cliché, une légende présentait les personnes photographiées.

Hélène lut, perdue.

*Au premier plan, à gauche, les proches du docteur : Raymond Bliade, son frère ; Irène Lechamp, sa fidèle secrétaire ; Martial Duveaux, un ami intime.*

*À l'arrière-plan, à droite, le personnel du CHU de Hautepierre : Yvonne Duclos, Michel Gerber, Jeanne Erard.*

Jeanne Erard ?

Hélène ne comprenait plus.

Qui était cette Jeanne Erard ?

Non !

C'était Bénédicte, elle en était sûre !

Il y avait forcément une erreur !

* * *

Françoise conduisait à toute blinde, à la limite de l'hystérie.

Deux minutes plus tôt, elle était assise au milieu de son salon, tournant et retournant les papiers et les documents, toujours à l'affût d'une piste, quand son téléphone avait sonné.

C'était Mme Feder.
La veuve du recteur.
Elle avait trouvé.
Françoise ignora tous les principes élémentaires du code de la route, battit le record de feux rouges grillés, rejoignit le quartier du Wacken en un temps improbable, se gara, se rua dans la ruelle et gravit les marches de l'entrée.
Elle s'acharna avec frénésie sur la sonnette.
La porte s'ouvrit sur Mme Feder.
Une enveloppe kraft à la main.
Françoise coula un regard rempli de gratitude sur la vieille femme, tendit la main, et se saisit de l'enveloppe.
Elle l'ouvrit sans attendre.
Une page de garde avec un titre.
*Le Projet Thalamus*.

* * *

Hélène avait pris soin de prendre l'article de journal avec elle.
Et elle refit exactement le même chemin qu'il y a bientôt un an.
Elle prit l'ascenseur, tourna à droite et pénétra dans le service de natalité du CHU de Hautepierre.
Le choc de la photo dans le journal passé, elle n'avait pas tergiversé : il n'y avait qu'un moyen de savoir qui était cette Jeanne Erard.
Elle arpenta les couloirs sombres auxquels seuls les quelques dessins d'enfants accrochés apportaient une touche de gaieté. Elle essaya de maîtriser sa peur de se retrouver en ces lieux quasiment un an après. Les

bons et les mauvais souvenirs voulaient remonter mais elle se força à les laisser immergés.

Elle arriva devant la porte de la salle des infirmières, hésita une seconde à peine et frappa.

* * *

Françoise accepta, par politesse, d'entrer prendre un café mais parvint difficilement à contenir son impatience.

Mme Feder était délicieuse, sa conversation charmante, mais l'enveloppe que tenait Françoise lui brûlait les doigts et elle n'avait qu'une envie : rentrer chez elle et se plonger dans les arcanes de la science selon Bliade.

Elle avait vite compris que son agréable interlocutrice ne pouvait lui être d'aucune aide. Libraire à la retraite, les sciences n'avaient jamais été son violon d'Ingres, laissant ce soin à son époux.

Françoise réussit à tenir un quart d'heure, puis se confondit en remerciements et en excuses, et prit congé.

Elle conduisit jusque chez elle de la même façon qu'à l'aller, s'empêchant d'ouvrir tout de suite l'enveloppe posée sur le siège passager et qui l'attirait comme un aimant sournois.

* * *

— Oui ? demanda la jeune aide-soignante qui ouvrit la porte.

Hélène ne savait trop comment s'y prendre, aussi opta-t-elle pour la simplicité et la semi-vérité.

— Bonjour, répondit-elle d'une voix peu sûre, voilà, je suis une connaissance du docteur Bliade et…

— Mon Dieu, quel drame cette mort ! commenta la jeunette en en faisant un peu trop dans le pathos, la main sur le cœur.

— Oui, en effet. Justement, n'ayant malheureusement pu assister hier à ses funérailles, je voulais présenter mes condoléances à ses proches. Et en particulier à Jeanne Erard.

Elle sentait son cœur battre contre sa poitrine.

— Jeanne Erard ?

— Oui, c'est cela.

— Je suis navrée, je ne connais pas de Jeanne Erard.

Hélène écarquilla les yeux.

Quoi ?? Ça n'allait pas recommencer !

Non !

— Vous êtes sûre ? demanda-t-elle, maîtrisant difficilement les tremblements de sa voix.

— Attendez, je vais demander à une de mes collègues.

La jeune fille se retourna et héla quelqu'un dans la salle des infirmières.

— Thérèse ! Viens voir s'il te plaît !

Une femme d'âge moyen, maigre et au visage marqué de couperose les rejoignit.

— Thérèse, dit la jeune aide-soignante, Jeanne Erard, ça te dit quelque chose ?

— Jeanne Erard ? Bien sûr !

Hélène n'y croyait pas.

— Vous la connaissez ? se hâta-t-elle de demander à la nouvelle arrivante.

— Jeanne ? Encore heureux ! On déjeunait souvent ensemble le midi quand on était de service aux mêmes heures.

Hélène voulut s'assurer qu'il n'y avait ni confusion ni méprise.

Elle tira le journal de sa poche et désigna la photo à la Thérèse en question.

— C'est bien elle, à droite ? demanda-t-elle en posant le doigt sur le cliché.

Thérèse posa sur son nez les lunettes rafistolées qui pendaient à son cou et se pencha sur le journal.

— Bien sûr que c'est elle ! C'est à l'enterrement de ce pauvre docteur Bliade. Pratiquement tout le personnel de l'hôpital était présent.

— Elle travaille dans ce service ?

— Mais, ma brave dame, répondit Thérèse en ôtant ses lunettes, Jeanne a pris sa retraite il y a un peu plus d'une semaine. Et elle n'a jamais travaillé dans ce service.

— Ah… excusez-moi… j'avais cru comprendre… bredouilla Hélène.

— Non, non, elle était infirmière au service de neurochirurgie.

Hélène crut mal comprendre.

Au service de neurochirurgie ?

À quoi cela rimait-il ?

Pourquoi avait-elle été présente à son accouchement alors ?

Et surtout, pourquoi avoir inventé ce nom de Bénédicte ?

* * *

Françoise croyait nager en plein cauchemar.

Voilà trois heures qu'elle dévorait le *Projet Thalamus.*

Il était 23 h 30 et la nuit avait depuis longtemps tiré son voile sur la ville.

Obnubilée par ce qu'elle lisait, elle n'avait pas mangé et n'avait pas fumé une seule cigarette depuis qu'elle était rentrée. Quand elle en allumait une, elle l'oubliait et la laissait se consumer dans le cendrier, tant ce qu'elle découvrait la laissait béate.

Le document était un livre à la reliure artisanale et on voyait bien à sa présentation qu'il n'était pas destiné à tomber entre toutes les mains mais plutôt entre celles d'initiés.

Et c'est sur ces pages, sur ce papier jauni de mauvaise qualité, que le docteur Bliade avait couché ses idées, ses trouvailles, ses projets, et le tout s'apparentait plutôt à des dérives de scientifique déjanté.

Il y avait des schémas, des hypothèses, des données, des termes scientifiques, et surtout, toujours ce même mot.

Récurrent.

Comme un refrain.

*Thalamus.*

Françoise avait beau tourner les feuilles, le mot revenait comme un leitmotiv, obsédant, contaminant toutes les pensées.

*La dyskinésie est une contraction musculaire incontrôlée. On peut la soigner grâce à une stimulation électrique en implantant des électrodes directement dans le thalamus. L'opération est lourde, au millimètre près, mais faisable.*

Elle tourna une page.

*Lors de la vie intra-utérine, le développement des structures cérébrales du fœtus débute très vite et, entre la quatrième et la septième semaine, on peut assister à la formation du thalamus. Les neurones se mettent à se différencier pour créer ce qu'on appelle « la matière grise ».*

Une autre page.

*L'ADH, ou acide docasahexanoïque, est un acide gras transmis par la mère au fœtus pendant la grossesse et présent également dans le lait maternel. Il est un besoin essentiel pour le développement du cerveau, et donc du thalamus, du nourrisson.*

Encore une autre.

*Il a été constaté que les violonistes professionnels ont un cortex cérébral plus développé que celui des non-musiciens. La même observation se fait chez les aveugles qui lisent le braille de l'index. L'explication la plus plausible est que le cortex s'est étendu sous l'effet de l'activation constante des membres qu'il commande. Peut-on envisager la même transformation en ce qui concerne le thalamus ? Il faudrait tenter des expériences en ce sens.*

Au bout de trois heures, les mots dansaient devant les yeux de Françoise, créant une farandole surréaliste et terrifiante.

Qu'était-elle en train de lire au juste ?

Les envies d'avancées d'un scientifique inspiré ? Les espoirs de progrès d'un humaniste ? Les divagations d'un savant fou ?

Elle ne savait plus quoi en penser.

Elle ne parvenait plus à se prononcer.

Jusqu'à cette dernière page.

La conclusion de Bliade.

Il y faisait un bilan de tout ce qu'il venait d'expliquer sur plus de deux cents pages.

Mais un bilan que l'on pouvait lire de deux façons : comme un vœu pieux qui laissait entrevoir des voies à la connaissance scientifique.

Ou alors comme une formidable tentation qui faisait froid dans le dos.

*Ainsi*, écrivait-il, *le cerveau humain, grâce au thalamus, possède dès la naissance les structures nécessaires et est donc loin d'être une simple page blanche. Cette disposition innée, et non acquise comme certains l'ont cru, possède donc assurément un fondement biologique. Un fondement dont le fœtus humain, et lui seul, possède aujourd'hui le secret, dont il est le gardien. Mais peut-être parviendrons-nous un jour à percer ce secret ?*

Françoise referma le document signé Edmond Bliade, déstabilisée, profondément bousculée dans ses convictions.

Et ce qui la perturbait d'autant plus, c'est que nulle part n'étaient mentionnés les noms des deux autres étudiants qui y avaient collaboré.

Il lui fallait ces deux noms.

# 24

Hélène s'enfonçait.

Plus elle essayait de prendre appui au fond pour pouvoir remonter, et plus la vase dans laquelle elle nageait depuis des mois s'accrochait à ses chevilles.

Elle était rentrée il y a quelques heures, abasourdie, de l'hôpital.

Le nom de cette Jeanne Erard clignotait derrière ses paupières fatiguées.

Il était tard mais le sommeil mettrait du temps à la gagner.

Accoudée à la balustrade du balcon, elle regardait l'Ill et ses méandres, et semblait y voir les virages sinueux qu'avait pris sa vie. Les berges commençaient à accueillir les Strasbourgeois et les touristes qui venaient flâner et s'asseoir au bord de l'eau, cherchant un peu de frais en ce mois d'avril particulièrement suffocant cette année.

Et elle, elle était là, sur son balcon, vide, égarée, avec un mari mourant et un fils qu'elle délaissait. Et, comme si cela ne suffisait pas, certaines personnes en qui elle avait mis sa confiance, se révélaient des êtres faux et dissimulateurs.

Minuit n'allait pas tarder à sonner mais pour elle ni carrosse, ni citrouille, ni fée : uniquement l'attente, l'incertitude, l'espoir faiblissant.

Jeanne Erard…

Deux mots qui lui collaient à la cervelle.

Que lui avait dit l'infirmière déjà ?

*Jeanne a pris sa retraite il y a un peu plus d'une semaine. Et elle n'a jamais travaillé dans ce service.*

Oui, c'était ça.

Et pourtant, si Hélène avait une conviction, c'était qu'elle était bien là le jour de son accouchement.

Se faisant passer pour une sage-femme.

Bénédicte.

*Elle était infirmière au service de neurochirurgie.*

Elle se rappelait avoir été surprise.

Et c'est là qu'elle releva la tête, les sourcils froncés.

Le service de neurochirurgie ?

Un détail lui revint subitement.

Quand était-ce donc ?

Elle était allée voir Jeffrey…

Oui ! C'est ça !

Elle était allée voir Jeffrey à son bureau il y a quelques mois, vers février si elle se rappelait bien. Elle s'inquiétait de l'état préoccupant de Laurent et s'était rendue au CHU de Hautepierre chercher des réponses chez son beau-frère.

Ils avaient parlé dans son bureau, il l'avait plus ou moins rassurée.

C'est vers la fin de leur discussion qu'il s'était passé quelque chose.

Oui…

La ligne interne de Jeffrey avait sonné…

Il avait activé l'interphone…

Une voix de femme…

Hélène avait alors eu l'impression de connaître cette voix, de l'avoir déjà entendue.

Et Jeffrey qui avait dit…

*Très bien. Merci, Jeanne.*

Jeanne !

Jeanne Erard !

Forcément !

Voilà pourquoi sa voix lui avait été familière !

Parce que c'était celle aussi de la fausse Bénédicte et, sur le moment, elle n'y avait pas fait attention plus que cela.

Mais…

Cette voix, elle l'avait aussi entendue dans d'autres circonstances.

À un autre moment.

Assez récemment, en fait.

Bon Dieu !

Mais oui !

La femme au téléphone !

Celle qui lui avait dit qu'elle était désolée avant de couper la communication !

Hélène posa la main sur la bouche.

Elle était effarée.

Jeanne Erard s'était fait passer pour une sage-femme nommée Bénédicte, l'avait secondée pendant son accouchement, et l'appelait presque un an après pour lui dire qu'elle était désolée sans lui préciser de quoi !

Merde !

À quoi ça rimait ?

C'était quoi ce délire ?

Et si les doutes de Françoise étaient fondés ?

Si c'était elle qui avait raison ?

Hélène se rua sur son portable.

* * *

Oui, il lui fallait ces deux noms.

Françoise regarda sa montre.

23 h 45.

Tant pis pour l'heure, se dit-elle.

Elle saisit son téléphone et composa le numéro.

Au bout de trois sonneries, enfin on décrocha.

— Allo, oui ?

La voix était pâteuse et endormie.

Françoise l'avait tiré du sommeil.

— Professeur Bierman, dit-elle, tendue, Françoise Saural à l'appareil.

— Françoise qu... ? commença-t-il à demander avant de reprendre ses esprits. Ah, mademoiselle Saural ! Bonsoir. Mais... quelle heure est-il au juste ?

— Il est tard, professeur, et je suis désolée si je vous réveille. Mais c'est très important.

— Que se passe-t-il, mademoiselle ?

— J'ai réussi à contacter Mme Feder, la veuve de l'ancien recteur de la faculté de médecine.

— Ah oui. Cette chère Charlène. C'est une femme charmante.

Françoise souleva un sourcil suspicieux.

Essayait-il de faire diversion ?

— En effet. Et vous aviez raison. Elle a réussi à trouver le *Projet Thalamus* dans les affaires de son époux.

Elle crut percevoir un malaise à l'autre bout du fil.

— Ah... très bien. Et... heu... vous l'a-t-elle remis ?

— Tout à fait, admit Françoise sur un ton frondeur, et vous m'avez menti.

— Comment ? s'offusqua Léonard Bierman. Je n'oserais pas, ma chère.

— Oh, que si ! Vous aviez sous-entendu qu'il n'existait qu'une version anglaise du document. Et c'est faux. Je l'ai lu, et en français.

— Je n'ai jamais affirmé qu...

— C'est vrai, concéda Françoise, vous ne l'avez pas ouvertement affirmé. Mais soit. De toute façon, si je me permets de vous appeler aussi tard, c'est pour une autre raison.

Léonard Bierman déglutit bruyamment dans le combiné.

— Oui ? parvint-il à demander.

Françoise sourit.

Le malaise de son interlocuteur était maintenant palpable.

Je savais bien que tu me cachais quelque chose, vieux schnock !

— Je veux savoir les noms des deux étudiants qui l'ont coécrit avec Edmond Bliade.

— Oh ça, s'exclama le vieux professeur faussement insouciant, je vous l'ai dit, je ne les connais pas, et malheureus...

— Ne me mentez pas à nouveau ! le prévint Françoise.

— Mademoiselle ! Que nenni ! Et puis, je vous l'assure, ne prêtez pas attention à ce document. Ce n'est guère plus qu'une blague de potache, un délire d'étudiant enflammé qui croit qu'il va changer la face du monde !

Et voilà ! triompha mentalement Françoise. Tu t'es cramé, mon vieux !

— Tiens, tiens, susurra-t-elle avec mépris. Vous me semblez bien renseigné pour quelqu'un qui n'a prétendument jamais eu ce texte sous les yeux !

Là, Léonard toussa carrément.

— Pas du tout, c'est que…

— Professeur, cela peut paraître très cliché, mais c'est véritablement une question de vie ou de mort ! Alors, je vous le redemande calmement : balancez-moi ces deux noms !

Le pauvre Léonard soupira.

Il ne chercha pas à biaiser davantage. Comme la veille, il se donna bonne conscience et couvrit sa lâcheté en se disant qu'après toutes ces années il y avait prescription. D'autant qu'il considérait sincèrement ce ridicule *Projet Thalamus* comme une vaste fumisterie.

— Très bien, mademoiselle Saural.

— Je vous écoute, professeur.

— Je vais vous les dire.

— Merci, dit-elle dans un souffle.

Il les lui dit.

Et Françoise dut s'asseoir.

Basculant dans l'effroi.

* * *

Les doigts tremblants, Hélène fit défiler le répertoire jusqu'au numéro de Françoise et lança l'appel.

C'est la sonnerie de son portable qui tira Françoise de la stupeur dans laquelle elle était depuis cinq minutes.

Elle secoua la tête et prit son téléphone qu'elle avait laissé tomber à côté d'elle.

— Françoise, c'est Hélène.

Elle avait l'air complètement paniqué.

— Hélène, que se passe-t-il ?

— C'est Jeanne ! répondit Hélène sans autre forme de procès.

— Quoi, « c'est Jeanne » ? demanda Françoise qui ne comprenait rien à ce que lui disait son amie.

Hélène lui expliqua ce qu'elle avait découvert : la fausse Bénédicte, Jeanne Erard qui travaillait au service de neurochirurgie, qui l'avait appelée pour s'excuser sans lui dire de quoi.

Françoise hocha la tête en silence.

Si elle avait encore des doutes, cela ne faisait que les dissiper définitivement.

Elle inspira profondément.

— Hélène, je dois te poser deux questions très importantes.

— Françoise ! s'énerva son amie. Tu as écouté ce que je viens de te dire ?

— Oh, que oui, rassure-toi. C'est justement pour ça qu'il faut que je te pose ces questions.

Hélène se calma.

Finalement, les doutes de Françoise s'étaient révélés jusque-là fondés : elle avait bien senti que quelque chose de louche se tramait.

— Très bien, je t'écoute.

— Hélène, demanda Françoise avec lenteur, combien de personnes étaient-elles présentes lors de ton accouchement ?

La question interloqua Hélène qui s'attendait à tout sauf à ça.

— Quoi ? Lors de mon accouch…

— Oui, tu as bien entendu. Qui était dans la salle avec toi quand tu as accouché ?

— Eh bien, le docteur Bliade et Bénéd… enfin, Jeanne Erard. Qui veux-tu d'autre ?

— C'est tout ?

— Oui, c'est tout. Je ne vois pas qui d'autre aurait dû être là.

Oui, admit intérieurement Françoise, jusque-là tout est logique.

Sauf cette fausse sage-femme.

Cette Jeanne.

Il fallait maintenant poser la deuxième question.

Celle qui immanquablement allait surprendre Hélène et l'ébranler.

— Hélène, écoute-moi.

— Oui ?

— Et essaye de bien te souvenir, lui intima Françoise. Combien de personnes étaient-elles présentes lors de…

Elle hésita.

Mais n'avait pas le choix.

— … lors de l'opération de Laurent ?

Hélène ne saisit pas bien le sens des paroles de son amie.

— Pardon ?

— Hélène, répéta Françoise. Tu m'as dit à l'époque que tu avais été présente auprès de Laurent dans la salle d'opération jusqu'à ce que l'anesthésie fasse son effet. Donc je te répète la question : mis à part toi et Laurent, qui était présent ?

Hélène ne voyait pas où Françoise voulait en venir, mais parvint à se ressaisir.

— Eh bien, si on enlève l'anesthésiste, il y avait quatre personnes.

Françoise sourit.

C'était bien ce qu'elle pensait.

Aussi horrible que cela parût.

— Qui étaient ces personnes ? demanda-t-elle pour la forme.

— Heu… il y avait Jeffrey, bien sûr, mais je ne sais pas qui étaient les trois autres. Tu sais, avec la blouse, le masque, et la charlotte sur la tête, difficile de reconnaître qui que ce soit.

Je m'en doute, Hélène, se dit Françoise pour elle-même, je m'en doute.

— Qu'est-ce que tu as en tête ? demanda Hélène à son tour.

Ma pauvre, pensa Françoise en maîtrisant une bouffée de colère, tu ne veux pas le savoir, crois-moi.

— Hélène, il faut que tu te reposes, lui dit-elle simplement.

— Quoi ? Mais…

— Je te rappelle demain dès que je peux, promis.

— Françoise ! Tu me poses toutes ces questions et tu me laisses sans rien me dire ? !

— Je te promets que demain tu sauras tout. Fais-moi confiance.

— Pourquoi demain ?

— Parce que je dois encore vérifier une chose. Hélène, essaye de dormir un peu, s'il te plaît.

— Dormir ? Comment veux-tu que je dorme ? Demain, on a les résultats de l'IRM.

— Je sais. Je serai chez toi, dès que je peux.

Hélène soupira, plus perdue que jamais, se sentant abandonnée de tous.

— Très bien. À demain alors.

— À demain, ma chérie. Et n'oublie pas que je t'aime.

Françoise raccrocha.

Et poussa un cri de rage, laissant exploser la fureur qu'elle avait retenue jusque-là par respect pour Hélène.

On avait touché à ses amis.

On les avait blessés.

Et ça, Françoise Saural ne l'admettait pas.

* * *

L'homme fut réveillé en pleine nuit par un bourdonnement.

Il grogna, alluma sa lampe de chevet, et constata que c'était son téléphone portable qui vibrait sur la table de nuit.

Il se redressa, regarda l'heure, et jura intérieurement.

Il attrapa avec brusquerie l'objet du délit et vit le nom de l'appelant affiché sur le cadran.

Merde ! C'est pas vrai ! Quoi encore !

— Allô ?

— On a un problème.

Il ricana.

— *Un* problème ? J'aime ton sens de l'humour ! On a une quantité de problèmes !

— Évite tes sarcasmes avec moi, OK ? Jeanne vient de m'appeler. Elle a craqué.

Il sourcilla.

— Comment ça « elle a craqué » ? Tu peux préciser ?

— Elle m'a avoué qu'elle a essayé de tout balancer à Hélène, mais qu'elle n'a pas pu. Toujours est-il qu'Hélène se doute maintenant de quelque chose, si elle n'a pas tout compris.

— Oh, mais rassure-toi, dit-il avec une sombre ironie, elle va tout comprendre. Et tout ça à cause de cette satanée Françoise Saural ! Que le diable l'emporte !

— Je ne saisis pas. Que s'est-il passé ?

— Il s'est passé, mon cher, que la bimbo n'est pas si bimbo que ça. Qu'elle a commencé à avoir des doutes. Qu'elle a fouiné. Qu'elle est tombée sur Bierman. Sur Feder. Et pour finir, sur le *Projet*. Et qu'à l'heure actuelle, il ne lui reste qu'à assembler le puzzle.

— Comment le sais-tu ?

— Bierman m'a téléphoné tout à l'heure, en plein stress, pour me dire que lui aussi avait craqué. Il a tout balancé, ou presque, à la bimbo.

— Quoi ??

— Eh oui, voilà ce que c'est de s'entourer de faiblards. D'abord, cette larve de Bliade, dont j'ai toujours dit qu'il nous créerait des soucis. Ensuite Jeanne. Et même Bierman, qui n'avait pas donné de nouvelles depuis des années.

— On fait quoi ?

— On fait rien.

— Pardon ?

— Tu as bien entendu.

— Mais on ne p...

— Il n'y a plus rien à faire.

Il releva le menton, orgueilleux même dans la défaite.

— Tout est raté. Définitivement.

# 25

— Tu es sûr de toi, Gégé ?

Françoise avait les yeux fatigués.

Elle avait passé la nuit à vérifier l'improbable, passant de la colère à l'effroi, et Gégé venait de mettre la touche finale à sa quête.

Innommable.

Voilà le premier mot qui venait à l'esprit de la jeune femme.

— Dans l'absolu, oui, répondit Gégé, mais concrètement cela me semble assez difficile à réaliser. C'est même tiré par les cheveux, si tu veux mon avis.

— Merci, Gégé, dit-elle en raccrochant.

*Tiré par les cheveux ?*

Oui, on pouvait le dire, et pourtant, plus aucun doute ne subsistait : elle avait compris comment les choses s'étaient passées.

Elle se leva précipitamment, prit son sac, ses clés et s'engouffra dans la voiture.

Si elle n'avait pas eu l'esprit renversé par tout cela, elle aurait remarqué que c'était la première fois depuis l'adolescence qu'elle sortait de chez elle sans être maquillée et apprêtée.

Elle alluma une cigarette, les doigts tremblants, essaya tant bien que mal de rester concentrée sur la route.

Elle descendit à toute blinde la rue du Faubourg-National, bifurqua sur le quai de Turckheim, et enfila les premières ruelles de la Petite France.

Elle se gara, gravit les marches et sonna nerveusement chez Hélène et Laurent.

C'est Marthe qui lui ouvrit, Benjamin dans les bras.

La pauvre femme avait les yeux éteints, la mine brouillée mais accueillit tout de même Françoise de son sourire débonnaire.

— Françoise ! Entrez donc ! l'enjoignit-elle après l'avoir affectueusement embrassée. Regarde qui est là, mon cœur. C'est marraine.

— Merci, Marthe. Salut, mon chouchoulou, dit-elle en attrapant le nez de son filleul.

Si la mère d'Hélène fut surprise de voir une Françoise sans ses trois strates de maquillage habituelles et les cheveux défaits, elle eut le bon goût de ne pas le montrer.

— Hélène est en haut, lui apprit Marthe. Vous pouvez monter.

Elle hésita un instant.

— Heu… Rose est là également.

Elle connaissait, comme tout le monde, l'antagonisme des deux femmes et préféra prévenir Françoise.

Celle-ci tiqua un peu, mais, même si elle aurait volontiers fait bouffer son tailleur Chanel à la vieille peau, elle n'était pas venue pour ça. En plus, elle devait bien admettre que Rose se montrait assez présente auprès de son fils ces derniers temps, preuve qu'elle avait quand même quelque chose qui ressemblait à un cœur.

— Pas de problème, Marthe, dit-elle en montant au premier après avoir salué Louis qui regardait la télévision d'un air absent.

Décidément, tout le monde en avait pris un coup, se dit-elle, et ce n'était hélas pas près de s'arrêter.

Elle longea le couloir, passa devant la chambre de Benjamin, et trouva Hélène et Rose au chevet de Laurent. La jeune femme remontait le drap tandis que sa mère rangeait une serviette et un gant de toilette. Elles finissaient certainement de le laver et Françoise hésita, perdant de son habituelle superbe devant cette triste scène.

— Françoise ! Entre, dit Hélène en voyant son amie.

La pauvre n'avait pas non plus dû beaucoup dormir, ses yeux étaient creusés de cernes bruns qui ombraient ses traits d'habitude harmonieux.

Françoise entra.

Et posa les yeux sur Laurent.

Il était à présent tombé dans un état de totale catatonie.

Inerte, prostré, son corps se recourbait sur lui-même et n'eût été le mouvement de ses yeux et le bruit de sa respiration, le marasme était complet.

Son crâne chauve luisait tristement.

Son teint blafard éteignait toute expressivité sur son visage.

Il tenait entre les doigts un morceau de tissu et semblait s'y agripper du peu de force qu'il lui restait. Françoise reconnut une ancienne barboteuse de

Benjamin. Son père s'en servait maintenant comme d'un doudou rassurant.

Maintenant que Françoise savait, cette déchéance physique n'avait plus rien d'étonnant. De même, les réactions surprenantes de Laurent envers son fils s'expliquaient. Comme la fois où il avait deviné avant tout le monde que le nourrisson faisait ses premières dents. Comme l'avant-veille encore où lui seul avait remarqué que Benjamin était en train d'avaler par inadvertance un capuchon de stylo.

Oui, tout cela prenait sens à présent.

— Rose, bonjour, dit-elle enfin en s'adressant à sa vieille ennemie.

— Françoise, répondit-elle simplement avec un petit hochement de tête.

Il ne fallait pas trop lui en demander non plus ! Et pour Rose Dalgrand, ce geste, aussi bref fût-il, était déjà énorme.

— Hélène, j'aimerais te parler.

Elle le lui avait promis cette nuit au téléphone et de toute façon, y avait-il encore le choix ? Pouvait-elle encore faire marche arrière ?

La réponse était évidente pour Françoise.

— Oui, on va descendre, répondit son amie.

Les trois femmes sortirent de la chambre et Hélène adressa un dernier coup d'œil à son mari en tirant doucement la porte.

Elles pénétraient dans le salon quand la sonnette retentit.

— J'y vais, maman.

Hélène sourit faiblement à sa mère, se dirigea vers l'entrée et réprima à peine sa surprise en ouvrant la porte.

Elle ne s'attendait certes pas à le voir là, sur son perron.

— Docteur Roncaux ?

— Rebonjour, Hélène.

— Que se passe-t-il ? Quand je vous ai appelé ce matin, vous m'avez dit que vous n'auriez les résultats qu'en fin d'après-midi.

— J'ai préféré venir et en discuter de vive voix avec vous, éluda le psychiatre.

Hélène s'alarma d'un coup et la mine sombre du médecin lui confirma qu'il y avait un problème.

— Docteur ? S'il vous plaît, répondez-moi.

— Puis-je entrer ? esquiva-t-il encore.

Hélène s'effaça pour le laisser passer.

Il eut un mouvement de recul en voyant toutes ces personnes dans le salon.

— Je m'excuse, dit-il en se retournant vers elle, mais je préfèrerais vous parler… en privé, si c'est possible.

— On monte avec Benjamin, dit Marthe à sa fille en emmenant avec elle mari et petit-fils.

En passant, elle posa sa main sur le bras d'Hélène, façon de dire à son enfant qu'elle était là, quoi qu'il advienne.

— Merci, maman, murmura difficilement Hélène. Docteur, je vous présente ma meilleure amie, Françoise Saural, ainsi que Rose Dalgrand, la mère de Laurent. J'aimerais qu'elles écoutent ce que vous avez à me dire.

Le docteur Roncaux hésita un instant, puis ne vit aucune raison de refuser.

Ils s'assirent tous les quatre dans la salle à manger.

Il déposa les documents qu'il tenait à la main sur la table, enleva ses lunettes et croisa les mains.

Françoise n'avait toujours pas pu faire ses révélations à Hélène, et elle espérait bien que ce qu'allait leur annoncer le médecin lui en donnerait l'occasion.

Rose gardait le silence, impavide comme elle savait si bien l'être.

Hélène ne put réprimer plus longtemps son anxiété.

— Docteur ? Avez-vous les résultats ?

Il prit une longue et profonde inspiration, posa les mains à plat sur la table, se racla la gorge.

— Oui, Hélène, j'ai les résultats de l'IRM, dit-il en sortant des planches de clichés d'une grande enveloppe.

— Alors ? s'enquit-elle. De quoi souffre mon mari ?

Enfin, elle allait savoir.

Enfin on saurait comment le soigner, comment lui redonner la vie qu'il perdait.

Mais elle s'aveuglait.

— Hélène, je crains que les choses ne soient un peu plus complexes.

Quoi ?

Avait-elle mal entendu ?

On lui refaisait le coup !

Pas encore !

Non ! Elle ne le supporterait pas.

— Que voulez-vous dire, docteur ? demanda Françoise qui voyait la détresse de son amie.

— Voilà, dit-il en étalant les clichés devant lui. J'avais dit à Mme Dalgrand, quand elle était venue me voir il y a un mois environ, que je pensais avoir décelé chez son mari une pathologie bien spécifique

que l'on appelle le syndrome de Korsakoff. Laurent en présentait en effet tous les symptômes et toutes les caractéristiques. Pour faire simple, compléta-t-il, ayant bien conscience qu'il lui fallait rendre ses propos compréhensibles par des non-initiés, c'est un trouble neurologique résultant de lésions situées dans une région du cerveau que l'on appelle…

— … le thalamus, proféra Françoise en terminant la phrase du médecin.

Il leva les yeux vers elle, très surpris.

— Heu… oui… exactement. Et cela entraîne tout ce que connaît Laurent depuis maintenant plusieurs mois. Mais j'ai préféré m'assurer de ce diagnostic avec une IRM.

Hélène, hagarde, était suspendue à ses lèvres.

— Et vous aviez raison, n'est-ce pas, docteur ?

Françoise secoua discrètement la tête pendant que le docteur baissait les yeux.

— Hélas, non, mon diagnostic était erroné, j'en ai bien peur.

Hélène s'agrippa à la table, le cœur au bord des lèvres.

— Vous plaisantez ? Ou alors vous vous trompez, tout simplement ! articula-t-elle, la voix montant progressivement dans les aigus. Ça ne va pas recommencer, je vous préviens. Vous voulez tous me faire tourner en bourrique, c'est ça hein ? Tous autant que vous êtes ! Vous croyez que je suis dupe ? Vous croyez q…

— Hélène ! siffla Françoise, tu te calmes tout de suite !

Il fallait cadenasser au plus vite la crise de nerfs qui guettait son amie.

Parce que les révélations allaient faire mal.

Très mal même.

— Laisse le docteur s'expliquer, continua-t-elle, il a les résultats de l'IRM et il a donc forcément des choses à dire et nous des choses à entendre. D'accord ?

Hélène se reprit, et hocha la tête en signe d'acquiescement.

Rose n'avait toujours pas bronché.

— En effet, mademoiselle, reprit le docteur Roncaux un peu mal à l'aise au milieu de cette querelle, l'IRM nous a tout de même révélé quelque chose. Mais c'est justement là que le bât blesse.

Il prit une première série de clichés et les disposa de façon à ce que tout le monde pût les voir.

— Voilà une série d'images du cerveau de monsieur Dalgrand en coupe axiale, pardonnez-moi pour les termes techniques. On peut très nettement y distinguer le liquide rachidien, les deux hémisphères, le cortex, et cetera, ainsi que le thalamus.

Il désignait sur les clichés chaque élément du bout du doigt.

— Comme vous le constatez, le thalamus est constitué d'une substance blanchâtre. Une lésion thalamique se manifeste toujours par un agglutinement de petits noyaux gris noyés dans cette masse blanche. Elle est donc facile à détecter. Or, comme vous pouvez le voir, il n'y en a pas ici.

Il fit une pause.

— Donc, il n'y a pas de lésion.

Il s'assura que tout le monde assimilait bien ses propos.

Rose s'était penchée sur les clichés, les sourcils froncés, comme si quelque chose la tracassait.

Le docteur Roncaux poursuivit.

— En revanche, dit-il en prenant une deuxième planche de photographies, les images en coupe coronale se sont révélées beaucoup plus parlantes. Voilà celles de votre mari, et voici celles d'un patient sain et exempt de tout problème neurologique. On peut les comparer. Et le résultat est flagrant.

Sur chaque cliché, une flèche rouge indiquait l'emplacement du thalamus.

Il n'était pas nécessaire d'avoir fait des années de médecine pour comprendre ce que le praticien voulait leur signifier.

En effet, c'était flagrant.

— Le thalamus de Laurent est beaucoup plus petit ! s'exclama Rose.

Le docteur Roncaux approuva.

— Tout à fait, et c'est là que je reste perplexe. Non pas tant devant ce cas que nous appelons dans notre jargon une atrophie thalamique, et qui est un symptôme bien connu de certaines pathologies. Mais plutôt devant le fait que, en ce qui concerne votre mari, cette atrophie ne semble… eh bien… ne semble…

Il hésita, gêné, puis se reprit.

— Cette réduction ne semble, en fait, avoir aucune cause. Et c'est la première fois que je vois ça dans ma carrière.

Hélène ne parlait plus.

Ne réagissait plus.

Ses yeux vides flottaient sur le docteur, noyés dans la mare de la désillusion.

Françoise ne disait mot, laissant le praticien finir.

Rose semblait de plus en plus dubitative.

Le docteur Roncaux toussota, espérant combler ce silence gêné.

— On aurait pu penser à une atrophie thalamique génétique que Laurent aurait toujours eue. Mais, en ce cas, elle aurait été diagnostiquée depuis bien longtemps. De la même façon, certaines pathologies auraient pu être évoquées. Beaucoup sont le signe d'une atrophie thalamique. Mais, outre le fait que Laurent n'en présente pas les symptômes caractéristiques, un détail ne laisse pas de m'intriguer.

Françoise souleva un sourcil.

On y vient, se dit-elle.

— C'est difficile à expliquer, compléta-t-il en reposant les yeux sur les clichés, mais on peut déceler à certains endroits comme des... Comment dire ?... des traces... comme si... le cerveau avait été opéré, et...

— C'est normal, docteur, l'interrompit Hélène d'une voix sèche, mon mari s'est fait ouvrir le crâne pour qu'on lui extraie une tumeur !

— Bien sûr, Hélène, je sais, m...

C'est à ce moment que Rose sortit subitement de sa contemplation des clichés, comme un diable surgit de sa boîte.

Elle savait bien que quelque chose la titillait ! Elle n'était pas folle !

Elle posa des yeux brillants sur le praticien.

— Docteur, demanda-t-elle d'une voix tendue, avez-vous avec vous le dossier médical complet de mon fils ?

Françoise s'interrogea.

Qu'est-ce qui lui prend à elle ?

— Heu... bien sûr, madame, j'ai tout apporté.

Il saisit sa serviette à documents et en sortit une volumineuse pochette.

— Possédez-vous les radios que mon fils a passées l'année dernière et qui ont révélé sa tumeur ?

— Tout à fait. Hélène me les avait procurées à ma demande, ainsi que celles qu'il avait effectuées, adolescent, quand il était sujet à ses crises d'angoisse. Mais je n'en ai finalement pas eu besoin.

Rose n'aurait pu espérer mieux.

À partir du moment où le praticien avait déposé les clichés de l'IRM sur la table, elle n'avait cessé de repenser à ces radios. Et s'était alors souvenue que par deux fois elle avait tiqué en les voyant : la première fois quand Jeffrey leur avait montré l'emplacement de la tumeur, et la deuxième fois une semaine avant l'opération en revoyant les radios que Laurent avait faites à l'adolescence.

Sur le moment, elle n'avait pas su pourquoi.

Et n'y avait pas repensé.

Mais là, ça y était.

Elle venait de comprendre.

Et il n'y avait pas l'ombre d'un doute.

— Pouvez-vous me les montrer, s'il vous plaît ?

Il accéda à sa demande et étala les documents en deux tas bien distincts ; à droite, les vieilles radios de Laurent adolescent ; à gauche, celles, plus récentes, de la tumeur.

Rose sourit.

Elle s'en souvenait comme si c'était hier.

*La chute de Laurent dans les escaliers...*

*Les cris de Jeffrey...*

*Les pleurs...*

La fameuse fracture de l'os malaire !

*La brève intervention...*

*Les deux cicatrices à peine visibles...*

*Mais surtout, les miniplaques et les vis...*

— Docteur, jetez un œil sur les radios que mon fils a passées à quinze ans pour ses crises d'angoisse. Hélène vous a bien sûr informé de la fracture qu'il s'était faite quelques années auparavant ?

— Oui, elle pensait que ça pouvait être lié et s'inquiétait.

— Bon. On est bien d'accord que les plaques en titane qu'on lui avait alors apposées apparaissent sur la radio ?

— Oui, en effet.

— Et qu'elles apparaissent également sur l'IRM que vous-même avez effectuée ?

— Tout à fait.

Rose ménagea son suspense, ne se doutant pas du coup de tonnerre que ce qu'elle s'apprêtait à dire allait provoquer.

Françoise, évidemment, avait déjà compris.

— Alors expliquez-moi pourquoi elles n'apparaissent pas sur les radios que Laurent a effectuées l'an passé pour sa tumeur ?

— Pardon ?

Le docteur plissa le menton, incrédule, et prit les clichés en question.

Ses yeux s'écarquillèrent.

— C'est incroyable ! Vous avez raison ! Je ne comprends pas.

Rose était déjà debout.

— Je crois que c'est pourtant simple. Il me paraît évident que ces radios, prises sous le contrôle de Jeffrey Dalgrand mon autre fils, ne sont pas...

C'est Françoise qui termina la phrase à sa place.

— … ne sont pas celles de Laurent !

Le docteur ne put se retenir de s'esclaffer.

— Pardon ? Mais comment voulez-vous qu…

C'est la voix d'une Marthe hystérique déboulant dans la pièce qui l'interrompit.

— Hélène ! C'est Laurent !

Ce fut comme une décharge électrique pour Hélène.

— Maman ? Qu'est-ce qu'il a ? cria-t-elle presque en se redressant.

— Il est en train de convulser !

— Quoi ?

— Il tremble de partout et il s'étouffe !

Françoise se rua sur le téléphone tandis qu'Hélène et Rose fonçaient comme deux furies dans les escaliers.

Le Samu arriva en moins de dix minutes.

Les ambulanciers s'élancèrent au premier et en redescendirent chargés de Laurent garrotté sur un brancard.

Françoise eut juste le temps de crier « À l'hôpital civil ! Surtout pas à Hautepierre ! », et les portes de l'ambulance claquèrent.

On y enferma Laurent, et Hélène sauta à l'intérieur du véhicule juste avant que les portes ne se referment.

Les sirènes hurlèrent et le moteur gronda quand ils démarrèrent, faisant crisser le gravier de l'allée.

Françoise fonça sur sa voiture, suivie de Rose et Marthe qui criait à Louis de veiller sur Benjamin.

Les rues défilèrent à toute vitesse, les phares creusant la nuit.

Les voitures s'effaçaient pour laisser passer les deux bolides.

Dans l'ambulance, Hélène qui tenait la main de Laurent évanoui.

Dans l'autre voiture, Françoise qui expliquait tout à Rose et Marthe.

*Quai de Turckheim.*

Un scooter qui grille la priorité.

Freinage brusque.

*Rue des Frères-Matthis.*

Un groupe de jeunes qui discutent sur le bord de la route.

Déboîtement.

*Rue du Cygne.*

Un virage à angle droit.

Dérapage contrôlé.

Enfin, les bâtiments de l'hôpital.

L'entrée des urgences déjà sur le qui-vive.

Les portes de l'ambulance qui s'ouvrent, le brancard qui coulisse, les blouses qui accourent, la main qu'Hélène doit lâcher, le personnel qui disparaît avec Laurent, au détour d'un couloir.

Marthe et Hélène. Hébétude et incompréhension.

Rose et Françoise. Colère et rage.

Deux duos : un, soudé par la compassion ; l'autre, réconcilié par la haine.

Mais tous deux, unis dans l'attente et l'incertitude.

Pendant que dans la vaste salle, autour d'eux, s'agitaient les infirmiers, s'affairaient les médecins, bavardaient familles en visite et malades.

Pendant que les minutes s'écoulaient comme des heures.

C'est Françoise qui émergea la première.

Elle s'accroupit devant une Hélène immobile, assise sur une chaise, sa main inerte dans celle de sa mère.

— Ça va aller, ma chérie, crois-moi.

Elle mentait.

Mais que pouvait-elle faire d'autre ?

— Hélène, demanda-t-elle tendrement, est-ce que tu as compris ?

Hélène posa un regard vide sur son amie.

Françoise répéta sa question.

— Hélène, est-ce que tu as compris que celui qui est derrière tout ça, c'est…

La voix de Rose derrière elle la fit sursauter, laissant sa phrase en suspens.

La mère de Laurent s'était levée.

— Comment oses-tu ? demandait-elle à quelqu'un de son ton le plus sifflant.

Françoise se retourna.

— Comment oses-tu venir ici ? répéta Rose, les yeux meurtriers, en avançant dans le couloir.

Françoise se pencha un peu plus.

Et elle le vit.

Il s'approchait d'elles.

Celui qui avait tout manigancé.

Le monstre qui était derrière tout ça.

Depuis le début.

## 26

Jeffrey Dalgrand.

Il avançait vers elles, de toute sa superbe, le front haut.

Ses yeux brillaient d'un éclat particulier, indéfinissable.

Rose Dalgrand le toisa de toute sa hauteur.

Il s'arrêta à quelques pas.

— Tu oses venir ici ? Tu oses nous affronter ? M'affronter ? demanda-t-elle.

Il soutint effrontément le regard de sa mère, gardant le silence.

— Comment as-tu su que ton frère avait été transporté ici ? continua-t-elle en appuyant sur le mot *frère*.

Une onde parcourut le visage du jeune homme.

On croyait presque qu'il souriait.

Il sortit enfin de son mutisme.

— C'est le docteur Roncaux qui m'a prévenu, répondit-il sans une once d'émotion dans la voix. Certainement pensait-il que le grand frère éploré manquait dans le tableau familial.

L'ironie était trop flagrante.

— Tu es une saloperie… cracha Rose.

C'est à cet instant qu'Hélène aperçut son beau-frère.

— Jeff ! dit-elle en se levant. Enfin te voilà. Je cherche à te joindre depuis deux jours. Je ne comprends rien à tout cela. Que se passe-t-il ? Pourqu… ?

— Tais-toi Hélène, la coupa Françoise. C'est lui qui est à l'origine de tout ce drame.

— Quoi ? Françoise ! se rebiffa-t-elle.

— Mais réveille-toi, ma fille !

Il fallait la sortir de cette stupeur béate, quitte à utiliser les grands moyens. Hélène devait savoir, devait comprendre quel monstre était son beau-frère, devait connaître les horreurs qu'il avait imaginées et réalisées. Et si Françoise devait se montrer odieuse, et bien tant pis. C'était sa meilleure amie, et une meilleure amie ça sert aussi hélas à ça parfois. Il serait toujours temps, après, de s'excuser et de se prendre dans les bras.

— Mais qu'est-ce qu'il te faut encore comme preuves ? Tu n'as toujours pas compris ? Tu n'as toujours pas saisi ! Très bien ! Alors laisse-moi t'aider ! Laisse-moi éclairer ta lanterne ! OK ? Très bien ! Peux-tu me dire pourquoi une mystérieuse sage-femme, venue on ne sait d'où, pointe son nez le jour de ton accouchement ? Dis-moi ?

— Mais… c'était en fait Jeanne Erard… et…

— Tout à fait. Et qu'est-ce qu'elle foutait là, dis-moi ? Comment se fait-il qu'elle connaissait Bliade ? Tu y as pensé à ça ?

Jeff suivait la scène sans mot dire, spectateur muet d'un drame dont il était pourtant l'auteur.

— Et surtout, la question à mille euros : pourquoi cette anesthésie subite alors que tu étais en train de mettre tes deux bébés au monde et que tout se passait bien ? C'est quoi l'explication que ce cher Bliade t'a balancée ? Oh, je m'en doute, un truc du genre « il y a eu des complications », c'est bien ça ?

— Oui, admit Hélène en hochant pauvrement la tête.

— Forcément. Comme ça, c'était plus simple de t'évacuer, de t'endormir pour que tu ne voies rien, et d'éloigner Laurent par la même occasion.

— Mais…

— Oui, je sais, tu vas me demander « pourquoi ? ». Et je vais te le dire, je vais te le dire tout de suite.

Elle se tourna vers Jeffrey, pleine d'acide et de défi.

— À moins que ce bon et talentueux professeur Dalgrand ne veuille le dire à ma place ?

Jeffrey ne cilla pas.

Il laissait le soin à cette satanée Françoise Saural de faire son cinéma.

— Très bien ! Hélène, reprit-elle en se tournant vers son amie, ils t'ont endormie quand tu accouchais tout simplement parce que…

Les mots allaient écorcher Hélène.

À vif.

Certainement à tout jamais.

Françoise le savait.

— … parce que… tes *deux* bébés… étaient vivants.

Hélène plissa les paupières.

Ça y est, se dit Françoise, le venin est injecté. Il va s'immiscer, au plus profond de son être, contaminant tout sur son passage.

Mais il fallait aller jusqu'au bout.

— Oui, tes jumeaux sont bel et bien nés vivants. Tous les deux. Mais il fallait te faire croire qu'un seul avait survécu. Et je crois que Bliade s'est montré très fort dans ce rôle-là.

Elle prit une longue inspiration.

— Dois-je continuer, professeur Dalgrand ? demanda-t-elle à son adresse.

— Je vous en prie, répondit-il, impassible.

Rose se tendit, réprimant son envie de lui cracher au visage.

— Hélène, le lien, c'était Jeanne Erard. Elle était présente à ton accouchement avec Bliade, elle travaillait en fait au service de neurochirurgie, comme on te l'a dit. Tiens, tiens ! Comme par hasard dans le service dirigé par le renommé professeur Jeffrey Dalgrand ! Eh oui, c'était elle le lien entre les deux hommes ! Les deux amis de fac ! Les deux esprits brillants ! Les deux étudiants illuminés ! Deux des auteurs du fameux *Projet Thalamus* !

Françoise, telle une Cassandre infernale, laissait le barrage céder et le flot d'horreurs s'écouler.

Elle s'adressait maintenant autant à Hélène qu'à Jeffrey.

— Après, quelques bribes m'échappent. Notamment cet appel de Jeanne qui était désolée et essayait de te dire quelque chose. Jeffrey pourra sûrement nous éclairer sur la question mais je pense que Jeanne Erard a été subitement prise par les remords et les scrupules. Pourquoi quasiment un an après ? Je ne sais pas, certainement que sa retraite y a été pour quelque chose. N'est-ce pas, Jeffrey ?

Jeff transperçait Françoise du regard.

Oh que non, ce n'était pas une stupide bimbo ! Elle avait bien su agencer toutes les pièces du puzzle.

— C'est tout à fait ça, oui.

Rose intervint, acceptant de se liguer avec Françoise contre son propre fils, pour que sa défaite soit complète, totale.

— Et il était aussi bien pratique que ce soit une femme qui s'occupe de l'enfant prétendument mort. Et c'était un des rôles incombés à cette Jeanne, je suppose.

Jeffrey s'assit, las maintenant de cette scène faussement dramatique. C'était amusant au début, mais là, il en avait assez. Entendre expliquer ses projets, ses ambitions, ses rêves, dans la bouche de ces deux femmes l'horripilait.

Et ça allait bien à sa mère de faire la scandalisée ! Rose Dalgrand ! La mère ingrate par excellence. Incapable d'amour. Au cœur de pierre. Qui n'avait eu pour ses fils que des gestes furtifs, des mots creux. Qui les avait élevés dans la rigidité et l'ignorance. Et aujourd'hui elle s'étonnait ? Aujourd'hui elle jouait à la mère éplorée et blessée ?

Quelle comédie !

Jeffrey coinça les mains entre ses jambes, réfrénant avec peine une envie de dire tout haut sa rancœur. De hurler sa douleur. De crier sa frustration.

Le projet le plus ambitieux de sa vie et de sa carrière échouait. Le reste n'avait aucune espèce d'importance.

Il releva la tête et afficha la plus splendide indifférence à ce qui se jouait autour de lui.

Personne ne fit attention au groupe de blouses blanches qui traversa la pièce en courant, poussant un chariot chargé d'appareils.

— En effet, Rose, affirma Françoise, je le pense aussi. Mais après ça, il fallait amorcer la deuxième étape. La plus osée. Et la plus corsée.

— Quelle étape ? demanda une voix derrière eux.

Hélène était sortie de sa léthargie, s'était levée, livide, les yeux vacillants.

Marthe était toujours assise, la tête branlante, un mouchoir sous le nez.

— Hélène, es-tu sûre de vouloir entendre ça ?

Hélène planta des pupilles acérées comme des lames dans celles de son amie.

— Oui, répondit-elle, lugubre.

— OK. Cher Jeffrey, asséna-t-elle de son ironie la plus méprisante, là où je sèche, c'est sur la durée ?

— La durée ? demanda-t-il.

— Oui. On a bien deviné que c'est Jeanne Erard qui s'est occupée du deuxième bébé d'Hélène et Laurent. Mais pourquoi ce délai aussi court ?

Hélène intervint.

— Quel délai ? « Aussi court » avant quoi ?

Françoise alla droit au but.

— Avant l'opération de Laurent.

Hélène ne comprenait pas.

— L'opération de Laurent ? Mais… je ne vois pas le rapport.

C'était le tournant.

Françoise le savait.

Jeffrey aussi.

Rose de même.

— Ma chérie, dit Françoise, ils t'ont fait croire que ton bébé était mort et l'ont gardé en vie jusqu'à l'opération de Laurent pour pouvoir…

Jeffrey exultait intérieurement.

— … pour pouvoir greffer…

Rose détourna les yeux.

— … greffer son thalamus à la place de celui de Laurent.

Hélène ne saisit pas.

— Comment cela ? Mais qu'est-ce qu'il a Laurent à la fin ?

C'est Jeffrey qui répondit.

— C'est très simple.

Et les quatre mots qui suivirent étaient lourds de sens.

— Laurent a… dix mois et demi.

* * *

— Comment ça Laurent a dix mois et demi ? Qu'est-ce que tu racontes ?

Françoise vint au secours de son amie qui, n'ayant pas toutes les données et n'ayant pas eu le *Projet Thalamus* sous les yeux, ne pouvait tout assimiler.

— Il dit pourtant la vérité, affirma-t-elle. Laurent a régressé et, d'une certaine façon, il a effectivement l'âge que devrait avoir ton bébé s'ils ne l'avaient pas tu…

Elle se rattrapa de justesse.

Le mot aurait été trop violent pour Hélène.

Celle-ci pencha la tête sur le côté, comme une enfant.

— Greffé quoi ? Françoise, de quoi parles-tu ?

La pauvre retombait dans le déni. Son inconscient prenait les rênes, empêchant les informations d'entrer et de faire leur ravage.

— C'est bien cela, Jeffrey ? demanda-t-elle. Puisque Laurent a le thalamus de son enfant à la place du sien, il a donc l'âge qu'aurait dû avoir l'enfant ?

— Oui, c'est cela.

— Et c'est là qu'il a commencé à se produire quelque chose que vous n'aviez pas prévu. Là que vous avez commis une faute. Et pourtant le risque était évoqué dans le *Projet Thalamus*. Mais peut-être, dans votre orgueil, l'aviez-vous occulté.

Elle avait encore le passage bien en tête.

*Il a été constaté que les violonistes professionnels ont un cortex cérébral plus développé que celui des non-musiciens. L'explication la plus plausible est que le cortex s'est étendu sous l'effet de l'activation constante des membres qu'il commande. Peut-on envisager la même transformation en ce qui concerne le thalamus ? Il faudrait tenter des expériences en ce sens.*

— Pour vous, il était presque évident que le thalamus du bébé allait s'adapter au cerveau et au corps d'un homme adulte, en l'occurrence Laurent. Et pour l'y aider, vous avez profité de ces fameuses piqûres que Laurent devait subir après son opération. Mais oui ! Il fallait bien que le nouveau thalamus, encore trop jeune et trop fragile, ait sa dose d'ADH. Ou plutôt devrais-je dire d'acide docasahexanoïque.

Jeffrey plissa les paupières, surpris par les connaissances de son assaillante.

— Eh oui, je ne suis pas la stupide idiote que vous croyez ! Mais j'avoue que votre précieux *Projet* m'a aidée : l'importance de cet acide gras dans le développement du nourrisson y est très bien décrite, je dois dire. Et un biochimiste de ma connaissance m'a en outre affirmé que dans l'absolu, faire des piqûres d'ADH ne posait aucun problème.

C'est vrai que sur ce coup, Gégé l'avait bien aidée. Même si toutes les questions qu'elle lui avait posées l'avaient fait halluciner.

— Et pourtant, ce fut une de vos erreurs. Le thalamus du bébé greffé sur le cerveau adulte de Laurent ne s'y est pas du tout adapté comme vous l'espériez. C'est même l'inverse qui s'est produit : le thalamus est resté tel qu'il était, celui d'un nourrisson, et a continué à grandir et à se développer normalement. Et c'est le corps de Laurent qui s'est adapté à lui et qui a donc régressé progressivement, perdant petit à petit toutes ses caractéristiques et ses fonctions d'adulte pour redevenir celui d'un bébé. Tout le contraire de ce que vous envisagiez. N'est-ce pas ?

Jeffrey ne put qu'apprécier la finesse et la perspicacité de la jeune femme.

Bien joué, Miss Bimbo, reconnut-il intérieurement.

— Oui.

— Un peu comme un greffon que le corps rejette, d'une certaine façon en tout cas.

— C'est un raccourci un peu grossier, mais en quelque sorte, oui.

Françoise nota bien la petite pique et rétorqua du tac au tac.

— Quand avez-vous réellement constaté que vous faisiez fausse route et que votre expérience n'était qu'un délire d'esprits dérangés ?

Tiens, se satisfit-elle mentalement, prends-toi ça, espèce de débile !

Jeffrey ne releva même pas.

— Quand Laurent a commencé à décliner physiquement, et surtout quand les troubles de certaines fonctions se sont fait ressentir.

— Comme le pipi au lit, par exemple ?

— Oui.

— Assez tôt, finalement. Dites donc, vous avez raté votre vocation de comédien ! Vraiment vous avez parfaitement su tenir votre rôle. Toujours rassurant. Toujours à l'écoute. Et bien sûr, quand Hélène vous a demandé s'il était bon que Laurent consulte un psy, vous l'avez poussé dans cette voie, pensant qu'il ne verrait que des troubles psychologiques dus à une dépression.

— Oui, répéta-t-il laconiquement.

— Mais, pas de chance, plusieurs choses jouaient contre vous. Les doutes du docteur Roncaux, les remords de Jeanne Erard, les scrupules et le suicide de Bliade, la lâcheté de Bierman. C'est dur de se rendre compte que l'on ne peut pas tout maîtriser, hein, Jeffrey ?

Si tu le dis, pensa-t-il, sombre conne.

— Mais surtout, il y avait cette mystérieuse osmose entre Laurent et son fils. Il parvenait constamment à anticiper les besoins de Benjamin, il semblait le comprendre, presque même communiquer avec lui. Et cela, encore récemment, quand il était au plus bas, j'en ai moi-même été témoin. Vais-je trop loin si je dis que cette harmonie était peut-être due au fait que le thalamus greffé à Laurent reconnaissait celui de son frère jumeau ? Nous savons tous que la gémellité est capable de choses surprenantes.

— Je l'ignore, ironisa Jeffrey, mais je vous promets de me pencher sur la question à l'occasion.

— Très bien, mais ne vous penchez pas trop, répondit Françoise tout aussi ironique, car à trop se pencher, on risque de tomber.

À côté, Hélène n'était plus qu'une enveloppe vide, une coquille brisée, qui n'entendait plus, ne voyait plus.

Rose ne bougeait pas, figée comme une statue vindicative, le regard rivé à son fils.

Aussi personne ne vit l'infirmière qui vint tapoter sur l'épaule de Marthe, lui murmurer quelque chose à l'oreille, et repartir suivie de la vieille femme abattue.

Françoise voulait être sûre de tout avoir saisi, non pas par un orgueil mal placé, mais pour enlever de sa superbe à Jeffrey.

— Bien entendu, les quatre personnes présentes pendant l'opération de Laurent, bien dissimulées derrière leur tenue de bloc opératoire, étaient : vous-même, le chirurgien en chef, si je puis dire ; la fidèle Jeanne, qui secondait tous vos gestes ; bien sûr, le docteur Bliade, spécialiste du nourrisson ; et je suppose que la quatrième et dernière ordure présente était celui qui a coécrit le *Projet Thalamus* avec vous et Bliade.

Jeffrey hocha la tête.

— Celui que vous n'avez pas eu peur d'exhiber à vos côtés lors de votre fameuse conférence, l'été dernier. Votre homologue américain. Que vous avez connu à la fac avec Edmond. J'ai nommé le professeur Charles Dorling !

Ses yeux lançaient littéralement des éclairs.

— Et voilà l'équipée sauvage au complet ! Le trio infernal accompagné de son succube ! Bien pratiques ces tenues de bloc opératoire, hein, professeur ! Hélène au moins ne risquait pas de reconnaître Bliade et la fausse Bénédicte ! Et le coup de la fausse tumeur, bien joué ça aussi ! Il fallait bien prétexter quelque chose pour ouvrir le cerveau de Laurent et lui implanter le thalamus de son fils à la place du sien ! Quelle aubaine que ces crises d'angoisse du coup ! C'était du pain bénit.

Jeffrey secoua la tête, comme si elle venait de proférer une énormité.

— Ma pauvre Françoise, cela faisait bien longtemps que les crises d'angoisse de Laurent étaient réglées.

Françoise haussa les sourcils.

Avait-elle raté quelque chose ?

Non, elle avait tout passé en revue.

— La preuve que non, rétorqua-t-elle, elles sont revenues, et c'est justement grâce à cela que vous avez pu diagnostiquer une tumeur, vu que les symptômes peuvent être les mêmes. Il vous suffisait juste de montrer à Laurent et à Hélène la radio d'un autre patient, vraiment atteint de tumeur, et le tour était joué. Ce que votre mère a parfaitement deviné aujourd'hui. Un peu con de ne pas avoir pensé à la fracture de l'os malaire et aux miniplaques en titane, non ?

— En effet, j'ai failli, admit Jeffrey, l'homme est ainsi fait.

Il leva un sourcil et sourit sournoisement.

— Mais, chère Françoise, demanda-t-il du ton le plus narquois qu'il put, vous qui êtes si forte, vous ne croyez quand même pas que ces crises d'angoisse lui sont revenues par hasard ?

Françoise, aussi fière soit-elle, ne put cacher sa surprise.

— Que voulez-vous dire ?

Jeffrey pouffa.

— Ma pauvre, vous voulez jouer à la grande détective, mais vous n'en avez pas l'étoffe. Certes, certaines choses m'ont échappé, mais je n'allais décemment pas attendre qu'une intervention du Saint-Esprit fasse réapparaître les crises d'angoisse de Laurent ! Il me les fallait absolument, pour pouvoir prétexter la tumeur.

— Comment avez-vous f…

— Mais il a simplement suffi de les provoquer !

Françoise ne sut pas si elle devait rire ou pleurer.

— Pendant son adolescence, Laurent a constamment été sujet à ces crises, expliqua Jeffrey. Il avait donc suivi un traitement qui avait stabilisé le problème, même s'il arrivait qu'elles surviennent encore, sporadiquement. C'est pourquoi il avait toujours sur lui des cachets à prendre en cas d'attaque de panique. Il m'a simplement suffi de changer les dosages, de modifier la posologie et d'ajouter deux ou trois substances pour pouvoir susciter des crises plus régulières.

Ça allait jusque-là ! se dit Françoise.

— La suite, vous la connaissez, conclut-il, visiblement satisfait de lui.

— Vous êtes encore plus ignoble que je le croyais, persifla-t-elle, hors d'elle. Et le « vrai » thalamus de Laurent, qu'en avez-vous fait ? Vous l'avez accroché chez vous en suspension ? Vous vous en êtes fait un pendentif ? Ou peut-être même l'avez-vous bouffé, tant qu'on y est. Vous n'êtes qu'…

Son regard aperçut derrière Jeffrey une forme qui s'avançait lentement, vers eux.

C'était Marthe.

Hagarde, pâle comme la mort, le regard vide.

Elle s'approcha doucement de sa fille, les bras tendus, les yeux baissés.

Hélène se redressa.

Sa mère releva la tête, ferma les yeux et lui prit le visage entre les mains.

— Maman ?

Marthe caressa les cheveux de sa fille en secouant doucement la tête.

— Ma chérie…

Elle fit s'asseoir Hélène.

— C'est fini…

Et essaya de la prendre dans les bras.

Hélène se dégagea.

— Qu'est-ce qui est fini, maman ?

Marthe laissa couler ses larmes.

— Il est… mort, Hélène.

Hélène se mit à rire.

— Maman, la reprit-elle, non. Tu es fatiguée, Laurent est à côté et…

Marthe posa un doigt sur les lèvres d'Hélène.

— Non, ma fille…

Ses yeux tremblaient.

— Il est mort…

Hélène fixa sa mère.

Son sourire resta figé.

Puis le cri déchirant glaça l'atmosphère.

— NOOON ! hurla-t-elle.

Et elle se rua dans le couloir.

Vers lui, vers Laurent.

Vers son mari mort.

Marthe s'effondra dans les bras de Françoise, laissant exploser ses sanglots.

À côté d'elles se joua le dernier acte de cette tragédie familiale, Rose Dalgrand dans le rôle principal.

Elle s'approcha de son fils aîné, raide, le menton levé. Son regard crachait la haine et le mépris, ses yeux étaient pétris de dégoût.

Elle s'arrêta à vingt centimètres de lui.

La gifle, cinglante, fouetta l'air.

Jeffrey porta la main à sa joue.

— Tu es la pire chose qu'une femme puisse enfanter, siffla-t-elle de toute sa haine. Laurent est mort. Et en ce qui te concerne, je ne veux plus jamais que mes yeux se posent sur toi. Aujourd'hui, j'ai perdu mes deux fils !

Elle releva la tête, fière, hautaine.

— Hors de ma vue !

Jeffrey, la main sur sa joue en feu, acquiesça en silence, regarda sa mère, sourit insolemment, et partit sans dire un mot.

Plus loin, Hélène tenait la main de son mari.

Celui qu'elle avait choisi, qu'elle avait aimé.

Celui qui lui avait donné deux fils.

Les secondes étaient rythmées par le goutte-à-goutte de la perfusion qui continuait à nourrir ce corps mort.

Ce cadavre.

Le bip continu du scope était le seul signe de vie dans la pièce.

Car Hélène elle aussi était immobile.

Figée.

Prostrée.

Seule solution que son corps avait trouvée pour accuser le choc.

Pour accepter l'inacceptable.

## 27

Jeffrey sortit de l'hôpital.

Enfin tout le monde savait.

Enfin il l'avait dit.

C'était une libération pour lui.

L'explosion d'un non-dit qui durait depuis l'annonce de la grossesse d'Hélène.

L'éruption d'une lave qui le brûlait depuis deux ans, date à laquelle le projet avait été réellement mis en place.

La déflagration d'une bombe qui avait été amorcée douze ans plus tôt sur les bancs de la fac.

L'accomplissement de ce qui aurait dû être un chef-d'œuvre.

Son chef-d'œuvre.

Il descendit les marches, traversa le parking et pénétra dans sa voiture, la main toujours sur sa joue qui brûlait.

Oh, certes, l'instigateur avait bel et bien été Edmond Bliade.

Jeffrey se rappela ce fameux soir de novembre, il y a des années, où le jeune Edmond avait déboulé dans sa chambre d'étudiant, les yeux fiévreux, et s'était écrié : « Jeff, mon ami, je crois que j'ai une idée de génie. » Et jusqu'au petit matin, il n'avait pas cessé de parler, de lui expliquer ce qu'il avait imaginé, de lui en exposer les détails : prélever un thalamus de nourrisson, le greffer dans un cerveau adulte, savoir enfin les secrets et les mystères du cerveau du nouveau-né, pourquoi le nourrisson rit, pleure, crie, s'il a des pensées, des jugements, des opinions, une réflexion.

Bref, faire un pas sur la route sans fin de la science et de la connaissance.

Toute la nuit, Jeffrey l'avait écouté et loin de pouffer à ce qui ressemblait aux délires d'un esprit dérangé, il s'était passionné. Enflammé. Au point de vouloir aller plus loin qu'Edmond et d'oser davantage. Edmond était certes un illuminé mais quelque part c'était un couard, et les événements récents venaient de le prouver. Il fallait oser plus.

Il démarra, sortit du parking et s'engagea sur l'avenue.

Et c'est cette fameuse nuit avec Edmond qui fut le point de départ de ce qui, quelques mois après, devint le Projet thalamus. Ils en parlèrent à un étudiant qui suivait les mêmes cours que Jeff et qui semblait d'ailleurs l'admirer, un Américain, qui se retrouvait à étudier à Strasbourg grâce à un programme d'échange interuniversitaire.

Jeffrey sourit, versant exceptionnellement dans la nostalgie.

Ah ! Ce brave Charles Dorling !

Un chien fou, à l'époque, qui avait lui aussi l'ambition de faire parler de lui dans les milieux scientifiques américains.

Et tous trois se mirent à façonner de concert le texte du Projet thalamus : Edmond pour tout ce qui touchait à la psychologie du nourrisson, Jeffrey pour les détails opératoires et Charles pour la documentation sur le thalamus.

Une équipe de choc, un bulldozer qui allait tout bousculer sur son chemin.

Mais voilà !

La science reste la science, pas aussi exacte que le commun des mortels veut bien le penser.

Elle aussi comporte des erreurs, des failles, des errements, des tâtonnements, des échecs.

Et quel cuisant échec !

Jeffrey longea les rives de l'Ill, la fenêtre de la voiture ouverte.

Des années de recherche, des nuits d'insomnie, une réputation mise en jeu, un frère sacrifié, une belle-sœur manipulée, et tout ça pour quoi ? Pour n'avoir pas tout pris en compte ? Pour avoir oublié certaines données ? Et ne le comprendre que tout récemment.

Jeffrey savait où il avait failli, il l'avait découvert dans le train pour Bruxelles et à son retour : deux nuits infernales où il avait tout analysé, examiné, ausculté, disséqué. Pour finalement comprendre. Et être obligé d'accepter la déroute.

Eh oui ! Un thalamus qui ne peut s'adapter ! À la différence du cortex.

Tout simplement !

Et cette fouine de Saural avait raison : en plus Bliade en avait évoqué la possibilité et le risque dans le projet.

C'était risible quand il y pensait.

Ou très con.

Cela dépendait d'où l'on se plaçait.

Mais, c'était chose faite.

Il mit le clignotant, s'engagea sur l'autoroute et accéléra.

Et maintenant, loin de ressentir la plaie des remords et des scrupules, il appréciait le silence et le calme.

Enfin il n'avait plus à entendre Françoise Saural proférer ses provocations, il n'avait plus à sentir sa mère le rabaisser du regard, il n'avait plus à voir la torpeur de sa belle-sœur, il n'avait plus à attendre des nouvelles de son frère.

Tous ces gens, engoncés dans leurs principes, aveuglés par leur morale, étriqués dans leurs jugements et surtout, pleutres dans leurs ambitions.

Que pouvaient-ils comprendre ?

Comment pouvaient-ils appréhender tout cela ?

Pouvaient-ils seulement voir le saut que cela aurait été dans la connaissance humaine ? L'avancée que cela aurait permis dans la psychiatrie ? Les progrès que cela aurait apportés aux neurosciences ?

Ils ne réalisaient donc pas que lui, Jeffrey Dalgrand, avait failli être le premier à remplacer un cerveau humain, réputé jusque-là irremplaçable ?

Pour pouvoir mieux le comprendre, mieux le cerner.

Ne seraient-ils pas tous heureux quand, un jour, bientôt peut-être, la douleur n'existera plus, quand l'épilepsie sera morte, quand la maladie de Parkinson sera éradiquée ? S'il avait réussi, n'auraient-ils pas tous été pétris de gratitude pour le grand professeur Dalgrand ?

Mais non.

Ils n'ont pas conscience que les futurologues eux-mêmes affirment qu'en 2050 on sera capable de charger le contenu d'un cerveau dans un ordinateur.

Que l'on pourra ainsi sauvegarder toutes les données d'un individu après sa mort.

Que l'on pourra à partir de là, créer un robot capable de décisions et de choix de façon autonome.

Pour créer, non pas une intelligence artificielle, mais une conscience artificielle.

Et par là, programmer les pensées, orienter le libre arbitre, éviter les erreurs, aller vers la perfection !

Diriger la vie même !

Notre évolution n'est pas terminée. Il reste encore beaucoup à découvrir. Il nous faut devenir les explorateurs de notre propre intérieur !

Son expérience aurait été une pierre de taille posée sur l'édifice de la science.

Un trésor offert sur l'autel de la connaissance.

Mais non !

Eux, tout ce qu'ils voyaient, c'était la mort d'un nourrisson.

Mon Dieu, quel drame ! Mon Dieu, quelle tristesse ! Mon Dieu, quelle horreur !

Il emprunta la bretelle de sortie, tourna à gauche et s'engagea dans l'allée.

Et lui ? Voyait-on les sacrifices qu'il avait faits ? Non !

Les heures et les heures de travail qu'il avait enfilées ? Non !

Tout défila devant ses yeux : les mails que tous trois s'étaient constamment échangés pour se tenir au courant de l'évolution des événements ; les craintes de plus en plus persistantes d'Edmond ; la participation de Jeanne, pièce rapportée qui n'avait pu au final étouffer sa mauvaise conscience ; le texto de Charles en gare de Bruxelles : *Edmond vient de se flinguer !* ; son propre désarroi quand Hélène lui avait dit que Laurent ne bandait plus, qu'il avait perdu deux dents ; les appels nocturnes.

Voyait-on tout cela ? Non !

Tous ces gens : sa mère, son frère, sa belle-sœur, Saural, Bierman, Broti et son comité de merde, ses collègues, son personnel, ses plans cul, les gens, l'humanité tout entière.

Tous des moralisateurs drapés dans leurs manteaux petit-bourgeois.

Des moutons abjects se vautrant aux pieds de la société et de son consensus.

Des êtres rétrogrades lobotomisés par une vision de la vie à vomir.

Quoi, c'était ça la vie ? C'était ça l'avenir ?

Se lever le matin, boire un jus d'oranges pressées, chercher ses croissants en disant « Bonjour » au voisin qui baise deux fois par semaine avec sa femme avant de s'endormir ?

Faire des gosses et les emmener dans une école pourrie en leur disant de faire bien attention au méchant monsieur qui leur propose des bonbons ?

Passer sa vieillesse à regretter les années perdues et se dire que si on avait su on aurait fait les choses autrement ?

Suivre le troupeau et bêler avec la foule ?

Très bien ! Excellent ! Quel pied !

Non ! Définitivement non !

C'étaient eux les êtres dangereux ! Eux les plaies de ce monde ! Eux qu'il fallait craindre !

Et pas lui.

Certainement pas lui !

Lui, il avait œuvré pour l'humanité.

Il pénétra dans le parking, coupa le moteur et sortit de la voiture.

Charles parviendrait-il à prendre le relais ? À poursuivre la route ? Aurait-il les reins assez solides pour aller encore plus loin en avant ?

Rien de moins sûr.

En tout cas, lui, Jeffrey, en avait fini.

Plutôt crever que rentrer dans le moule puant la banalité.

Plutôt crever que se fondre dans la masse nauséabonde.

Plutôt crever que ramper.

Il cracha par la fenêtre ouverte.

Tout cela lui donnait la nausée.

Il leva la tête.

Il était arrivé au CHU de Hautepierre.

Il gravit les marches du perron, monta au huitième et pénétra dans le service de neurochirurgie.

Son service.

Son antre.

Il poussa la porte de son bureau, entra, referma derrière lui.

Il parcourut la pièce du regard.

Ses dossiers, ses livres, ses diplômes accrochés au mur.

Ses titres de noblesse en quelque sorte.

Il traversa la pièce jusqu'à la fenêtre.

Que de succès étaient sortis de ce bureau ! Que de projets il avait fomentés !

Il haussa les épaules, ouvrit les battants et enjamba le rebord de fenêtre.

Il se retourna, jeta un dernier regard à sa vie, à sa carrière.

Puis il fixa le parking, loin, en bas, et prit une profonde inspiration.

En cette douce soirée de printemps, à l'hôpital Hautepierre de Strasbourg, d'une fenêtre du huitième étage du service de neurochirurgie, le jeune professeur Jeffrey Dalgrand se jeta dans le vide.

# Épilogue

Marie Gautier se hâtait.

Elle était toute impatiente de faire la surprise à Mme Dalgrand.

Bon, d'accord, sa patiente attitrée ne réagirait pas, mais la jeune infirmière était persuadée que, quelque part au fond d'elle, ça lui ferait plaisir.

D'autant qu'en ce début de juillet, le soleil montpelliérain faisait grise mine, et un peu de gaieté serait la bienvenue.

Elle frappa par politesse à la porte de la chambre 113, se retournant vers les personnes qui la suivaient pour leur murmurer un « Chut ! » complice accompagné d'un clin d'œil.

Marie Gautier était vraiment en grande forme ce matin.

Il faut dire que tout le service de psychiatrie adulte de l'hôpital de la Colombière à Montpellier, était sur le pied de guerre depuis tôt le matin pour l'arrivée du nouveau chef de service. En effet, il prenait le poste du professeur Laillade qui était parti en retraite, et il devait effectuer aujourd'hui sa première tournée de visites. La jeune infirmière l'avait croisé la veille, et le diagnostic de son œil expert était sans appel : le nouveau chef de service était canon !

Un putain de beau mec !

Ça changeait de la vieille croûte de Laillade !

C'est pour cette raison que la jeune infirmière avait encore plus qu'à l'accoutumée mis ses atouts en valeur : chevelure rousse brushée jusqu'à la racine, œil de biche souligné par un savant trait d'eye-liner, soutien-gorge *push-up* qui transformait ses seins en bombes atomiques et bien sûr, la blouse aux deux tailles en dessous qui cintrait sa taille de guêpe. Heureusement qu'elle avait des blouses de rechange car avec l'accident caféique de la veille, elle aurait été bien en peine.

Elle ouvrit la porte, pénétra discrètement dans la chambre et posa les yeux sur sa patiente.

Mme Dalgrand.

Hélène.

Rien n'avait changé depuis qu'elle avait été admise dans le service trois mois auparavant.

Marie Gautier ne connaissait pas tous les détails, elle savait juste qu'Hélène Dalgrand était originaire de la région, qu'elle était professeur de lettres mutée à Strasbourg, qu'elle avait vécu un drame, et que ses parents l'avaient rapatriée ici dans cet état de prostration dont elle semblait ne pas pouvoir sortir.

Le reste était obscur et confus.

— Madame Dalgrand ? demanda-t-elle doucement en s'approchant du lit.

Hélène ne réagit pas.

Elle resta immobile, les yeux vides fixés sur le mur blanc devant elle, les mains posées à plat sur le drap.

— Madame Dalgrand, répéta Marie, j'ai une surprise pour vous aujourd'hui.

Elle se retourna vers la porte.

— C'est bon, vous pouvez venir.

Marthe et Louis firent alors leur entrée avec un Benjamin tout sourires dans les bras.

Les parents d'Hélène avaient recueilli leur petit-fils et s'en occupaient en attendant que sa mère sorte de sa léthargie. Le petit garçon avait bien grandi et prenait de plus en plus les traits et les attitudes de son père. Tous les trois venaient quasiment tous les jours rendre visite à Hélène. On avait même fait une minifête dans la chambre, deux mois auparavant, pour le premier anniversaire de Benjamin, mais même là Hélène était restée inerte.

Marthe posa Benjamin sur le sol.

— Allez, mon chéri, on fait la surprise à maman ? On lui montre ?

Le petit garçon acquiesça, piaffant d'impatience, pendant que son grand-père se postait à l'autre bout de la pièce.

Marthe le maintint un instant, lui donna une petite pichenette dans le dos et Benjamin s'élança : titubant, le corps vacillant, le pied hésitant, il réussit à faire cinq pas avant de tomber dans les bras de son grand-père en éclatant de rire.

— C'est bien, mon chéri, applaudit Marthe en se tournant vers Hélène.

Elle s'assit au bord du lit et passa une main dans les cheveux de sa fille.

— Ça date d'hier soir, expliqua-t-elle doucement, et Benjamin était tout fier de venir te le montrer.

Hélène ne sortit pas de son mutisme et, n'eût été une infime lueur qui vibra dans ses yeux, on aurait cru que tout cela la laissait indifférente.

Lointaine.

Marthe soupira.

— On a une autre surprise, dit-elle en essayant d'égayer l'atmosphère.

Elle se releva, sortit chercher quelqu'un dans le couloir et revint accompagnée d'une créature sortie tout droit d'un magazine pour hommes : chapeau à volants au diamètre improbable, tunique bouffante à l'indécente transparence, pantacourt blanc si moulant qu'il semblait incrusté aux jambes.

Le tout perché sur des sandales tellement compensées que cela devenait de la cascade acrobatique.

Françoise Saural.

En personne !

Dans toute sa splendeur !

— Bonjour, ma chérie, clama-t-elle avec émotion en se penchant sur Hélène et en lui claquant deux bises sur les joues. Comme tu m'as manqué !

Elle avait fait le voyage depuis Strasbourg assez souvent pendant ces trois mois, et à chaque fois c'était un coup pour elle de voir son amie seule dans cette chambre, égarée dans ce lit, et de devoir repartir.

— Hélène, ajouta-t-elle en la brusquant avec tendresse, je t'annonce officiellement que tes parents m'accueillent pour les deux mois de vacances d'été ! Alors, autant te prévenir, tu vas m'avoir sur le dos tous les jours !

Françoise était sincèrement heureuse par avance d'être là chaque jour pendant ces deux mois, à s'occuper d'elle, lui parler, retrouver des moments de complicité, même muets, partager une amitié, même silencieuse.

La seule qui fronça les sourcils de mécontentement était Marie.

Ah non, se dit-elle en entendant l'annonce de Françoise, je vais pas devoir me la coltiner tous les jours celle-là ! Merde quoi ! C'était elle qui prenait soin d'Hélène depuis trois mois et, même si cette dinde était sa meilleure amie, elle n'allait pas venir impunément piétiner ses plates-bandes ! Décidément, elle en avait rencontré des morues, mais la morue alsacienne, ça valait le détour !

— Ah, j'allais oublier, dit Françoise en se relevant, j'ai un petit cadeau pour toi de la part de Rose. Elle pense bien à toi et elle t'embrasse.

Elle se pencha vers son sac à main.

— … er…

Tous les gestes se figèrent.

— … erci…

Tous les yeux s'écarquillèrent.

— … merci…

Tous les corps se tournèrent vers le lit.

Et tout le monde fut sous le choc.

Stupéfait par cet événement que l'on n'osait plus espérer.

Sidéré d'entendre ce que l'on n'osait plus attendre.

Les premiers mots d'Hélène.

Enfin.

Marthe se jeta sur sa fille et la prit dans ses bras.

Louis joignit les mains.

Françoise exulta.

Benjamin sauta sur le lit.

Et Hélène sourit, le visage apaisé, les yeux embués.

— Merci, répéta-t-elle, d'une voix plus sûre.

Et en disant ces mots, elle jeta un regard aux trois objets posés sur la table de chevet et qui l'avaient accompagnée pendant ces trois mois d'errements :

le roman *Métaphysique des tubes* d'Amélie Nothomb, l'alliance de Laurent qu'elle avait tenu à conserver, et le bracelet de naissance bleu de son enfant mort.

Comme pour les remercier de l'avoir soutenue pendant cette épreuve.

Comme pour leur dire adieu.

Comme pour prendre un nouveau départ.

Et marcher vers une nouvelle vie.

C'est Marie Gautier qui brisa le silence.

— Eh bien ! Il va falloir fêter ça, dit-elle, heureuse, en reprenant ses esprits. Et ce sera une belle façon pour notre nouveau chef de service d'entrer dans ses fonctions.

Françoise se tourna vers elle.

— Un nouveau chef de service ?

Marie se dirigea vers l'entrée de la chambre.

— Oui, le professeur Laillade a pris sa retraite. Et son remplaçant commence aujourd'hui même. D'ailleurs, je crois qu'il a vécu quelque temps par chez vous.

Françoise haussa les sourcils.

Marie posa la main sur la poignée de la porte.

— Oui, si j'ai bien compris, il a fait toutes ses études à Strasbourg.

Hélène la fixa intensément.

— Oh, rassurez-vous, précisa l'infirmière. Vous verrez, le professeur Charles Dorling est charmant.

Françoise porta la main à sa bouche.

Marie ouvrit la porte et, avant de sortir de la chambre, lança :

— En plus, il est particulièrement guilleret ce matin. Il vient d'apprendre que sa femme est enceinte.

# Remerciements

Un merci reconnaissant au docteur Conreaux… sans son aide et ses indispensables conseils, ce livre n'aurait pu véritablement naître.

Un merci essentiel à mes cinq premières lectrices et « critiques » : ma maman et ma sœur (les nécessaires), tante Jeanne (la fidèle), Ingrid (ma *gossip girl*) et Lorane (le double officiel de *Françoise* !)… sans leur présence et leur indéfectible soutien, ce livre n'aurait pu définitivement être.

Un merci immense à toute l'équipe des Nouveaux Auteurs : Jean-Laurent Poitevin, les membres du comité de lecture et tous ceux qui ont œuvré sur ce projet et permis qu'il se réalise… sans leur confiance et leur précieuse contribution, ce livre n'aurait pu complètement vivre.

Et un merci chaleureux à tous ceux qui continuent à me soutenir dans cette aventure *thalamique*… et qui vont permettre à *Thalamus* de grandir.

# Remerciements

Ouvrage composé par
PCA 44400 Rezé

Imprimé en France par

Maury Imprimeur
à Malesherbes (Loiret)
en avril 2016

POCKET – 12, avenue d'Italie – 75627 Paris Cedex 13

N° d'impression : 208395
Dépôt légal : mai 2016
S25856/01